微机原理与接口技术

吴瑞坤　主编

厦门大学出版社　国家一级出版社
XIAMEN UNIVERSITY PRESS　全国百佳图书出版单位

内容简介

　　本书从微型计算机系统出发,较全面介绍了 8086/8088 系统微型计算机的组成及接口技术。主要内容包括:8086/8088 微处理器结构,8086/8088 系统的存储器结构、工作模式和总线周期,CPU 与存储器的连接,8086/8088 CPU 的指令系统,汇编语言程序设计和常用的 DOS 功能调用,输入输出技术与模拟数字通道接口,中断技术与可编程中断控制器,可编程并行接口芯片 8255A 和可编程串行接口芯片 8251A,可编程定时/计数器 8253A 等。

　　本书结构严谨,内容选择与章节安排结合了编者多年的理论与实验教学的经验,力求通俗易懂,每章都配有丰富的实例。可作为高等院校电子信息类、计算机类、电气自动化及相关专业教材,也可作为从事微机软、硬件工作的工程技术人员的参考用书。

前　言

　　"微机原理与接口技术"是电子信息、计算机技术、自动控制、通信工程等专业的专业基础必修课。它主要讲授微型计算机的基本工作原理、系统组成、指令系统、汇编语言程序设计及接口技术,介绍通用可编程接口芯片,说明工作原理和基本应用。本书内容兼顾硬件和软件两个方面。通过本课程学习,学生可为今后在计算机自动检测控制与计算机信息处理等相关领域的研究开发打下良好基础。学习本课程,要求学生达到以下目的,即掌握微型计算机的基本原理、基本组成和系统结构,深入理解微处理器与存储器结构、指令系统、汇编语言程序设计、中断技术、输入/输出接口技术与模拟及数字通道接口技术,熟练掌握基本的软件编程方法和可编程硬件接口技术。

　　本书在内容组织方面,首先是微机系统组成,包括8086/8088 CPU结构、8086/8088系统的工作模式和总线周期,以及8086/8088系统的存储器结构、半导体存储器与CPU的连接问题等。其次是关于8086/8088 CPU指令系统及汇编语言程序设计方法、DOS功能调用等。最后是关于接口技术,包括输入/输出接口的编址方法、数字通道接口、A/D转换器及D/A转换器接口、中断技术与可编程中断控制器、可编程并行接口和串行接口芯片、可编程定时/计数器等。本书综合考虑这门课程课时少的特点,以满足教学需要为要求进行编写,在注重系统性、完整性和可实践性的前提下,尽可能做到内容精简。本书各章节都有完整的应用实例,这些实例有些是从实验中来的,方便读者理解和学习本课程,同时每章都配有思考与练习。本书对工程应用也具有一定的参考作用。

　　作者根据十几年的教学经验,并查阅了大量的相关资料完成此书的编写,但由于水平有限,书中难免有错误或不妥之处,敬请同行和读者批评指正。

作　者

2014年10月于福建师范大学福清分校

目　录

第 1 章　微型计算机系统

1.1　微型计算机的组成及工作过程

1.1.1　微型计算机的组成

微型计算机在基本结构和基本功能上与计算机大致相同,但由于采用了具有特定功能的大规模和超大规模集成电路组件,微型计算机在系统结构上有着简单、规范和易于扩展的特点。微型计算机结构框图如图 1-1 所示。

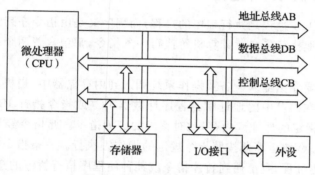

图 1-1　微型计算机结构框图

微型计算机由微处理器、存储器、输入/输出(I/O)接口电路等组成,连接这些功能部件的是三总线,即数据总线、地址总线和控制总线。

1. 微处理器即中央处理器

亦称 CPU(Central Processing Unit)。微处理器是把运算器和控制器这两部分功能部件集成在一个芯片上的超大规模集成电路。微处理器是微型计算机的核心部件,它的基本功能是按指令的要求进行算术和逻辑运算,暂存数据以及控制和指挥其他部件协调工作。

2. 存储器

微型计算机的内存储器采用集成度高、容量大、体积小、功耗低的半导体存储器。根据能否写入信息,内存储器分为随机存取存储器(RAM)和只读存储器(ROM)两类。随机存取存储器又称读写存储器,存储器中的信息按需要可以读出和写入,断电后,其中储存的信息自动消失。它用于存放当前正在使用的程序和数据。只读存储器的信息在一般情况下只能读出,不能写入和修改,断电后原信息不会丢失,是非易失性存储器,主要用来存放固定的程序和数据。

3. 输入/输出接口电路

介于计算机和外部设备之间的电路称为输入/输出接口电路,它具有对数据的缓存作用,使外部设备的速度与计算机速度相适配;具有对信号的变换作用,使各种电气特性不同的外部设备与计算机相连接;还具有连接作用,使外部设备的输入/输出与计算机操作同步。目前微型计算机的接口普遍采用大规模集成电路芯片,大多数接口芯片是可编程的,用命令来灵活地选择接口功能和工作模式。

4. 总线

总线是一组公共的信息输送线,用于连接计算机的各个部件。位于芯片内部的总线称内部总线,与此相对应,连接微处理器与存储器、I/O接口之间的总线称为系统总线。微型计算机的系统总线分为数据总线、地址总线和控制总线三组。数据总线用于传送数据信息,它是双向总线,数据信息可朝两个方向传送,数据总线用于实现微处理器、存储器和I/O接口之间的数据交换。地址总线用于传送内存地址和I/O接口地址。控制总线则传送各种控制信号和状态信号,使微型计算机各部件协调工作。

1.1.2 微型计算机的工作过程

微型计算机的工作过程是执行程序的过程,而程序又是由指令序列组成的,因此执行程序的过程就是逐条地执行指令。计算机每执行一条指令,都包含着两个基本的步骤,即取指令和执行指令。

程序在运行前要先由输入设备及操作系统调入到内存储器中,当机器进入运行状态后,首先将第一条指令在内存中的地址赋给程序计数器PC(或指令指针IP),之后就进入取指令阶段,CPU按照指定的地址读内存,此时读出的必为指令。此指令经过译码后,由控制器发出相应的控制信息,使运算器按照指令规定的操作去执行。一条指令执行完后,又开始下一条指令,重复上述过程,直至遇到暂停指令或某种使程序执行暂停的意外情况才会结束。

为了进一步说明微型计算机的工作过程,下面具体讨论一个模型机怎样执行一段简单的程序。如计算"2+6=?"。这虽然是一个很简单的加法运算,但是计算机无法理解,必须由人通过编写程序,来指定计算机完成这项工作。

要使计算机完成一项指定的工作,一般需要这样几个步骤:

(1)仔细了解并弄清需要解决的问题,建立模型;

(2)制定方案,确定算法,必要时绘制程序流程图;

(3)编写程序;

(4)程序调试或系统测试。

本例是一个非常简单的运算,可以直接进行程序编写。编写程序首先要确定使用什么样的程序语言。目前有很多功能强大、使用方便的高级程序设计语言可供用户选用,但为了更好地说明程序在计算机中的工作过程,在这里使用能够直接对系统硬件进行操作的汇编语言来说明。

首先查阅所使用的微处理器的指令表(或指令系统),它是某种微处理器所能执行的全部操作命令汇总。不同系列的微处理器具有不同的指令系统。

假定查到模型机的指令表中有3条指令可以用来解决这个问题,见表1-1。

表 1-1　模型机指令

指令名称	助记符	机器码	指令长度	操作
数据传送	MOV A,n	10110000 n	2	把立即数 n 送累加器
加法	ADD A,n	00000100 n	2	把累加器的内容与一个常数 n 相加,结果送到累加器
停机	HLT	11110100	1	CPU 暂停运行

表 1-1 中第 1 列为指令的名称。编写程序时,写指令的全名是不方便的,因此,人们给每条指令规定了一个缩写词,或称作助记符,如上表中的第 2 列。第 3 列为机器码,机器码用二进制或十六进制形式表示,这是计算机真正能够识别的指令形式。第 4 列为指令长度,说明本指令有几个字节。最后一列说明执行一条指令时所完成的具体操作。

现在来编写"2＋6＝?"的程序。根据指令表提供的指令,用助记符和十进制数表示的加法运算的程序可表达为:

MOV　A,2　　　　　　;第一个操作数 2 送到累加器
ADD　A,6　　　　　　;把累加器的内容 2 与第 2 个数 6 相加,结果送累加器
HLT　　　　　　　　;停机

但是,此程序还有问题。因为模型机并不认识助记符和十进制数,而只认识二进制数表示的操作码和操作数。因此,必须把以上程序翻译成二进制数的形式,即用对应的机器码代替每个助记符,用相应的二进制数代替每个十进制数。

MOV　A,2　　　　　　;对应成二进制码:10110000(指令码)00000010(操作数)
ADD　A,6　　　　　　;对应成二进制码:00000100(指令码)00000110(操作数)
HLT　　　　　　　　;对应成二进制码:11110100(指令码)

整个程序共有 3 条指令,占用 5 个字节。由于微处理器和存储器均以字节为单位来处理与存放信息,因此,当把这段程序存入存储器时,需要占用 5 个存储单元。假设把它存放在存储器的最前面 5 个单元里,则该程序将占用从 00H 至 04H 这 5 个单元的空间。如图 1-2 所示。

需要强调指出的是,每个内存单元都具有两个和它有关的二进制数。

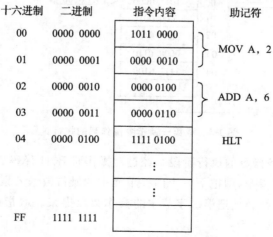

图 1-2　机器码在内存中的存放

第一个是它的地址,另一个是它的内容。切不可混淆两种数据的含义。内存单元的地址是固定的,而内存单元的内容则可以随时由于存入新的内容而改变。

当程序存入存储器并开始执行时,先将第一条指令的首地址00H赋给程序计数器PC,使PC指向程序的第一条指令。然后就进入第一条指令的取指阶段,如图1-3所示。图中各编号的含义为:

①把程序计数器PC的内容00H送到地址寄存器AR。

②一旦PC的内容可靠地送入AR后,PC自动加1,即由00H变为01H(注意,此时,AR的内容并没有变化)。

③把地址寄存器AR的内容00H放在地址总线上,并送至存储器,经地址译码器译码,选中相应的00H单元。

④CPU的控制器发出读命令。

⑤在读命令控制下,把所选中的00H单元中的内容即第一条指令的操作码B0H读到数据总线DB。

⑥把读出的内容B0H经数据总线送数据寄存器DR;

⑦取指阶段的最后一步是指令译码。因为取出的是指令的操作码,故数据寄存器DR把它送到指令寄存器IR,然后再送到指令译码器ID。

这就完成了第一条指令的取指阶段。

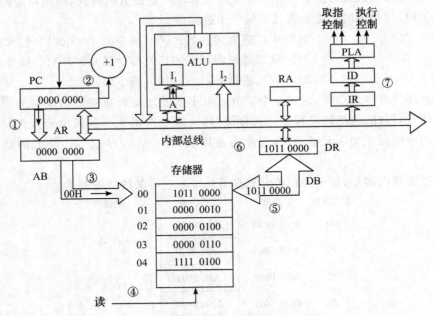

图1-3 取第一条指令操作码的执行过程

然后转入了第一条指令的执行阶段。经过对操作码B0H译码后,CPU"识别"出这个操作码就是"MOV A,n"指令,即把下一个内存单元中的操作数送入累加器A的双字节指令,所以,执行第一条指令就必须把第二字节中的操作数取出来。取指令第二字节的过程如图1-4所示,图中各编号含义为:

①把PC的内容01H送到地址寄存器AR。

②当 PC 的内容可靠地送到 AR 后,PC 自动加 1,变为 02H。但这时,AR 中的内容为 01H,并未变化。

③地址寄存器通过地址总线把地址 01H 送到存储器的地址译码器,经过译码,选中相应的 01H 单元。

④CPU 的控制器发出读命令。

⑤在读命令控制下,将选中的 01H 单元的内容 02H 读到数据总线 DB 上。

⑥通过 DB 把读出的内容送到数据寄存器 DR。

⑦因 CPU 根据该条指令具有的字节数确定,这时读出的是操作数,且指令要求把它送到累加器 A,故由数据寄存器 DR 取出的内容就通过内部总线送到累加器 A,于是第一条指令执行阶段完毕,数 02H 被取入累加器 A 中,并进行第二条指令的取指阶段。

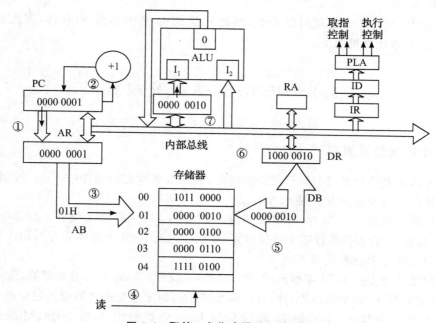

图 1-4　取第一条指令操作数示意图

取第二条指令的过程与取第一条指令的过程相同,只是在取指阶段最后一步读出的指令操作码 04H 由内部数据寄存器 DR 把它送到指令寄存器 IR,经过译码发出相应的控制信息。当指令译码器 ID 对指令译码后,CPU 就"知道"操作码 04H 表示一条加法指令。加法指令把累加器 A 中的内容作为一个操作数,另一个操作数在指令的第二字节中。所以,执行第二条指令过程中,必须取出指令的第二字节。

取第二字节操作数及执行指令的过程如下:

①把程序计数器 PC 的内容 03H 送到地址寄存器 AR;

②当把 PC 的内容可靠地送到 AR 后,PC 自动加 1;

③AR 通过地址总线把地址号 03H 送到地址译码器,经过译码,选中相应的 03H 单元;

④CPU 的控制器发出读命令;

⑤在读命令控制下,把选中的 03H 单元中的内容即数 06H 读至数据总线上;

⑥数据被数据总线传送到数据寄存器 DR;

⑦因通过对第二条指令译码时,CPU 已经确定读出的数据 06H 为操作数,且要将它与已暂存于累加器 A 中的内容 02H 相加,故数据由 DR 通过内部总线送至 ALU 的 I_2 输入端;

⑧A 中的内容送 ALU 的 I_1 输入端,然后执行加法操作;

⑨把相加的结果 08H 由 ALU 的输出端又送到累加器 A 中。

至此,第二条指令的执行阶段结束。A 中存入和数 08H,而将原有内容 02H 冲掉。接着转入第三条指令的取指阶段。

程序中的最后一条指令是 HLT。可用类似上面的取指过程把它取出。当把 HLT 指令的操作码 F4H 取到数据寄存器 DR 后,因是取指阶段,故 CPU 将操作码 F4H 送指令寄存器 IR,再送指令译码器 ID。经译码,CPU"知道"是暂停指令,于是控制器停止产生各种控制命令,使计算机停止全部操作。这时,程序已完成"2+6=8"的运算,并且和数 08H 已送到累加器 A 中。

从上述模型机的工作过程可以看到,微处理器 CPU 是核心部件,所以,下面从微处理器入手,介绍微型计算机系统。

1.2 8086/8088 微处理器

1.2.1 微处理器发展概述

微处理器是微型计算机的运算及控制部件,一般由算术逻辑部件(ALU)、控制部件、寄存器组和片内总线等几部分组成。

第一代微处理器是 1971 年 Intel 公司推出的 4004 和 8008,是 4 位和 8 位微处理器,采用 PMOS 工艺,只能进行串行的十进制运算,集成度达到 2000 个晶体管/片,用在各种类型的计算器中已经完全能满足需求。

第二代微处理器是 1974 年推出的 8080、M6800、Z-80 等,是 8 位微处理器,采用 NMOS 工艺,集成度达到 9000 个晶体管/片,在许多要求不高的工业生产和科研开发中已可运用。

第三代微处理器是 20 世纪 70 年代后期 Intel 公司推出 8086/8088、Motorola 公司 M68000、Zilog 公司的 Z8000 等,是 16 位微处理器,采用 HMOS 工艺,集成度达到 29000 个晶体管/片。20 世纪 80 年代之后,Intel 公司又推出 80186 及 80286,与 8086/8088 兼容。80286 是为满足多用户和多任务系统的微处理器,速度比 8086 快 5～6 倍。

第四代微处理器是 1985 年推向市场的 80386 及 M68020,是 32 位微处理器,集成度达 45 万个晶体管/片。它们时钟频率达 40 MHz,速度之快、性能之高,足以同高档小型机相匹敌。

之后,得益于大规模及超大规模集成电路技术的发展,各种高性能的微处理器新产品不断推出。如 1989 年推出 80486,1993 年推出 Pentium 及 80586,1995 年推出 Pentium Pro,1998 年推出 Pentium Ⅱ,1999 年推出 Pentium Ⅲ,2000 年推出 Pentium Ⅳ 等更高性能的 32 位和 64 位微处理器,同时也促进了其他技术的进步。

1.2.2 8086/8088 CPU 结构

8086/8088 是 16 位微处理器,这两种微处理器的内部基本相同,但它们的外部数据总线有所区别,8086 是 16 位数据总线,而 8088 是 8 位数据总线。在读/写一个 16 位数据字时,8088 需要两步操作,而 8086 只需要一步就能完成。

8086/8088 CPU 的内部都是 16 位总线,都采用 16 位字进行操作与存储器寻址,两者的软件完全兼容,程序的执行也完全相同。

1.8086/8088 CPU 的功能结构

8086/8088 CPU 的内部结构如图 1-5 所示。

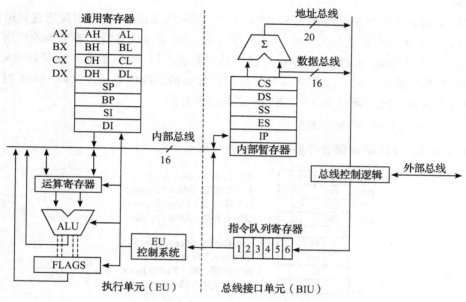

图 1-5　CPU 功能结构示意图

8086/8088 CPU 内部由两部分组成,分别为指令执行单元 EU 和总线接口单元 BIU。它们相互独立工作,大部分取指操作和执行指令的操作重叠进行,即取指令和执行指令同时进行,CPU 的工作是并行的。

(1)指令执行单元(EU)

指令执行单元(EU)的功能是负责指令的执行。EU 中的算术逻辑运算单元 ALU 可完成 16 位或 8 位的二制数运算,运算结果可通过内部总线送到通用寄存器或送往 BIU 单元的内部暂存器中,等待写入存储器。EU 内部的 16 位暂存器用来暂存参加运算的操作数,而经 ALU 运算后的结果特征置入标志寄存器 FLAGS 中保存。

EU 控制系统负责从 BIU 的指令队列中取指令,并对指令译码,根据指令要求向 EU 内部各部件发出控制命令以实现各条指令的功能。指令执行过程中如果需要访问存储器取操作数,EU 将访问地址送给 BIU,等待操作数到达,然后继续操作。在指令执行中如遇到转移指令,BIU 会将指令队列中的后继指令作废,从新的地址重新取指令。这种情况下,EU 要等待 BIU 将取到的指令装入指令队列后,才能继续执行。

(2)总线接口单元(BIU)

它负责与存储器、输入/输出(I/O)端口传送数据。BIU 通过地址加法器形成某条指令在存储器中的物理地址后,从存储器中取出该条指令的代码送入指令队列。当 8086 CPU

指令队列中空出 2 个字节(8088 CPU 指令队列空 1 个字节)时,BIU 将自动进行读指令的操作以填满指令队列。只要收到 EU 送来的操作数地址,BIU 将立即形成这个操作数的物理地址,完成读写操作。8088 CPU 的指令队列有 4 个字节,而 8086 CPU 指令队列可存放 6 个字节的指令代码。

在 BIU 单元中,有一个地址加法器,把 EU 送来的存储器的逻辑地址,即 16 位的段基址左移 4 位后加上 16 位的段内偏移地址,变换成 20 位的物理地址,进而可以寻址 1 MB 的存储空间。

BIU 单元的总线控制电路将 8086/8088 CPU 的内部总线与 CPU 引脚所连接的外部总线相连,包括 8 条数据总线(8086 为 16 条数据总线)、20 条地址总线和若干条的控制总线。

8086 CPU 与 8088 CPU 的区别:(1)指令队列长度不同,8088 只有 4 字节,8086 有 6 字节;(2)外部数据总线不同,8088 CPU 与外部交换数据的总线位数是 8 位,而 8086 与外部数据总线的连接为 16 位,所以,8088 为准 16 位微处理器。

2. 8086/8088 CPU 的寄存器结构

8086/8088 CPU 的内部寄存器结构如图 1-6 所示。

AX	AH	AL	累加器(Accumulator)
BX	BH	BL	基址寄存器(Base Register)
CX	CH	CL	计数寄存器(Count Register)
DX	DH	DL	数据寄存器(Data Register)

SP	堆栈指示器(Stack Point)
BP	基址指示器(Base Point)
SI	源变址寄存器(Source Index)
DI	目的变址寄存器(Destination Index)

| IP | 指令指示器(Instruction Point) |
| F | 状态标志寄存器(Status Flags) |

CS	代码段寄存器(Code Segment)
DS	数据段寄存器(Data Segment)
SS	堆栈段寄存器(Stack Segment)
ES	附加段寄存器(Extra Segment)

图 1-6　8086/8088 的内部寄存器结构

(1)通用寄存器

8086/8088 CPU 指令执行单元中有 8 个 16 位通用寄存器,分为两组,它们分别为数据寄存器、指示和变址寄存器。

数据寄存器有 AX、BX、CX、DX,可用来存放 16 位数据或地址,也可以把它们分成高 8 位 AH、BH、CH、DH 和低 8 位 AL、BL、CL、DL 两部分,分别作为独立的 8 位寄存器使用。它们的名称和用途如下:

AX(AL)称为累加器,在算术运算指令中用作累加器,在输入、输出指令中作为数据寄存器。

BX 称为基址寄存器。它可以用作数据寄存器,在计算存储器地址时,又可作为间址和基址寄存器。

CX 称为计数寄存器。在字符串操作、循环操作和移位操作时作为计数器。

DX 称为数据寄存器。在输入、输出指令中作为间址寄存器,在乘法和除法指令中作为辅助累加器。

8086/8088 CPU 管理存储器时,通常把 1 MB 的存储空间分为几个逻辑段,把某一操作数在逻辑段中的偏移地址存放在指示和变址寄存器中。指示和变址寄存器有如下几种:

SP 称为堆栈指示器(也称堆栈指针寄存器),在堆栈操作中作为栈顶指针。

BP 称为基址指示器(也称基址指针寄存器),用作间址和基址寄存器。

SI 称为源变址寄存器,通常用作间址和变址寄存器,在串操作指令中,作源字符串的间址或变址寄存器。

DI 称为目的变址寄存器,也作为间址和变址寄存器,在串操作指令中,作目的字符串的间址或变址寄存器。

(2)指令指示器(IP)

8086/8088 CPU 中有一个 16 位指令指示器 IP(也称指令指针寄存器),用来存放将要执行的下一条指令在代码段中的偏移地址。计算机之所以能够自动地逐条取出指令并执行,就是因为有指令指针寄存器。在开始执行程序时,给 IP 赋予第一条指令的地址,如模型机中取指令和执行指令过程,那么,在程序执行过程中,BIU 会自动修改 IP 中的内容,使它始终指向将要执行的下一条指令。

在程序执行过程中,可通过某些指令修改 IP 的内容,例如,执行转移指令或调用子程序指令时,会将转移的目标地址送入 IP 中,以实现程序的跳转。

(3)标志寄存器(FLAGS)

8086/8088 CPU 的标志寄存器共有 16 位,其中 6 位用于存放运算结果的特征,分别表示为 CF、PF、AF、ZF、SF、OF;3 位用于控制 CPU 的操作,分别表示为 IF、DF 和 TF。标志寄存器结构如图 1-7 所示。

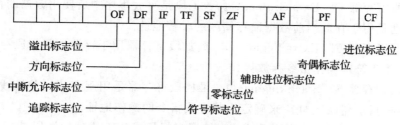

图 1-7　标志寄存器的结构

①6 个状态标志位

a. 进位标志位 CF(Carry Flag)。加减算术指令执行后,最高位有进位或借位时,CF=1;无进位或无借位时,CF=0。通常用于多字节或多字数的加减运算指令。

b. 奇偶标志位 PF(Parity Flag)。PF=1,表示本次运算结果的低 8 位中有偶数个 1;若本次运算结果的低 8 位中 1 的个数为奇数,则 PF=0。通常用于检查数据在传送过程中是否发生错误。

c. 辅助进位标志位 AF(Auxiliary Flag)。加减算术指令执行后,最低 4 位 $D_3 \sim D_0$ 位有进位或借位时,AF=1,否则 AF=0。通常在 BCD 数运算的调整中起作用。

d. 零标志位 ZF(Zero Flag)。指令执行后,结果为 0,ZF=1;结果不为 0,则 ZF=0。

e. 符号标志位 SF(Sign Flag)。该标志表示运算结果的符号,SF＝1 表示运算结果为负,即结果的最高位(第 7 位或第 15 位)为 1;若 SF＝0,表示运算结果为正,即结果的最高位为 0。

f. 溢出标志位 OF(Overflow Flag)。算术运算结果超出了机器数所能表示数的范围时,叫作溢出,如字节运算的结果超出范围－128～＋127,或字运算的结果超出了范围－32768～＋32767,此时 OF＝1,否则 OF＝0。

②3 个控制标志位

a. 方向标志位 DF(Direction Flag)。该标志用于控制数据串操作指令的步进方向。若 DF＝0,则串操作指令执行后地址指针自动增量,串操作由低地址向高地址进行;若 DF＝1,表示地址指针自动减量,串操作由高地址向低地址进行。DF 位可以用 STD 指令置位,用 CLD 指令复位。

b. 中断标志位 IF(Interrupt Flag)。用于控制可屏蔽中断的标志。IF＝1 表示允许 CPU 响应可屏蔽中断请求,IF＝0 表示禁止 CPU 响应可屏蔽中断请求。IF 位可以用 STI 指令置位,用 CLI 指令复位。

c. 跟踪标志位 TF(Trap Flag)。TF＝1 表示控制 CPU 进入单步工作方式,在这种工作方式下,CPU 每执行一条指令就会自动产生一次内部中断,CPU 转去执行一个中断服务程序,常用于程序调试。TF＝0,CPU 正常执行程序。

(4)段寄存器

8086/8088 CPU 总线接口部件 BIU 中设置有 4 个 16 位的段寄存器,用于存放不同段的起始地址。

①代码段寄存器 CS(Code Segment)。代码段是存放程序中所使用代码的存储单元,代码段寄存器则是用于存放当前代码段存储区的段首地址。

②数据段寄存器 DS(Data Segment)。数据段是存放程序中所使用数据的存储单元,数据段寄存器则是用于存放当前数据段存储区的段首地址。

③附加段寄存器 ES(Extra Segment)。附加段寄存器用于存放该附加段存储区的段首址,是为了某些字符串操作指令存放操作数而设置的。

④堆栈段寄存器 SS(Stack Segment)。堆栈段寄存器是用于存放当前堆栈存储区的段首地址,与堆栈指示器(SP)联用来确定当前堆栈指令的操作地址。

由于 8086/8088 CPU 可直接寻址的存储器空间是 1 MB,物理地址码是 20 位的二进制代码,而 8086/8088 CPU 内部的寄存器是 16 位的,用这些寄存器作为地址寄存器,只能寻址 64 kB 的空间,为此,专门设置这 4 个段寄存器,用于分段管理存储器。

1.3 8086/8088 系统的存储器结构

8086/8088 系统中,存储器是按字节编址的,每一个字节单元的地址代码为 20 位二进制数。存储器的地址码范围为 00000H～FFFFFH,管理的内存字节数为 1 MB,这 20 位的二进制数称为物理地址。

1.3.1 存储器的分段

8086/8088 系统中使用 20 位地址码对整个存储器空间寻址,每一个地址码与内存中的唯一的一个字节相对应。一般来说,20 位物理地址在 CPU 内部就应有 20 位的地址寄存器,但是,8086/8088 CPU 内部的寄存器都是 16 位的,它只能寻址 64 kB。所以,8086/8088 系统使用存储器时,把 1 MB 的存储空间划分成若干个逻辑段,每个逻辑段容量≤64 kB。每一个逻辑段用于程序设计的不同用途,如代码段、数据段、堆栈段或附加段。各个逻辑段之间可以部分重叠、完全重叠、连续排列、断续排列,图 1-8(a)所示为存储空间连续排列,图 1-8(b)所示为存储空间部分重叠。对于任何一个存储单元,它可以唯一地被包含在一个逻辑段中,也可能包含在多个相互重叠的逻辑段中,只要有段地址和段内偏移地址就可以访问到这个物理地址所对应的存储空间。

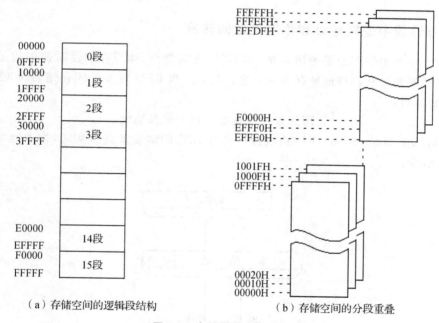

（a）存储空间的逻辑段结构　　　　（b）存储空间的分段重叠

图 1-8　存储器分段示意图

在 8086/8088 系统中,把 16 B 的存储空间称为一节(Paragraph)。为了简化操作,要求各个逻辑段从节的整数边界开始,从而保证段首地址的低 4 位为"0";而将段首地址的高 16 位存放在相应的段寄存器中,它们称为"段基址"。段内从首地址开始的相对地址用 16 位二进制数表示,称为"偏移地址"。一般地,在代码段 CS 中,用 IP 寄存器存放偏移地址;在堆栈段 SS 中,用 SP、BP 寄存器存放偏移地址;而在数据段 DS 或附加段 ES 中,通常用 BX、SI、DI 寄存器存放偏移地址,当然也可以由偏移量加上 16 位寄存器的值组成,这取决于指令对操作数的寻址方式。

例 1.1　已知当前有效的代码段、数据段、附加段和堆栈段的段基址分别为 1055H、2500H、7FF4H、B2F0H,那么它们在存储器中的分段情况如图 1-9 所示。

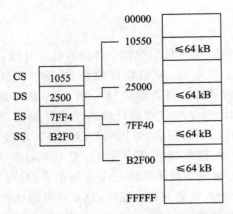

图 1-9　存储器中代码段、数据段、附加段和堆栈段分布举例

1.3.2　存储器中逻辑地址和物理地址的转换

编程时,指令中使用的是逻辑地址,但 CPU 在取指令、读写存储器时使用的是物理地址。所以,逻辑地址和物理地址存在一个运算关系。当 CPU 需要访问存储器时,必须完成如下的地址运算:

$$物理地址 = 段基址 \times 16 + 偏移地址$$

上述运算由 8086/8088 CPU 总线接口部件 BIU 的地址加法器实现,物理地址的形成如图 1-10 所示。

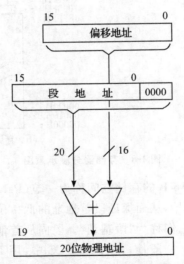

图 1-10　8086/8088 CPU 物理地址的形成

例如,代码段寄存器 CS=1000H,指令指针寄存器存放的是偏移地址 IP=2000H,存储器的物理地址为 10000H+2000H=12000H。

需要注意的是,8086 CPU 与 8088 CPU 在存储器组织方面有区别,因为 8086 CPU 是16 位数据线,而 8088 CPU 是 8 位数据线,所以存储器结构有所区别。在 8086 系统中,将 1MB 的存储空间分成两个 512 kB 的存储体:一个存储体中包含偶数地址单元,用数据总线

的低 8 位与它连接；另一个包含奇数地址单元，用数据总线的高 8 位与它连接。两个存储体之间采用字节交叉编址方式，那么，读写存储体由 CPU 引脚 $\overline{BHE}$ 和地址线 A_0 决定。如果从偶地址开始读写一个字，由 $\overline{BHE}=0$ 和 $A_0=0$ 同时选中两个存储体，一次完成读写，这是对"对准字"的操作（即高字节在奇地址单元，低字节在偶地址单元）。但是从奇地址开始读写一个字称为"非对准字"（即高字节在偶地址单元，低字节在奇地址单元），那就要分两次完成，首先，$\overline{BHE}=0$ 和 $A_0=1$，访问奇地址存储体，读写一个字的低字节；接着使 $\overline{BHE}=1$ 和 $A_0=0$，访问偶地址存储体，读写一个字的高字节。$\overline{BHE}$ 和 A_0 的控制作用组合如表 1-2 所示。

表 1-2　$\overline{BHE}$ 和 A_0 的控制作用

$\overline{BHE}$	A_0	操　作
0	0	同时访问两个存储体，读写一个字的信息
0	1	只访问奇地址存储体，读写高字节的信息
1	0	只访问偶地址存储体，读写低字节的信息
1	1	无操作

而在 8088 系统中，可直接寻址的存储器空间同样是 1 MB，由于只有 8 根数据线，整个 1 MB 的存储空间同属于一个存储体。CPU 对存储器的读写每次只能一个字节，任何一个字的读写，都需要两次访问存储器才能完成。

1.4　8086/8088 CPU 的引脚信号和工作模式

8086/8088 CPU 是 16 位的微处理器，它的外部信号线包含 16 条数据线（8088 是 8 条数据线）、20 条地址线，再加上其他一些必要的控制信号。为了减少芯片引脚数量，对部分引脚采用了分时复用的方式，构成 40 条引脚的双列直插式封装。分时复用总线就是在同一根传输线上，在不同时间传送不同的信息。8086/8088 CPU 正是靠分时复用技术，才能用 40 个引脚去实现众多数据、地址、控制信息的传送。

8086/8088 CPU 有两种不同的工作模式（最小模式和最大模式），8 条引脚（24～31 引脚）在两种工作模式中具有不同的功能。图 1-11 是 8088 CPU 引脚图。

1.4.1　8088 CPU 的引脚功能

1. 基本引脚信号

8088 CPU 的引脚如图 1-11 所示。

（1）AD_7～AD_0（Address Data Bus）引脚为 8 条地址/数据总线，它们是分时复用引脚。传送地址时三态输出，传送数据时可双向三态输入/输出。

当作为复用引脚时，在总线周期的 T_1 状态用来输出要访问的存储器或 I/O 端口地址。T_2～T_3 状态，对读周期来说，处于浮空状态；对于写周期来说，则是传送输送数据。

（2）A_{15}～A_8（Address Dus）引脚为 8 条地址线。这 8 条地址线是在 8088 CPU 内部锁

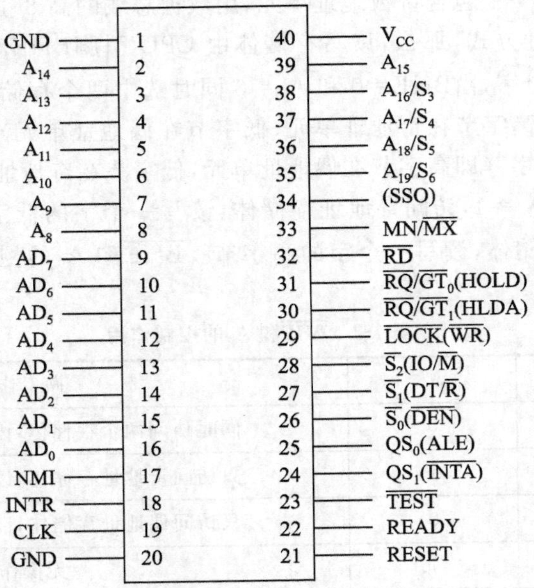

```
GND ──  1        40  ── V_CC
A_14 ──  2        39  ── A_15
A_13 ──  3        38  ── A_16/S_3
A_12 ──  4        37  ── A_17/S_4
A_11 ──  5        36  ── A_18/S_5
A_10 ──  6        35  ── A_19/S_6
 A_9 ──  7        34  ── (SSO)
 A_8 ──  8        33  ── MN/MX̄
AD_7 ──  9        32  ── RD̄
AD_6 ── 10        31  ── RQ̄/ḠT_0(HOLD)
AD_5 ── 11        30  ── RQ̄/ḠT_1(HLDA)
AD_4 ── 12        29  ── LOC̄K̄(W̄R̄)
AD_3 ── 13        28  ── S̄_2(IO/M̄)
AD_2 ── 14        27  ── S̄_1(DT/R̄)
AD_1 ── 15        26  ── S̄_0(DĒN̄)
AD_0 ── 16        25  ── QS_0(ALE)
 NMI ── 17        24  ── QS_1(ĪN̄T̄Ā)
INTR ── 18        23  ── T̄ĒS̄T̄
 CLK ── 19        22  ── READY
 GND ── 20        21  ── RESET
```

图 1-11　8088 CPU 引脚图

存的,在访问存储器或外设时输出 8 位地址。对 8086 CPU 来说,它的地址/数据线是 $AD_{15} \sim$ AD_0。

(3) $A_{19}/S_6 \sim A_{16}/S_3$ (Address/Status)是分时复用的地址/状态线。用作地址线时,$A_{19} \sim A_{16}$ 与 $A_{15} \sim A_0$ 一起构成访问存储器的 20 位物理地址。CPU 访问 I/O 端口时,$A_{19} \sim A_{16}$ 保持为"0"。用作状态线时,$S_6 \sim S_3$ 用来输出状态信息,其中 S_3 和 S_4 表示当前使用的段寄存器,如表 1-3 所示;S_5 用来表示中断标志状态线,当 IF=1 时,S_5 置"1";S_6 恒保持为"0"。

表 1-3　$S_4 S_3$ 状态编码含义

S_4	S_3	当前正在使用的段寄存器
0	0	ES
0	1	SS
1	0	CS 或未使用任何段寄存器
1	1	DS

(4) NMI(Non Maskable Interrupt Request)引脚为非屏蔽中断请求信号线。由外部输入,上升沿触发,不受中断允许标志 IF 的限制,也不能用软件进行屏蔽。CPU 一旦测试到 NMI 请求有效,当前指令执行完后自动从中断入口地址(中断向量)表中找到类型 2 中断服务程序的入口地址,并转去执行。显然这是一种比可屏蔽中断请求高级的中断请求。

(5) INTR(Interrupt Request)引脚为可屏蔽中断请求信号线。由外部输入,电平触发,高电平有效。INTR 有效时,表示外部向 CPU 发出中断请求。CPU 在每条指令的最后一个时钟周期对 INTR 进行测试,一旦测试到 INTR 信号有效,并且中断允许标志 IF=1 时,则暂停执行下一条指令转入中断响应周期,执行中断服务子程序。

(6) R̄D̄(Read)引脚为读选通信号线。三态输出,低电平有效。R̄D̄ 有效时,表示当前

CPU 正在读存储器或 I/O 端口,至于是读存储器还是读 I/O 端口,可由 IO/$\overline{\text{M}}$ 信号来区分。

(7) CLK(Clock)引脚为时钟信号线,由 8284 时钟发生器输入,为 8088 CPU 提供工作时钟。8088 的标准时钟频率为 5 MHz。

(8) RESET(Reset)引脚为复位信号线。由外部输入,高电平有效。RESET 信号至少要保持 4 个时钟周期。CPU 接收到 RESET 信号后,停止现行操作,并将标志寄存器、段寄存器(DS、ES、SS)、指令指针寄存器 IP 和指令队列等清 0,而将段寄存器 CS 置成 FFFFH。当复位信号变为低电平时,CPU 从内存 FFFF0H 单元开始执行程序。

(9) READY(Ready)引脚为准备就绪信号线。由外部输入,高电平有效,表示 CPU 访问的存储器或 I/O 端口已准备好传送数据。当 READY 无效时,要求 CPU 插入一个或多个等待周期 T_w,直到 READY 信号有效为止。它是 CPU 与存储器及 I/O 端口速度同步的控制信号。

(10) $\overline{\text{TEST}}$(Test)引脚为测试信号线。由外部输入,低电平有效。CPU 执行 WAIT 指令时,每隔 5 个时钟周期对 $\overline{\text{TEST}}$ 进行一次测试,若测试 $\overline{\text{TEST}}$ 为高电平时,则 CPU 处于踏步等待状态,直到 $\overline{\text{TEST}}$ 为低电平时,CPU 才继续执行下一条指令。

(11) MN/$\overline{\text{MX}}$ 引脚为工作模式选择信号线。由外部输入,MN/$\overline{\text{MX}}$ 为高电平时,CPU 工作在最小模式;MN/$\overline{\text{MX}}$ 为低电平时,CPU 工作在最大模式。

(12) GND/V_{cc} 电源地和电源。8086/8088 CPU 只需要单一的 +5 V 电源,由 V_{cc} 引脚输入。而它们有两条 GND,均应接地。

2. 最小工作模式下的控制信号线

(1) $\overline{\text{INTA}}$(Interrupt Acknowledge)为中断响应信号。向外部输出,低电平有效。在中断响应周期,该信号表示 CPU 响应外部送来的 INTR 信号,用作读中断类型码的选通信号。

(2) ALE(Address Latch Enable)为地址锁存允许信号。向外部输出,高电平有效。在最小工作模式系统中用作地址锁存器的锁存信号。

(3) $\overline{\text{DEN}}$(Data Enable)为数据允许信号。三态输出,低电平有效。该信号有效时,表示数据总线上有有效数据。它在每次访问内存或 I/O 端口以及在中断响应期间有效。它常用作数据总线驱动器的片选信号。

(4) DT/$\overline{\text{R}}$(Data Transmit/Receive)为数据发送/接收控制信号,三态输出。CPU 写数据到存储器或 I/O 端口时,DT/$\overline{\text{R}}$ 输出高电平;CPU 要从存储器或 I/O 端口读取数据时,DT/$\overline{\text{R}}$ 为低电平;进行 DMA 传输时,DT/$\overline{\text{R}}$ 被置为高阻态。

(5) IO/$\overline{\text{M}}$(Memory/Input and Output)为存储器与 I/O 端口访问信号,三态输出。IO/$\overline{\text{M}}$ 为高电平时,表示当前 CPU 正在访问 I/O 端口;IO/$\overline{\text{M}}$ 为低电平时,表示 CPU 当前正在访问存储器。对于 8086 CPU,该引脚为 M/$\overline{\text{IO}}$。

(6) $\overline{\text{WR}}$(Write)为写信号。三态输出,低电平有效。当 $\overline{\text{WR}}$ 有效时,表示当前 CPU 正在写存储器或 I/O 端口。

(7) HOLD(Hold Request)为总线请求信号。由外部输入,高电平有效。表示有其他共享总线的处理器/控制器向 CPU 请求使用总线。

(8) HLDA(Hold Acknowledge)为总线请求响应信号。向外部输出,高电平有效。

CPU 一旦测试到有 HOLD 请求,就在当前总线周期结束后,使 HLDA 有效,表示响应这一总线请求,并立即让出总线使用权。在不要求使用总线的情况下,CPU 中指令执行部件可继续工作。HOLD 变为无效后,CPU 也将 HLDA 置成无效,并收回对总线的使用权,继续操作。

3. 最大工作模式下的控制信号线

(1)QS_1、QS_0(Instruction Queue Status)为指令队列状态信号。向外部输出,高电平有效。用来表示 CPU 中指令队列当前的状态,以便外部对 CPU 内部指令队列的动态进行跟踪,其含义如表 1-4 所示。

表 1-4　QS_1、QS_0 指示的指令队列状态

QS_1	QS_0	含义
0	0	无操作
0	1	从队列中取第一个字节
1	0	队列已空
1	1	从队列中取后续字节

(2)$\overline{S_2}$、$\overline{S_1}$、$\overline{S_0}$(Bus Cycle Status)为最大工作模式总线周期状态信号,三态输出。这三个信号是在最大工作模式中由 CPU 传送给总线控制器 8288 的总线周期状态信号。其不同的组合表示了 CPU 在当前总线周期所进行的操作类型。

(3)$\overline{LOCK}$(Lock)为总线封锁信号。三态输出,低电平有效。$\overline{LOCK}$ 有效时表示 CPU 不允许其他总线主控者占用总线。这个信号由软件设置,当前指令前加上 LOCK 前缀时,则在执行这条指令期间 $\overline{LOCK}$ 保持有效,封锁其他主控者使用总线,直到该条指令执行完,$\overline{LOCK}$ 信号撤销。

(4)$\overline{RQ}/\overline{GT_0}$、$\overline{RQ}/\overline{GT_1}$(Request/Grant)为最大工作模式总线请求信号输入/总线响应信号输出线,双向,低电平有效。输入时表示其他主控者向 CPU 请求使用总线,输出时表示 CPU 对总线请求的响应信号。两条线可同时与两个主控者相连,$\overline{RQ}/\overline{GT_0}$ 的优先权比 $\overline{RQ}/\overline{GT_1}$ 高。

1.4.2　8086/8088 CPU 的工作模式

根据不同的使用目的,8086/8088 设有最小工作模式和最大工作模式,这两种工作模式的选择是由硬件设定的。如果把 8086/8088 CPU 的第 33 号引脚 MN/$\overline{MX}$ 接 +5 V 电源时,8086/8088 CPU 工作于最小模式;而把 MN/$\overline{MX}$ 接地时,8086/8088 CPU 就工作于最大模式。

1. 最小工作模式的总线结构

所谓的最小工作模式就是指系统中只有一个 8086/8088 微处理器,所以最小模式也称单处理器模式。在最小工作模式系统中,所有的总线控制信号都由 8086/8088 CPU 直接产生,构成系统所需的总线控制逻辑部件最少,因此,叫作最小工作模式。将 8088 CPU 的引脚 MN/$\overline{MX}$ 接高电平(+5 V 即 V_{cc})可使其工作于最小模式。8088 CPU 最小工作模式的典型配置见图 1-12。

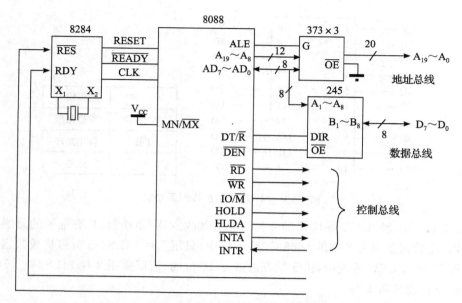

图 1-12　8088 CPU 最小工作模式下的系统结构图

（1）最小工作模式下系统的配置

典型系统配置包括 1 片 8284A,作为时钟发生器;3 片 74LS373 或 8282,用来作为地址锁存器;当系统中所连接的存储器和外设较多时,需要增加数据总线的驱动能力,这时,要用 1 片 74LS245（或 8286）作为总线收发器（对于 8086 CPU 构成的系统,需要 2 片 74LS245 或 8286 作为总线收发器,因为其数据总线是 16 位的）。

（2）地址锁存器 74LS373

8088 CPU 在访问存储器或 I/O 设备时,首先将存储器单元地址或 I/O 端口的地址发送到地址线上,随后才将要传送的数据送到数据线上。由于 8088 CPU 的低 8 位地址/数据线 $AD_7 \sim AD_0$ 是地址/数据分时复用,还有高 4 位地址与状态（$A_{19}/S_6 \sim A_{16}/S_3$）也是分时复用,为了不使先送出的地址信息丢失,由 8088 CPU 组成系统时,必须使用地址锁存器。地址锁存的过程是在总线周期的前一部分时间（T_1 状态）完成,CPU 送出地址信号,当地址信号准备好后,CPU 会送出高电平的 ALE 信号给地址锁存器,作为地址锁存信号。对于被锁存的分时复用的总线,在总线周期的后一部分时间（$T_2 \sim T_4$ 状态）中改变了功能,传送的是数据信息。由于有了锁存器,在总线周期的后半部分,地址和数据同时出现在系统的地址总线和数据总线上,确保了 CPU 对存储器和 I/O 设备正常的读/写操作。

如果采用 8086 CPU 组成系统,还要对 $\overline{BHE}$ 信号进行锁存,因为 $\overline{BHE}$ 信号线也是分时复用的。

三态地址锁存器 74LS373 是 8D 锁存器,其引脚排列和功能如图 1-13 所示。

对于 74LS373,当数据选通信号 G 为高电平时,8D～1D 上的输入数据进入锁存器,G 由高变低出现下降沿时,锁存器的状态不再改变。输出允许信号 $\overline{OE}$ 为低电平时,内部的三态缓冲器将锁存器中的信息输出,锁存的数据出现在 74LS373 的输出引脚 8Q～1Q 上。

（3）总线驱动器

当一个系统所含的外设接口较多时,数据总线上需要有发送器和接收器来增加驱动能

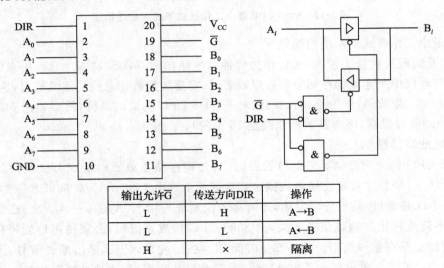

$\overline{OE}$	1	20	V_{CC}
1Q	2	19	8Q
1D	3	18	8D
2D	4	17	7D
2Q	5	16	7Q
3Q	6	15	6Q
3D	7	14	6D
4D	8	13	5D
4Q	9	12	5Q
GND	10	11	G

1D～8D	数据输入
1Q～8Q	数据输出
$\overline{OE}$	输出允许
G	选通

图 1-13   74LS373 引脚排列及功能

力。74LS245 是一种具有三态输出的 8 位双向总线收发器/驱动器,具有很强的总线驱动能力。所以,在数据总线为 8 位的 8088 CPU 系统中,只用 1 片 74LS245 就可构成数据总线收发器。而在 8086 CPU 系统中,由于数据总线是 16 位的,所以要用 2 片 74LS245。74LS245 引脚排列及功能见图 1-14。

DIR	1	20	V_{CC}
A_0	2	19	$\overline{G}$
A_1	3	18	B_0
A_2	4	17	B_1
A_3	5	16	B_2
A_4	6	15	B_3
A_5	7	14	B_4
A_6	8	13	B_5
A_7	9	12	B_6
GND	10	11	B_7

输出允许$\overline{G}$	传送方向DIR	操作
L	H	A→B
L	L	A←B
H	×	隔离

图 1-14   74LS245 引脚排列及功能

当 74LS245 的控制信号 $\overline{G}$ 为高电平时,三态缓冲器呈高阻状态,74LS245 在两个方向上都不能传送数据。当 $\overline{G}$ 为低电平,DIR 为高电平时,$A_7 \sim A_0$ 为输入端,$B_7 \sim B_0$ 为输出端,实现由 A 到 B 端的传送;当 $\overline{G}$ 为低电平,DIR 为低电平时,$A_7 \sim A_0$ 为输出端,$B_7 \sim B_0$ 为输入端,实现由 B 到 A 端的传送。总线驱动器 74LS245 与 8088 CPU 的连接如图 1-15 所示。

当系统中 CPU 以外的总线主控部件对总线有请求,并且得到 CPU 允许时,CPU 的 $\overline{DEN}$ 和 DT/$\overline{R}$ 端呈现高阻状态,从而使 74LS245 各输出端也成为高阻状态。

最小工作模式下,信号 IO/$\overline{M}$、$\overline{RD}$ 和 $\overline{WR}$ 组合起来决定了系统中数据传输的方式,见表 1-5。

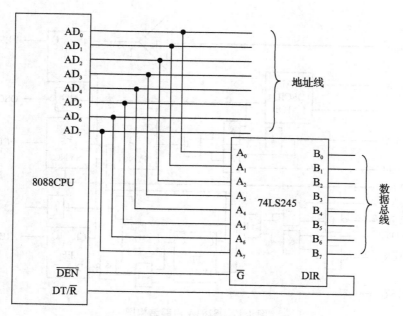

图 1-15　总线驱动器与 8088 CPU 的连接

表 1-5　最小工作模式下的数据传输方式

数据传输方式	IO/$\overline{\text{M}}$	$\overline{\text{RD}}$	$\overline{\text{WR}}$
I/O 读（$\overline{\text{IOR}}$）	1	0	1
I/O 写（$\overline{\text{IOW}}$）	1	1	0
存储器读（$\overline{\text{MEMR}}$）	0	0	1
存储器写（$\overline{\text{MEMW}}$）	0	1	0

实现该组合的逻辑电路如图 1-16 所示。

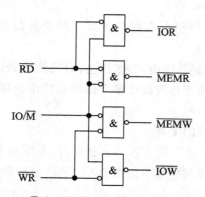

图 1-16　最小工作模式下的控制信号组合电路

（4）时钟发生器 8284A

8284A 的内部电路如图 1-17 所示。

8284A 能够为 8088 CPU 提供频率恒定的时钟信号 CLK，CLK 信号的占空比为 1/3。

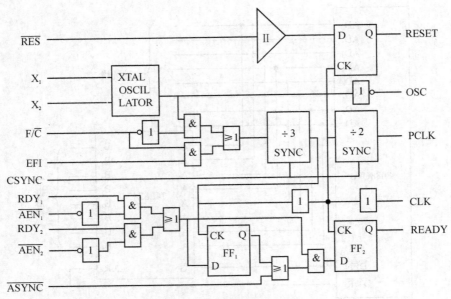

图 1-17　8284A 内部结构图

通过对 F/$\overline{\text{C}}$ 端的控制,可以选择两种振荡源,其一是由外部脉冲振荡电路产生时钟信号,加到 EFI 端;其二是利用晶体振荡器作为振荡源,只要将晶体振荡器接到 8284A 的 X_1 和 X_2 端即可。选择前一种方法时 F/$\overline{\text{C}}$ 应接高电平,选择后一种方法时 F/$\overline{\text{C}}$ 应接地。8284A 输出的时钟频率为振荡源频率的 1/3。

时钟发生器 8284A 除提供稳定的时钟信号外,还对外界输入的准备信号(READY)及复位信号(RESET)进行同步。从最小工作模式系统电路中可见,外界控制信号 RDY 及 RES 信号可以在任何时候到来,8284A 能把它们同步在时钟后沿时输出 READY 及 RESET 信号到 8088 CPU。

2. 最大工作模式的总线结构

最大工作模式是指系统中包含有两个及以上的微处理器,所以需要增设总线控制器 8288 和总线仲裁器 8289。

最大工作模式的系统控制总线由 8288 产生;而其他协处理器因分时占用总线,所以需要总线仲裁控制器 8289 来确定总线该让哪个处理器使用及哪个处理器优先。最大工作模式下系统的典型电路见图 1-18。

(1)最大工作模式下系统的配置

当把 8088 CPU 的第 33 号引脚 MN/$\overline{\text{MX}}$ 接地时,系统处于最大工作模式。这种工作方式下,系统中大部分的总线控制信号不是由 8088 CPU 直接产生,而是由系统中另外接入的总线控制器 8288 产生。

由典型电路可见,其配置有 1 片 8284A 作为时钟发生器,3 片 74LS373 作为地址锁存器,1 片 74LS245 作为双向数据总线收发器(对于 8086 CPU 构成的系统,需要 2 片 74LS245 作为总线收发器,因为其数据总线是 16 位的)。与最小工作模式的典型系统比较,它增加了总线控制器 8288,使总线控制功能更加完善。

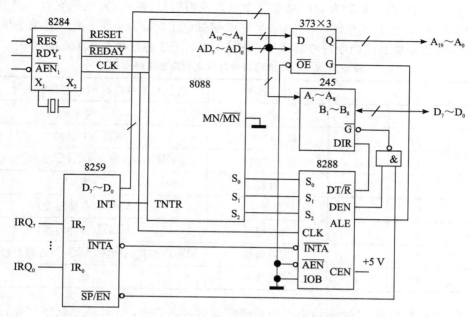

图 1-18　最大工作模式下系统的典型电路

（2）总线控制器 8288

8088 CPU 的总线状态信号 $\overline{S_2}$、$\overline{S_1}$、$\overline{S_0}$ 输入到总线控制器 8288 后，经 8288 译码，并与输入控制信号 $\overline{AEN}$、CEN、IOB 相配合，输出一系列的总线命令和控制信号。总线控制器 8288 如图 1-19 所示。

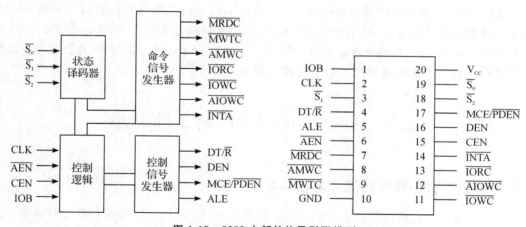

图 1-19　8288 内部结构及引脚排列

其译码作用和输出的总线命令信号见表 1-6。

对于总线控制器 8288，除了以上输入的总线状态信号 $\overline{S_2}$、$\overline{S_1}$、$\overline{S_0}$ 外，还有输入的总线控制信号 CLK、$\overline{AEN}$、CEN、IOB。CLK 是 8288 时钟信号的输入端。$\overline{AEN}$ 为地址允许信号输入，低电平有效，它是支持多总线结构的同步控制信号（由总线仲裁器 8289 输入）。CEN 为命令允许信号，由外部输入，高电平有效。在多个 8288 工作时，它相当于 8288 的片选信号。当 CEN 有效时，允许 8288 输出全部总线控制信号和命令信号；当 CEN 无效时，总线控制信号和命令呈高阻状态。IOB 为 I/O 总线工作方式控制信号,输入,高电平有效。当 IOB 接高电平时,8288 处于 I/O 总线工作方式;当 IOB 接低电平时,8288 处于系统总线工作方式。要使 8288 输出系统总线命令与控制信号,$\overline{\text{AEN}}$、CEN、IOB 必须接上 0、1、0 的电平。

表 1-6　$\overline{S_2}$、$\overline{S_1}$、$\overline{S_0}$ 编码组合与以之对应的总线操作

$\overline{S_2}$	$\overline{S_1}$	$\overline{S_0}$	操作过程	经总线控制 8288 产生的信号
0	0	0	中断响应信号	$\overline{\text{INTA}}$(中断响应)
0	0	1	读 I/O 端口	$\overline{\text{IORC}}$(I/O 读)
0	1	0	写 I/O 端口	$\overline{\text{IOWC}}$(I/O 写),$\overline{\text{AIOWC}}$(IO 超前写)
0	1	1	暂停	无
1	0	0	取指令	$\overline{\text{MRDC}}$(存储器读)
1	0	1	读存储器	$\overline{\text{MRDC}}$(读存储器)
1	1	0	写存储器	$\overline{\text{MWTC}}$(写存储器),$\overline{\text{AMWC}}$(存储器超前写)
1	1	1	无效状态	无

另外,总线控制器 8288 还输出 4 个总线控制信号。其中,ALE 是地址锁存允许信号,高电平有效。该信号用作地址锁存器 74LS373 的选通信号,将 CPU 输出的地址信息存入地址锁存器中。DEN 是数据传送允许信号,高电平有效。该信号经反相后接数据收发器 74LS245 的输出允许端 $\overline{G}$。$DT/\overline{R}$ 是数据收发器控制信号,该信号接数据收发器 74LS245 的数据传送方向控制端 DIR,决定数据收发器的数据收发方向。当 $DT/\overline{R}=1$ 时,CPU 将数据写入内存或 I/O 端口;当 $DT/\overline{R}=0$ 时,CPU 将从内存或 I/O 端口读数据。$\overline{\text{MCE}/\text{PDEN}}$ 是主控级联允许/外部设备数据允许信号,当 8288 的 I/O 总线工作方式控制信号 IOB=0 时,8288 工作在系统总线方式,此引脚作 MCE 用,在中断响应周期的 T_1 状态时 MCE 有效,控制主 8259A 向从 8259A 输出级联地址;当 8288 工作于 I/O 总线方式时,作外设数据允许信号 $\overline{\text{PDEN}}$ 用,控制外部设备通过 I/O 总线传送数据。

1.5　8086/8088 CPU 的工作时序

1.5.1　时钟周期、指令周期和总线周期

计算机的工作过程是执行指令的过程。计算机中,CPU 的一切操作都是在时钟信号控制下,按节拍有序地执行指令序列。

时钟周期是微型计算机系统工作的最小时间单位,它由系统的主频率决定,是 CPU 的时钟频率的倒数。系统完成任何操作所需要的时间均是时钟周期的整数倍。一个时钟周期通常又称为一个 T 状态。在 8086/8088 计算机系统中,时钟信号通常由时钟发生器 8284A 产生,通过 CPU 的 CLK 端输入。

从取指令开始,经过分析指令,对操作数寻址,然后执行指令,保存运算结果整个过程所用的时间,称为指令执行周期或指令周期。对于 8086/8088 CPU,指令系统中指令的指令

周期是不相等的,因为不同指令的机器码字节数不同,最短的指令只需要 1 个字节,大部分指令是 2 个字节,最长的指令可能要 6 个字节。一般的加、减、比较、逻辑操作等指令执行需要几十个时钟周期,最长的 16 位数乘法指令约要 200 个时钟周期。

在一个指令周期内,常常需要对总线上的存储器或 I/O 端口进行一次或多次读写操作。CPU 通过外部总线对存储器或 I/O 端口进行一次读写操作的过程称为总线周期。显然,一个指令周期应由若干个总线周期组成。基本的总线周期有存储器读或写周期、I/O 端口的读或写周期和中断响应周期。

每个总线周期通常包含 4 个 T 状态(T state),T 状态是 CPU 处理动作的最小时间单位,它就是时钟周期。例如,某 CPU 的主频为 8 MHz,则其时钟周期为 125 ns。

1.5.2　8088 CPU 的总线周期

1. 最小工作模式下的总线周期

(1)最小工作模式下的读总线周期

最小工作模式下 8088 CPU 读总线周期时序如图 1-20 所示,一个最基本的读操作周期包含有 4 个 T 状态,即 T_1、T_2、T_3、T_4,需要时还要在 T_3、T_4 间加入一个或几个 T_W 等待状态。

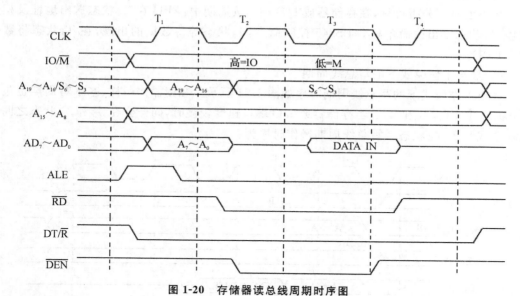

图 1-20　存储器读总线周期时序图

第一,需要由 IO/$\overline{M}$ 输出信号来确定是对存储器操作还是对 I/O 端口操作,IO/$\overline{M}$ 为低电平是对存储器进行读操作,IO/$\overline{M}$ 为高电平是对 I/O 端口进行读操作。IO/$\overline{M}$ 信号在 T_1 状态开始有效,并且一直保持到读总线周期结束。

第二,要从指定的存储器单元或 I/O 端口读数据,所以,由 CPU 送出读取存储器的 20 位地址或 I/O 端口的 16 位地址。8088 CPU 有 20 条地址线,其中 $AD_7 \sim AD_0$ 和 $A_{19}/S_6 \sim A_{16}/S_3$ 分时复用,具有输出地址/数据和地址/状态双功能。从 T_1 状态开始,在这些引脚上出现的信号是地址信息,由地址锁存允许信号 ALE 在 T_1 状态锁存到地址锁存器中,这样,在总线周期的其他状态,系统地址总线上稳定地输出地址信号。在 T_2 状态,$A_{19}/S_6 \sim A_{16}/S_3$ 线上的信息由地址信号变为状态信号 $S_6 \sim S_3$，而 $AD_7 \sim AD_0$ 引脚变为高阻状态，为后续读入数据做准备。

第三，T_2 状态开始，CPU 的 $\overline{RD}$ 引脚输出低电平，用以读存储器单元数据或 I/O 端口的数据。其间，锁存器的地址信号经存储器地址译码或 I/O 端口地址译码，找到了指定的存储器单元或 I/O 端口，由 $\overline{RD}$ 信号把指定的存储器单元的内容或 I/O 端口的数据读出到数据总线 $AD_7 \sim AD_0$ 上。若系统中接有数据总线驱动器 74LS245，则还需 CPU 输出控制信号 $DT/\overline{R}$ 和 $\overline{DEN}$，用于控制数据传送方向。由于是读存储器或 I/O 端口操作，所以，$DT/\overline{R}$ 引脚为低电平，作为 74LS245 选通信号的 $\overline{DEN}$ 也在 T_2 状态变为低电平。

第四，在 T_3 状态，CPU 检测 READY 引脚信号，若 READY 为高电平，表示存储器或 I/O 端口已经准备好数据，CPU 在 T_3 状态结束时读取该数据。若 READY 为低电平，则表示系统中挂接的存储器或 I/O 端口不能如期送出数据，要求 CPU 在 T_3 和 T_4 状态之间插入一个或几个等待状态 T_W。

第五，如果内存单元的数据或 I/O 端口的数据送到数据总线上，在 T_3 和 T_4 状态交界的下降沿处，CPU 对数据总线上的数据进行采样，完成读取数据的操作。在 T_4 状态的后半周期数据从数据总线上撤销。各控制信号和状态信号处于无效状态。$\overline{DEN}$ 变为高电平，关闭数据总线收发器，一个存储器或 I/O 端口读周期结束。

从以上时序分析可见，在存储器或 I/O 端口读周期中，CPU 在 T_1 状态送出地址及相关信号，T_2 状态发出读命令和 74LS245 控制命令，T_3 状态等待数据的出现，在 T_4 状态将数据读入 CPU。

（2）最小工作模式下的写总线周期

最小工作模式下的写总线周期时序如图 1-21 所示。和读操作一样，基本写周期也包含 4 个状态 T_1、T_2、T_3 和 T_4。当存储器或 I/O 端口速度较慢时，同样会在 T_3 和 T_4 状态之间插入一个或几个 T_W 状态。写总线周期操作时序为：

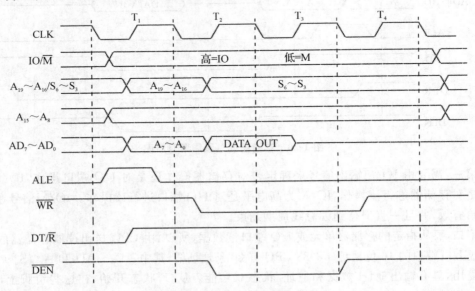

图 1-21　存储器写总线周期时序图

第一,同样要由 IO/$\overline{\text{M}}$ 输出信号来确定是对存储器操作还是对 I/O 端口操作,IO/$\overline{\text{M}}$ 信号在 T_1 状态开始有效,并且一直保持到写总线周期结束。在 T_1 状态,CPU 送出待写入数据的存储器单元的 20 位物理地址或待写入数据的 I/O 端口地址;地址锁存信号 ALE 有效,将地址信息锁存在锁存器 74LS373 中;还有,DT/$\overline{\text{R}}$ 变为高电平,表示该总线周期是写操作周期。

第二,在 T_2 状态,地址信号撤销,CPU 输出状态信号 $S_6 \sim S_3$;CPU 通过数据总线 $AD_7 \sim AD_0$ 输出数据,同时,使 $\overline{\text{WR}}$ 信号和 $\overline{\text{DEN}}$ 信号变为低电平,允许输出数据。与总线读周期区别的是:由读变成写,即由 $\overline{\text{RD}}$ 有效变为 $\overline{\text{WR}}$ 有效。还有,数据总线 $AD_7 \sim AD_0$ 在 T_2 状态不是呈高阻状态,而是送出要写入存储器或 I/O 端口的数据。

第三,在 T_3 状态,CPU 采样 READY 信号,若存储器或 I/O 端口来不及在指定的时间内完成写的操作,READY 信号将无效(为低电平),这时,CPU 会在 T_3 和 T_4 状态之间插入等待状态 T_w,直到 READY 信号有效(高电平),存储器或 I/O 端口从数据总线上取走数据。

第四,在 T_4 状态,已完成 CPU 向存储器或 I/O 端口的数据传送,使数据总线上的数据无效,同时,$\overline{\text{DEN}}$ 无效,总线收发器不工作,一个存储器或 I/O 端口写操作总线周期结束。

2. 最大工作模式下的总线周期

8088 CPU 工作在最大模式时,增加了总线控制器 8288。总线控制器 8288 接收来自 CPU 的状态信号 $\overline{S_2}$、$\overline{S_1}$、$\overline{S_0}$,通过译码产生相应的总线控制信号,因此,分析最大工作模式下的存储器或 I/O 端口的操作时序时,所用的是 8288 输出的控制信号。

(1)存储器读总线周期

最大工作模式下 8088 CPU 的存储器读操作总线周期如图 1-22 所示,它由 4 个 T 状态组成。与上述最小工作模式下存储器读操作时序相区别的是,地址锁存信号 ALE、存储器读信号 $\overline{\text{MRDC}}$($\overline{\text{MEMR}}$)、数据收/发控制信号 DT/$\overline{\text{R}}$ 和数据允许信号 $\overline{\text{DEN}}$ 是由 8288 产生的。

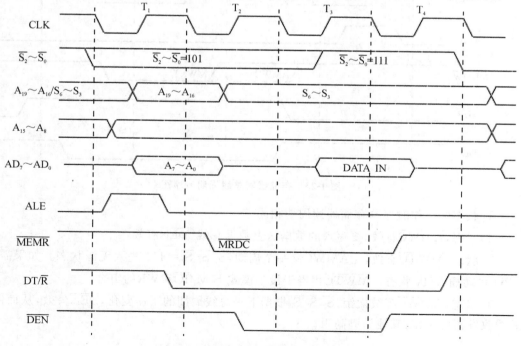

图 1-22 存储器读总线周期时序图

在 T_1 状态，8088 CPU 输出 20 位的地址信息和总线周期状态信息 $\overline{S_2}$、$\overline{S_1}$、$\overline{S_0}$。总线控制器 8288 对输入的 $\overline{S_2}$、$\overline{S_1}$、$\overline{S_0}$ 进行译码，发出 ALE 有效信号将地址信息锁存在地址锁存器 74LS373 中；同时，经译码判断为存储器读操作，DT/$\overline{R}$ 输出低电平。

在 T_2 状态，8088 CPU 撤销地址信息，将 $AD_7 \sim AD_0$ 切换为数据线，8288 发出读存储器命令 $\overline{MRDC}$(MEMR)，它使地址选中的存储单元把数据送上数据总线；然后使 $\overline{DEN}$ 输出低电平，使数据收发器 74LS245 工作，允许数据输入到 8088 CPU。

在 T_3 状态，数据已读出并送数据总线，这时 $\overline{S_2}\,\overline{S_1}\,\overline{S_0} = 111$ 进入无源状态。若数据没能及时读出，同最小工作模式一样，CPU 会在总线周期 T_3 状态后自动插入 T_w 状态。

在 T_4 状态，数据消失，状态信号进入高阻，准备执行下一个总线周期。

(2) 存储器写总线周期

最大工作模式下 8088 CPU 的存储器写操作周期时序图如图 1-23 所示。与最大模式下的存储器读总线周期相比，存储器读命令 $\overline{MRDC}$ 变成了存储器写命令 $\overline{MWTC}$(MEMW)，另外还有一个存储器超前写命令 $\overline{AMWC}$（提前一个周期有效）。

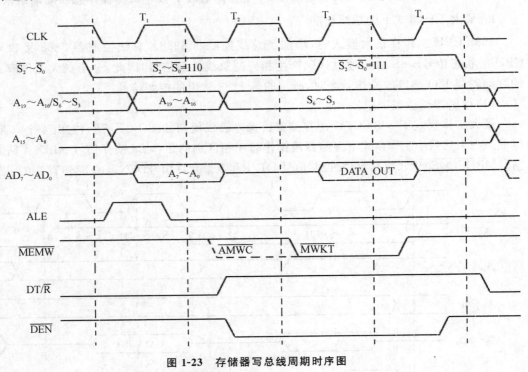

图 1-23　存储器写总线周期时序图

T_1 状态的工作时序与存储器读周期相同。

T_2 状态，$\overline{AMWC}$ 有效，要写入的数据送上数据总线，$\overline{DEN}$ 有效。

T_3 状态，$\overline{MWTC}$ 有效，比 $\overline{AMWC}$ 慢一个周期，$\overline{S_2}\,\overline{S_1}\,\overline{S_0} = 111$ 进入无源状态。如果需要，CPU 自动插入 T_w 状态。$\overline{MWTC}$ 相当于最小模式下 M/$\overline{IO}$ 和 $\overline{WR}$ 的组合。

T_4 状态，$\overline{AMWC}$ 等被撤销，$\overline{S_2}\,\overline{S_1}\,\overline{S_0}$ 根据下一总线周期的工作变化，$\overline{DEN}$ 失效，从而停止总线收发器的工作，其他引脚高阻。

（3）I/O 端口读和 I/O 端口写总线周期

8088 CPU 的 I/O 端口读/写总线周期时序与存储器读/写的时序是类似的。I/O 读和 I/O 写总线周期时序见图 1-24。与存储器读写总线周期不同之处在于：由于 I/O 接口的工作速度较慢，要求在 I/O 读写的总线周期中插入一个或几个等待状态 T_w，所以，只要是 I/O 读写操作，等待状态控制逻辑就使 8088 CPU 插入一个或几个等待状态 T_w，即基本的 I/O 操作是由 T_1、T_2、T_3、T_w、T_4 组成，占用 5 个时钟周期。

T_1 状态期间，8088 CPU 发出 $A_{15} \sim A_0$ 地址信号，$A_{19} \sim A_{16}$ 为低电平。同时，$\overline{S_2}\ \overline{S_1}\ \overline{S_0}$ 的编码为 001 或 010，即实现的是 I/O 端口的读写操作。

T_3 状态，采样到的 READY 为低电平，插入一个等待状态 T_w。

8288 CPU 发出的读写命令是 $\overline{IORC}$ 或 $\overline{AIOWC}$。

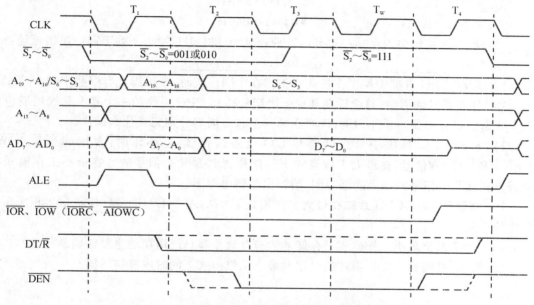

图 1-24 I/O 端口读和 I/O 端口写总线周期时序图

思考与练习

1. 8086/8088 CPU 内部结构由几部分组成？说明各部分的主要功能。

2. 试说明执行单元 EU 和总线接口单元 BIU 的功能及相互关系。

3. 8086/8088 CPU 有哪些寄存器？如何分组？哪些寄存器可用来指示存储器的偏移地址？

4. 简述 8086/8088 CPU 标志寄存器中各标志位的含义。

5. 8088 CPU 的地址线有多少条？它可以管理的存储器空间有多大？8088 CPU 与 8086 CPU 在分时复用的地址/数据和地址/状态线中有什么区别？

6. 8086/8088 CPU 的逻辑地址由哪几部分组成？试说明逻辑地址与物理地址之间的

关系。

7. 8086/8088 系统中的存储器为什么采用分段结构？有什么好处？

8. 某一存储单元的物理地址是 40000H，相对于当前代码段、数据段和堆栈段的偏移地址分别为 1000H、5FFH 和 0AFFFH，则段寄存器 CS、DS、SS 中的内容分别是多少？

9. 8086/8088 系统中，假设 CS=1000H，共有 512 字节长的代码段，该代码段末地址的逻辑地址（段地址:偏移地址）和物理地址各是多少？

10. 已知代码段寄存器内容 CS=2000H，代码段中某存储单元的物理为 21300H，问：若 CS=2100H，那么该单元的物理地址为多少？

11. 完成下列逻辑地址与物理地址的相互转换。

(1)将下列逻辑地址转换为物理地址：

①1000H:0100H   ②2500H:FFFFH

③FFFFH:0100H   ④A000H:B000H

(2)设 8088 系统中内存某一单元的物理地址为 12345H，写出下列不同的逻辑地址：

①1234H:_____   ②1200H:_____

12. 8088 CPU 有哪两种工作模式？工作在不同模式时，在引脚上有哪些不同？

13. 什么是时钟周期、总线周期和指令周期？8088 CPU 系统的一个基本总线周期包含几个状态？以存储器写操作为例，说明在每一个状态周期分别完成什么操作。

14. 8088 CPU 系统中对存储器和 I/O 设备进行读/写操作时，要用到 $\overline{IOR}$、$\overline{IOW}$、$\overline{MEMR}$ 和 $\overline{MEMW}$ 信号，在最大工作模式下是怎样得到这几个信号的？在最小工作模式下能否得到这几个信号？如果能够得到，请画出逻辑电路图。

15. 试说明 8088 CPU 系统在最大工作模式下 8284A、74LS373、74LS245、8288 这几个芯片的作用。

16. 8088 系统最小工作模式下存储器读与存储器写总线周期的主要区别是什么？

17. 8088 系统最大工作模式的时序与最小工作模式下的时序有何不同？

第 2 章　半导体存储器

2.1　存储器概述

存储器是计算机系统中的记忆功能部件,是用来存放程序和数据的集成电路。

2.1.1　存储器的类型

根据存储元件的工作原理和用途的不同,存储器有多种不同的分类方法。

1. 按存取速度和在计算机系统中的地位分类

根据存取速度和在计算机系统中地位的不同,可分为主存储器(或称为内存)和辅助存储器(或称为外存)。相对于辅存而言,主存存取速度较快,容量较小,价格较高,用于存储计算机系统当前运行所需要的程序和数据,可与 CPU 直接交换信息。辅存存取速度较慢,容量较大,价格较低,不能直接和 CPU 交换信息,作为主存的外援,存放暂时不执行的程序和数据。它只是在需要时与主存进行批量数据交换,用于存储计算机当前暂时不用的程序、数据或需要永久性保存的信息。

2. 按存储介质和作用机理分类

根据所使用存储介质和作用机理的不同,存储器可分为半导体存储器、磁存储器、光存储器。目前微型计算机系统常用的磁存储器是磁带和磁盘。光存储器主要有只读式光盘 CD-ROM 和可擦写光盘。半导体存储器由大规模集成电路芯片组成,当前微机系统的主存采用半导体存储器。

3. 按存储器读写工作方式分类

微机系统内部存储器根据读写工作方式的不同,分为只读存储器 ROM 和随机存储器 RAM。只读存储器的特点是只能读出其中的信息而不能随机写入信息,如大多数光盘存储器是只读的,半导体存储器中也有只读的,只读存储器中的信息在关机后不会丢失。随机存储器的特点是存储器中的信息可读可写,如磁盘、磁带存储器是可读写存储器,有的光盘存储器也是可读写的,而半导体随机存储器掉电后存储的内容将全部丢失。

2.1.2　存储器的主要性能指标与分级结构

1. 存储器的主要性能指标

(1)存储容量:这是存储器的一个重要指标,通常用该存储器所能存储的字数及其字长的乘积来表示,即

$$存储容量＝字数×字长$$

存储容量越大,能存储的信息就越多,其功能越强。

(2)存取速度:存储器的存取速度可用存取时间和存储周期这两个参数来衡量。存取时间是指从启动一次存储器操作到完成该操作所经历的时间,存取时间取决于存储介质的物理特征及所使用的读出机构类型。目前高速缓冲存储器已小于 20 ns,中速存储器的存取时间在 60~100 ns 之间,低速存储器的存取时间在 100 ns 以上。存取周期是连续启动两次独立的存储器操作所需的最小时间间隔。由于存储器在完成读/写操作之后需要一段恢复时间,所以,通常存储器的存储周期略大于存储器芯片的存取时间。

(3)功耗:功耗也是存储器的一个重要指标,它反映了存储器耗电的多少,同时也反映了发热的程度。半导体存储器的功耗包括"维持功耗"和"操作功耗",应在保证速度的前提下尽可能地减少功耗,特别要减小"维持功耗"。

(4)可靠性:可靠性一般是指存储器对电磁场及温度等变化的抗干扰能力。通常用平均无故障时间来衡量可靠性。平均无故障时间可以理解为两次故障之间的平均时间间隔,间隔越长,可靠性越高。半导体存储器由于采有大规模集成电路,可靠性较高,平均无故障间隔时间为几千小时以上。

2. 存储器的分级结构

目前,微型计算机的存储系统采用较多的是三级存储器结构,即高速缓冲存储器(Cache)、内存和辅存,存储器分级结构如图 2-1 所示。CPU 能直接访问高速缓存和内存,不能直接访问辅存,辅存中的信息必须先调入内存才能由 CPU 进行处理。

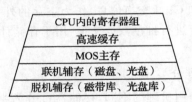

| CPU内的寄存器组 |
| 高速缓存 |
| MOS主存 |
| 联机辅存（磁盘、光盘） |
| 脱机辅存（磁带库、光盘库） |

图 2-1　存储器的分级结构

高速缓存(Cache)又称快存,是一种高速小容量存储器。在中高档计算机中,用快存临时存放指令和数据,以提高处理速度。快存多由双极性静态随机存储器(SRAM)组成,和内存相比,它存取速度快,但容量小。

内存用来存放计算机运行期间的大量程序和数据,它和快存交换指令和数据,快存再和 CPU 打交道。目前内存多由 MOS 动态随机存储器(DRAM)组成。

目前辅存主要使用的是磁盘存储器、磁带存储器和光盘存储器,它是计算机最常用的输入/输出设备,通常用来存放系统程序、大型文件及数据库等。辅存设在主机外部,容量极大而速度较低,CPU 不能直接访问它。

上述三种存储器构成三级存储管理,各级职能和要求不同。其中,快存主要为获取速度,使存取速度能和 CPU 速度相匹配;辅存追求容量大,以满足对计算机的容量要求;内存介于两者之间,要求其具有适当的容量,不仅能存放较多的运行软件和用户程序,还要满足系统对速度的要求。

2.2　常用的存储器芯片

2.2.1　半导体存储器芯片的结构

半导体存储器芯片通常由存储矩阵、地址译码器、控制逻辑和三态数据缓冲寄存器组成，如图 2-2 所示。

（1）存储矩阵也称为存储体，是大量存储元件的有机组合。存储元件是由能存储一位二进制代码（1 或 0）的物理器件构成的。芯片内部由若干位（通常是 1、4 或 8 位）存储元件组成一个基本存储单元。基本存储单元再按一定的规律组合起来，一般按矩阵方式排列，构成存储体。

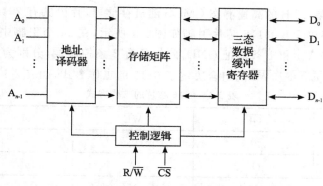

图 2-2　存储器芯片的组成

（2）地址译码器。地址译码器接收来自 CPU 的地址信号，并产生地址译码信号，以便选中存储矩阵中一个存储单元，使其在存储器控制逻辑的控制下进行读/写操作。

（3）控制逻辑。控制逻辑电路接收来自 CPU 或外部电路的控制信号，经过组合变换后，对存储矩阵、地址译码驱动电路和三态双向缓冲寄存器进行控制，控制对选中的单元进行读写操作。

（4）三态双向数据缓冲寄存器。它使系统中各存储器芯片的数据输入/输出端能方便地挂接到系统数据总线上。对存储器芯片进行读/写操作时，存储器芯片的数据线与系统数据总线经三态数据缓冲寄存器传送数据。不对存储器芯片进行读/写操作时，$\overline{CS}$ 信号无效，控制逻辑使三态数据缓冲寄存器处于高阻状态，该存储器芯片与系统数据总线隔离。

2.2.2　随机存储器 RAM

随机存储器 RAM 分为双极型和 MOS 型两种。双极型存储器由于集成度低、功耗大，在微型计算机系统中使用不多。目前随机存储器 RAM 芯片几乎是 MOS 型的。MOS 型 RAM 又包括静态 RAM 和动态 RAM。

1. 静态 RAM(SRAM)

静态 RAM 每一个基本存储单元是由 MOS 管组成的一个稳态触发器构成的，用两个不同的稳定状态存储一位二进制信息"0"或"1"。如图 2-3 所示。

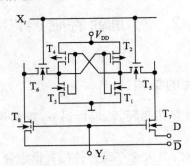

图 2-3   六管 CMOS 静态存储单元

常用的静态 RAM(SRAM)芯片主要有 6116、6264、62128、62256 等。下面以 6116 和 6264 芯片为例加以介绍。

(1)6116 芯片是 2 kB 的高速静态 CMOS 随机存储器,片内共有 2048 个字节存储空间 (16384 个基本存储单元)。6116 芯片引脚如图 2-4 所示,在 24 个引脚中有 11 条地址线、8 条数据线、1 条电源 V_{cc} 和 1 条地址 GND,此外还有 3 条控制线,分别为片选 $\overline{CE}$、输出允许 $\overline{OE}$、写允许 $\overline{WE}$。$\overline{CE}$、$\overline{OE}$ 和 $\overline{WE}$ 的组合决定了 6116 的工作方式,如表 2-1 所示。

表 2-1   6116 芯片的工作方式

$\overline{CE}$	$\overline{OE}$	$\overline{WE}$	工作方式
0	0	1	读出
0	1	0	写入
1	×	×	未选通

A_7	1	24	V_{cc}
A_6	2	23	A_8
A_5	3	22	A_9
A_4	4	21	$\overline{WE}$
A_3	5	20	$\overline{OE}$
A_2	6	19	A_{10}
A_1	7	18	$\overline{CE}$
A_0	8	17	D_7
D_0	9	16	D_6
D_1	10	15	D_5
D_2	11	14	D_4
GND	12	13	D_3

$A_{10} \sim A_0$	地址输入
$D_7 \sim D_0$	数据输入输出
$\overline{CE}$	芯片允许
$\overline{WE}$	写允许
$\overline{OE}$	输出允许

图 2-4   6116 芯片引脚

(2)6264 芯片是一个 8 kB 的 CMOS 随机存储器,共有 28 要条引脚,包括 13 条地址线 $A_{13} \sim A_0$、8 条数据线 $D_7 \sim D_0$,另外还有 4 条控制信号线,分别为片选信号线 $\overline{CE_1}$ 和 CE_2、输

出允许信号线$\overline{OE}$、写允许信号线$\overline{WE}$。其引脚如图 2-5 所示,控制信号的功能如表 2-2 所示。

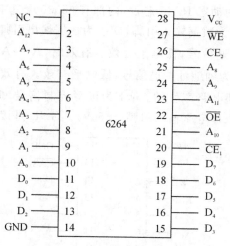

图 2-5 6264 芯片引脚

表 2-2 6264 芯片工作方式

$\overline{WE}$	$\overline{CE_1}$	CE_2	$\overline{OE}$	工作方式
0	0	1	×	写入
1	0	1	0	读出
×	0	0	×	三态(高阻)
×	1	1	×	
×	1	0	×	

此外,还有电源引脚 V_{CC}、接地引脚 GND 和空端 NC。

2. 动态 RAM(DRAM)

动态 RAM 的基本存储单元是单管动态存储电路,是利用 MOS 管栅极电容具有暂时储存信息的作用而形成的,如图 2-6 所示。信息存储于电容 C_1 中,通过控制 MOS 管 T_1 把信息从位线送给存储单元,或者把信息从存储单元取出到位线。当给电容 C_1 充电时,使 C_1 上带有电荷,表示信息"1";当电容 C_1 放电,使 C_1 上无电荷,表示信息"0"。

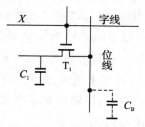

图 2-6 单管 MOS 动态存储单元

由于漏电流的存在,栅极电容上储存的电荷不可能长久保持不变,所以为了弥补泄漏掉的电荷,以免存储的信息丢失,需要定期给栅极电容补充电荷,通常称为刷新。

4164 是 64 k×1 bit 的动态 RAM 芯片,内部有 65536 个基本存储单元,每个单元 1 位。其引脚如图 2-7 所示。D_{IN} 为数据输入引脚,D_{OUT} 为数据输出引脚。$A_7 \sim A_0$ 为行、列地址输入引脚。$\overline{RAS}$ 为行地址选通信号,低电平有效。有效时,$A_7 \sim A_0$ 上的信息为行地址,该信号由外部电路产生。$\overline{CAS}$ 为列地址选通信号,低电平有效。有效时,$A_7 \sim A_0$ 上的信息为列地址,该信号同样是由外部电路产生的。$\overline{WE}$ 为读写控制信号,低电平时执行写操作,高电平时处于读状态。V_{CC} 是工作电压输入引脚(+5 V)。GND 是接地引脚。

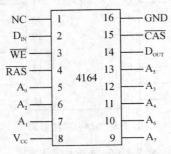

图 2-7 动态 RAM 4164 的外部引脚

通常,必须对动态 RAM 进行定期刷新以维持动态 RAM 中存储的数据。动态 RAM 4164 的刷新由外部逻辑电路控制。

2.2.3 只读存储器 ROM

只读存储器中的信息是预先写入的,在使用过程中只能读出不能写入。只读存储器 ROM 具有非易失性的特点,即断电后再加电,存储信息不会改变。ROM 的用途是存入不需要经常修改的信息,如微程序、监控程序、显示器的字符发生器等。ROM 从功能和工艺上可分为掩膜式 ROM、PROM、EPROM 和 EEPROM 等。目前在微型计算机的应用系统中用得较多的只读存储器为 EPROM、EEPROM 等。

1. 可擦除可编程只读存储器 EPROM

实际工作中的程序可能需要多次修改,EPROM 作为一种可以多次擦除和重写的 ROM,使用比较广泛。写入时,用专门的写入器在+25 V 高压下写入信息。擦除时,用紫外线照射芯片上的石英玻璃窗口,照射时间约 20 min 后,读出各单元的内容均为 FFH,即说明 EPROM 中存储的内容已被擦除,然后可对其重新编程。

下面以 EPROM 2764 为例,介绍 EPROM 的性能和工作方式。

2764 的外部引脚如图 2-8 所示。这是容量为 8 k×8 bit 的 EPROM 芯片,它的引脚和 SRAM 芯片 6264 是兼容的,为使用者带来极大方便。因为在程序调试过程中,程序经常需要修改,此时可将程序先放在 6264 中,读写修改都很方便。调试成功后,只把 2764 直接插在原 6264 的插座上,就可将程序固化到 2764 中。

2764 各引脚定义如下:

$A_0 \sim A_{12}$:13 根地址输入线,用于寻址片内的 8 k 个存储单元。

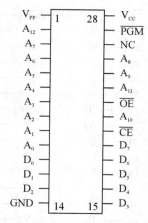

图 2-8　EPROM2764 引脚图

$D_0 \sim D_7$：8 根双向数据线,正常工作时为数据输出线,编程时为数据输入线。

$\overline{CE}$：片选信号,低电平时有效,表示选中此芯片。

$\overline{OE}$：输出允许信号,低电平时有效,表示芯片中的数据可由 $D_0 \sim D_7$ 端输出。

$\overline{PGM}$：编程脉冲输入端,对 EPROM 编程时,在该端加上编程脉冲。读操作时该引脚要接 +5 V。

V_{PP}：编程电压输入端,编程时应在该引脚加上编程高电压,不同的芯片对 V_{PP} 的值要求不一样,可以是 +12.5 V、+15 V、+21 V、+25 V 等。

2764 共有七种工作方式,如表 2-3 所示。

表 2-3　2764 的工作方式

$\overline{CE}$	$\overline{OE}$	$\overline{PGM}$	V_{PP}	V_{CC}	$D_0 \sim D_7$	工作方式
0	0	0	5 V	5 V	数据输出	读
0	1	1	5 V	5 V	高阻	输出禁止
1	×	×	5 V	5 V	高阻	备用
0	1	正脉冲	12.5 V	5 V	数据输入	编程
0	0	0	12.5 V	5 V	数据输出	校验
1	×	×	12.5 V	5 V	高阻	编程禁止
0	0	1	5 V	5 V	制造商编码器件编码	标识符

2. 带电可擦写可编程只读存储器 EEPROM

EPROM 虽然可以多次编程,具有较好的灵活性,但修改内容还是令人感到不太方便,因为写入内容要用专门的编程器,擦除内容要用专门的擦除器。而 EEPROM 的出现,改变了 EPROM 的使用不方便,EEPROM 具有在线编程的独特功能,使用起来就像 RAM 一样方便,掉电后内容不丢失。

常用芯片有 2816(2 k×8)、2817(2 k×8)和 2864(8 k×8)。2816 和 2864 的引线排列与同容量的 SRAM 6116 和 6264 兼容。2817 和 2864A 的引线排列如图 2-9 所示。

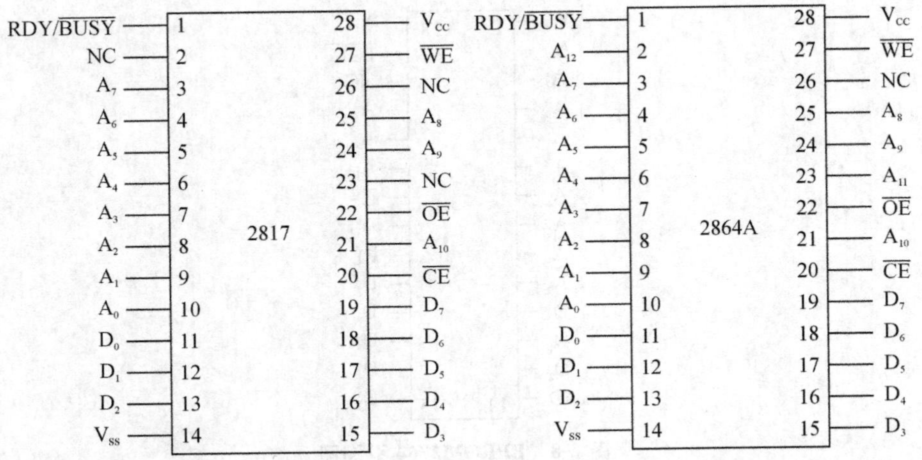

图 2-9　2817 和 2864A 的引脚图

$\overline{CE}$、$\overline{WE}$ 和 $\overline{OE}$ 分别为片选信号、写控制信号和读控制信号。RDY/$\overline{BUSY}$ 为器件忙闲状态指示，NC 为空脚。EEPROM 2817 和 2864 的工作方式以及各种方式下的控制信号电平如表 2-4 所示。

表 2-4　2817 和 2864 的工作方式

$\overline{CE}$	$\overline{OE}$	$\overline{WE}$	RDY/$\overline{BUSY}$	$D_7 \sim D_0$	工作方式
0	0	1	高阻	数据输出	读
0	1	0	0	数据输入	字节写入
1	×	×	高阻	高阻	保持
字节写入之前自动擦除					字节擦除

需要特别说明的是，在字节写入时，CPU 可通过 RDY/$\overline{BUSY}$ 端查询一个字节是否写入完毕，当该引脚为 0 时，表示字节写入操作尚未完成，不能写入下一个字节；当该引脚为 1 时，表示字节写入操作已经完成，可以写入下一个字节。如此就保证了写入信息的可靠性。

2816、2817 和 2864 的主要性能指标基本相同：读取时间 250 ns、写入时间 10 ns（2816 为 15 ns）、字节擦除时间 10 ns（2816 为 15 ns）、读操作电压 5 V、擦写操作电压 5 V、操作电流 110 mA。

2.3　存储器与 CPU 的连接

微型计算机的内存都是由半导体存储器构成的，存储器挂在 CPU 系统总线上。在 CPU 对存储器进行读/写操作时，首先要由地址总线给出地址，然后要发出相应的读/写控制信号，最后才能在数据总线上进行信息交换。所以，存储器和 CPU 的连接有三个部分，即存储器的数据线与系统数据线对应连接、地址线与系统地址线对应连接、控制线与系统控制线对应连接。本节以 8088 CPU 的系统总线与存储器连接为例。

2.3.1　存储器芯片与 CPU 地址总线的连接

微机系统的存储器通常由多片存储器芯片组成。芯片内部的存储单元由片内的译码电路对芯片的地址线输入的地址进行译码来选择,称之为字选。字选只要从地址总线的最低位 A_0 开始,把它们与存储器芯片的地址线依次相连即可完成。而存储器芯片则由地址总线中剩余的高位线来选择,这就是片选。片选的具体接法决定了存储器芯片的寻址范围。

地址线数与存储单元数间的关系为:存储单元$=2^n$(n 为地址线数)。

如表 2-5 所列:

表 2-5　地址线数与存储单元数的关系

地址数	1	2	3	4	…	8	9	10	11	12	13	14	15	16
单元数	2	4	8	16	…	256	512	1 k	2 k	4 k	8 k	16 k	32 k	64 k

1. 存储器芯片的地址线与 CPU 地址总线的连接

存储器芯片的地址线与 CPU 地址总线的连接,是从地址总线的最低位 A_0 开始,把它们与存储器芯片的地址线依次相连,用于片内存储单元的选择,称为字选。

2. 存储器芯片的片选线与 CPU 地址总线的连接

存储器芯片的片选线与 CPU 地址总线的连接方法有两种。

(1)线选法:直接以 CPU 的高位地址作为存储器芯片的片选信号,将用到的高位地址线接往存储器芯片的片选端。线选法有较大的局限性:首先是其对应的存储器寻址空间可能不唯一;其次,若有多片存储器均使用线选法选址,则会出现地址不连续现象,会浪费许多地址空间。所以,线选法仅限在极小系统中使用,不适用于系统中存在多片存储器的情况。

(2)译码法:使用译码器对系统总线中除用于字选外剩下的高位地址线进行译码,以其译码输出作为存储器芯片的片选信号。

常用典型译码器是 74LS138(3-8 译码器),其引脚信号和真值表如图 2-10 所示。

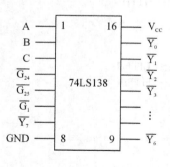

控制端			输入端			输出端							
$\overline{G_1}$	$\overline{G_{25}}$	$\overline{G_{24}}$	C	B	A	$\overline{Y_7}$	$\overline{Y_6}$	$\overline{Y_5}$	$\overline{Y_4}$	$\overline{Y_3}$	$\overline{Y_2}$	$\overline{Y_1}$	$\overline{Y_0}$
			0	0	0	1	1	1	1	1	1	1	0
			0	0	1	1	1	1	1	1	1	0	1
			0	1	0	1	1	1	1	1	0	1	1
1	0	0	0	1	1	1	1	1	1	0	1	1	1
			1	0	0	1	1	1	0	1	1	1	1
			1	0	1	1	1	0	1	1	1	1	1
			1	1	0	1	0	1	1	1	1	1	1
			1	1	1	0	1	1	1	1	1	1	1

图 2-10　74LS138 译码器引脚和真值表

例 2.1　用译码法连接容量为 64 k×8 的存储器,若用 8 k×8 的存储器芯片,共需多少片? 共需多少根地址线? 其中几根作字选线? 几根作片选线? 试用 74LS138 画出译码电路,并标出其输出线的选址范围。若改用线选法,能够组成多大容量的存储器? 试写出各线选线的选址范围。

解：$(64\text{ k}\times8)/(8\text{ k}\times8)=8$，即共需要 8 片存储器芯片。$64\text{ k}=65536=2^{16}$，故组成 64 k 的存储器共需 16 根地址线。$8\text{ k}=8192=2^{13}$，即 13 根地址线作字选线；剩下的地址线作为片选用，即 $16-13=3$，3 根地地址线作片选线。芯片的 13 根地址线为 $A_{12}\sim A_0$，余下的高位地址线是 $A_{15}\sim A_{13}$，所以译码电路对 $A_{15}\sim A_{13}$ 进行译码，译码电路及译码输出线的选址范围如图 2-11 所示。

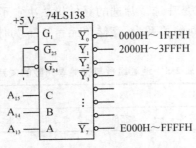

图 2-11 例 2.1 译码电路地址范围

若改为线选法，$A_{15}\sim A_{13}$ 三根地址线各选一片 $8\text{ k}\times8$ 的存储器芯片，故仅能组成容量为 $24\text{ k}\times8$ 的存储器。A_{15}、A_{14} 和 A_{13} 所选芯片的地址范围分别为 6000H～7FFFH、A000H～BFFFH 和 C000H～DFFFH。

译码法又分为部分译码和全部译码两种。部分译码方式是将高位地址线中的几位经过译码后作为片选控制信号，比如图 2-11 所示就是部分译码。而全译码方式将高位地址线全部作为译码器的输入，用译码器的输出作为片选信号，即除了用于片内字选的地址线外，余下的高位地址线均参与地址译码作为片选信号，这样，不会产生地址的不连贯性，如图 2-12 所示。

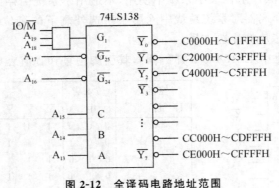

图 2-12 全译码电路地址范围

2.3.2 存储器芯片与 CPU 数据总线的连接

存储器芯片数据线有 1 根、4 根和 8 根等不同结构，在与 8088 CPU 系统总线的 8 根数据线相连时，采用并联方式，连接方法为：

1 位的存储器芯片，需要用 8 片，将每片的数据线依次与 CPU 数据总线的 8 根数据线相连，8 片的地址相同。

4 位的存储器芯片，需要用 2 片，将每片的 4 根数据线分别与 CPU 数据总线的高 4 位和低 4 位相连，2 片的地址也相同。

8 位的存储器芯片,则将它的 8 根数据线分别与 CPU 数据总线的 8 根数据线相连即可。

2.3.3　存储器芯片与 CPU 控制总线的连接

存储器芯片与 CPU 控制总线的连接比较简单,仅有存储器的输出允许信号引脚$\overline{OE}$和写允许信号引脚$\overline{WE}$与 CPU 的控制总线连接。

若是只读存储器 ROM,则将其输出允许引脚$\overline{OE}$直接与 8088 CPU 的总线存储器读信号$\overline{MEMR}$相连即可。

若是随机存储器 RAM,则要将各芯片的输出允许$\overline{OE}$和写允许$\overline{WE}$引脚分别与 8088 CPU 的总线存储器读信号$\overline{MEMR}$和存储器写信号$\overline{MEMW}$相连接。

2.3.4　存储器的扩展技术

1. 位扩展

如果选用的存储芯片的位数小于存储系统编址单元的位数,则需要进行位数扩展。比如某计算机系统的内存容量为 1 MB,可采用 8 片 1 M×1 bit 或 2 片 1 M×4 bit 的存储芯片连接。

图 2-13 所示为由 8 片容量为 8 k×1 bit 芯片扩展为 8 kB 存储器的数据线和地址线的连接。每个芯片有 13 根地址线引脚,所以,系统地址总线低 13 位的每一根接至 8 个芯片的同一个地址引脚;每个芯片有 1 根数据线,每根系统数据线与一个芯片的数据线单独连接;8 个芯片共用一个片选信号$\overline{CS}$和写控制信号$\overline{WR}$。电路中 $A_{19} \sim A_{13}$ 没有使用,所以,高位地址信号可以用"0"表示,也可以用"1"表示。假如表示成"0",那么图示电路存储器芯片具有相同的地址范围,即 00000H~01FFFH。

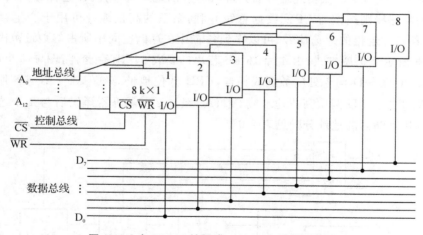

图 2-13　由 1 k×1 扩展成 1 k×8 存储器连接图

图 2-14 是用 8 片 256×4 位存储器芯片扩展成 1 kB RAM 的连接图。每片 256×4 芯片上有 8 条地址线,4 条数据线。两片组成一页,它们的数据线分别和系统数据总线的高 4 位和低 4 位相连,将数据扩展为 8 位。地址总线上的 $A_0 \sim A_7$ 直接与每片的地址输入端相连,实现页内寻址。同一页的片选线并联在一起和地址译码器的一个输出端连接,实现页的

寻址,参与译码的高位地址为 A_8 和 A_9,所以是部分译码法。

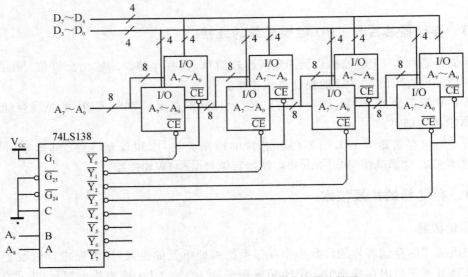

图 2-14 用 256×4 扩展成 1 k×8 存储器连接图

没有参与地址译码的系统地址信号可以用"0"表示,则图 2-14 电路中从左边起各页的地址范围分别为 00000H～000FFH、00100H～001FFH、00200H～002FFH、00300H～003FFH。

2. 字扩展

字扩展适用于位数不变,而字数(单元数)不够,需要若干芯片组成满足总容量的存储器。进行字扩展时,CPU 低位地址线直接和各芯片的地址线连接,以选择片内的某个单元,而各芯片的数据线则按位与 CPU 数据总线并联,余下的高位地址可用于产生存储器片选信号,根据各芯片连接的片选信号,可以得到各芯片在存储空间中所占的地址范围。

图 2-15 所示字扩展方式,由 4 片 16 kB 芯片扩展成 64 kB 存储器,图中 4 个芯片并联,CPU 数据总线 $D_7～D_0$ 与各处的数据线相连,CPU 低位地址总线 $A_{13}～A_0$ 与各片存储器的 14 位地址线相连,CPU 两位高位地址线 A_{15}、A_{14} 经过 2-4 译码器译码后与 4 个芯片的片选端相连。各片存储器的地址分配见表 2-6。

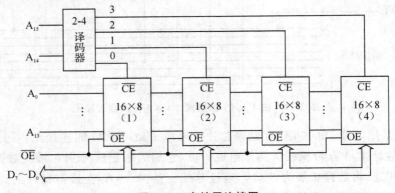

图 2-15 字扩展连接图

表 2-6 各片存储器的地址分配

片号	$A_{15} A_{14}$	$A_{13} \cdots A_0$	地址范围
(1)	00	00000000000000	0000H
		11111111111111	3FFFH
(2)	01	00000000000000	4000H
		11111111111111	7FFFH
(3)	10	00000000000000	8000H
		11111111111111	BFFFH
(4)	11	00000000000000	C000H
		11111111111111	FFFFH

图 2-16 是用 EPROM 2732 和静态 RAM 6116 组成 8 kB ROM 和 4 kB RAM 的连接图。

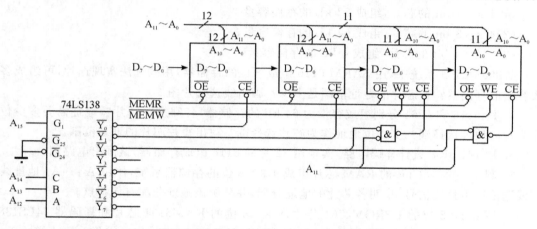

图 2-16 8 kB ROM 和 4 kB RAM 的连接图

由于 2732 存储器容量为 4 kB,需要用 12 根地址线实现片内字选,而 6116 存储容量为 2 kB,需要用 11 根地址线实现片内字选。各存储器芯片的地址线和数据线分别连接至 CPU 的地址总线和数据总线上。存储器的输出允许端 $\overline{OE}$ 连接到存储器读控制信号 $\overline{MEMR}$,存储器 6116 的写允许端 $\overline{WE}$ 与存储器写控制信号 $\overline{MEMW}$ 相连。CPU 高位地址 $A_{15} \sim A_{12}$ 接到 74LS138 译码器,译码输出信号直接和 2732 存储器的片选端 $\overline{CE}$ 连接。而对于 6116 存储器,片选信号由译码器输出信号和 CPU 地址信号 A_{11} 经与非门后产生。存储器芯片序号从左边开始安排,各芯片地址分配见表 2-7。

表 2-7 图 2-14 各芯片地址分配

序号	A_{15}	$A_{14} A_{13} A_{12}$	A_{11}	$A_{10} \cdots A_0$	地址范围
1	1	0 0 0	0	00000000000	8000H
			1	11111111111	8FFFH
2	1	0 0 1	0	00000000000	9000H
			1	11111111111	9FFFH
3	1	0 1 0	0	00000000000	A000H
				11111111111	A7FFH
4	1	0 1 0	1	00000000000	A800H
				11111111111	AFFFH

思考与练习

1. 存储器的主要性能指标有哪些?

2. 下列 SRAM 各需要多少条地址线进行寻址? 各有多少条数据线?

(1)512×1 bit
(2)1 k×8 bit
(3)16 k×4 bit
(4)256 k×8 bit

3. 使用下列 RAM 芯片组成所需的存储容量,各需多少片 RAM? 每片芯片需多少地址线? 共需多少地址线?

(1)1 k×1 bit 的芯片,组成 32 kB 的存储容量;

(2)4 k×8 bit 的芯片,组成 64 kB 的存储容量;

(3)512×4 bit 的芯片,组成 4 kB 的存储容量。

4. 8088 CPU 系统中,用 SARM 6116 组成 8 位的存储器,用线选法实现选片,可组成多大容量的存储器? 各芯片的地址范围是多少? 画出线选选片图。

5. 用 6116 和 6264 分别组成容量为 64 kB 的存储器,各需多少芯片? 地址需要多少位作为片内地址选择端? 多少位地址作为芯片选择端? 写出每片芯片的地址范围。

6. 用 74LS138 设计译码电路,实现用 32 片的 6116 组成存储器,试画出电路图。

7. 利用 1024×1 bit 的 RAM 芯片组成 4 k×8 位的存储器系统,使用 A_{15}～A_{12} 地址线用线选法产生片选信号,指明各芯片的地址分配,并分析该地址分配有何特点。

8. 用 8 k×8 位的 EPROM2764 芯片、8 k×8 位的 RAM6164 芯片和译码器 74LS138 构成一个 16 kB 的 ROM、16 kB 的 RAM 的存储器子系统。8088 CPU 工作在最小模式下,系统带有地址锁存器 74LS373、数据收发器 74LS245。画出存储器系统与 CPU 的连接图,写出各芯片的地址分配。

9. 某 8088 系统用 2764 EPROM 芯片和 6264 SRAM 芯片构成 16 kB 的内存。其中,ROM 的地址范围为 0FE000H～0FFFFFH,RAM 的地址范围为 0F0000H～0F1FFFH。试利用 74LS138 译码,画出存储器与 CPU 的连接图,并标出总线信号名称。

第 3 章　8086/8088 CPU 的指令系统

指令是让计算机完成某种操作的命令,每一条指令对应着处理的一种基本操作。它是根据计算机 CPU 硬件特点研制出来的,指令由操作码和操作数两部分组成。为了便于指令记忆,人们用代表指令操作含义的英语单词的缩写来表述指令,称为助记符。

指令系统是 CPU 能执行的各种指令的集合,不同的 CPU 有着不同的指令系统,这是在设计 CPU 时就已安排好了的,即与计算机硬件有着对应关系。

对于计算机,它只能识别二进制代码,所以,机器指令是由二进制代码组成的。用机器指令编写程序,就是从所使用的 CPU 的指令系统中挑选合适的指令,组成一个指令序列,如第 1 章中微型计算机工作过程所指出的那样。但它专业性很强,又很难记忆、很难理解,更难以查错,实际上难以被广泛使用。为了便于人们使用,通常采用助记符形式的汇编语言来编写程序,称为汇编语言程序。

本章主要内容有两个方面,一是 8086/8088 系统指令的寻址方式;二是 8086/8088 的指令系统。

3.1　8086/8088 系统的指令格式与寻址方式

3.1.1　8086/8088 汇编语言指令语句格式

任何一种汇编语言的指令语句都与机器指令一一对应,它通过汇编程序将其翻译成机器指令代码,让 CPU 执行某种操作。8086/8088 汇编语言指令语句格式表示如下:

标号:操作助记符〔目的操作数〕〔,源操作数〕;注释

(1)标号是给该指令所在地址取的名字,必须后跟冒号":"。它可以缺省,是可供选择的标识符。标识符必须遵循以下规则:

①标识符由字母(a~z,A~Z)、数字(0~9)或某些特殊字符(@,—,?)组成。

②第一个字符必须是字母(a~z,A~Z)或某些特殊的符号(@,—,?),但"?"不能单独作标识符。

③标识符有效长度为 31 个字符,若超过 31 个字符,则只保留前面的 31 个字符为有效标识符。

(2)指令助记符是指令名称的代表符号,它是指令语句中的关键字,不可缺省。它表示本指令的操作类型,必要时可在指令助记符的前面加上一个或多个"前缀",从而实现某些附加操作。

(3)操作数是参加本指令运算的数据,有些指令不需要操作数,可以缺省;有些指令需要两个操作数,这时必须用逗号将两个操作数分开;有些操作数可以用表达式来表示。

（4）注释是可选项，允许缺省，如果带注释则必须用分号(;)开头。注释本身只用来对指令功能加以说明，给阅读程序带来方便，汇编程序不对它做任何处理。

3.1.2 8086/8088 CPU 的寻址方式

汇编语言指令的操作数的来源有以下几种，即操作数包含在指令中，操作数在内存中，操作数包含在 CPU 的一个内部寄存器中，操作数存放在输入/输出端口中。所谓的寻址方式即是寻找操作数的方式。

1. 立即寻址

立即寻址方式所提供的操作数直接包含在指令中，紧跟在操作码之后，作为指令的一部分，这种操作数称为立即数。

例 3.1　　MOV　AL,70H

　　　　　　MOV　AX,2060H

立即寻址方式的指令主要用来对寄存器或存储单元赋值。立即数可以是 8 位的，也可以是 16 位的，如果是 16 位立即数，则高 8 位存放在高地址，低 8 位存放在低地址。因为操作数可以从指令中直接取得，不需要运行总线周期，所以立即寻址方式的显著特点就是速度快。立即数只能作为源操作数。

2. 寄存器寻址

如果操作数就在 CPU 的内部寄存器中，那么寄存器名可在指令中指出。这种寻址方式叫作寄存器寻址方式。

16 位寄存器有：AX、BX、CX、DX、SI、DI、SP、BP；

8 位寄存器有：AH、AL、BH、BL、CH、CL、DH、DL。

例 3.2　　MOV　AL,AH

　　　　　　MOV　AX,BX

如果 AH＝20H,BX＝1122H,则上述指令的执行结果为 AL＝20H,AX＝1122H。

寄存器寻址不需要执行总线周期，执行速度快。一条指令中，源操作数可以为寄存器寻址，目的操作数也可以为寄存器寻址，或者两者都可以是寄存器寻址。

3. 直接寻址

数据总是在存储器中，存储单元的有效地址由指令直接指出，所以，直接寻址是对存储器进行访问时可采用的最简单的方式。

例 3.3　　MOV　AX,[1070H]　　;将 DS 段的 1070H 和 1071H 两单元的内容送给 AX

注意：（1）直接寻址方式时，如果指令前面没有用前缀指明操作数在哪一段，则默认为段寄存器是数据段寄存器 DS。例如，例 3.3 指令执行时，若 DS＝1000H,则执行过程是将物理地址为 11070H 和 11071H 两单元的内容取出送累加器 AX。这里要注意的是，高地址单元的数据送 AH,低地址单元的数据送 AL。

（2）如果要对其他段寄存器所指出的存储区进行直接寻址（如 CS、ES、SS），则必须在指令中指定段跨越前缀，如：

　　MOV　BX,CS:[3000H]　　　　　　　;将 CS 段的 3000H 和 3001H 两单元的内容送 BX

4. 寄存器间接寻址

寄存器间接寻址时,操作数一定在存储器中,存储单元的有效地址由寄存器指出,这些寄存器可以为 BX、BP、SI 和 DI 之一,即有效地址等于其中某一个寄存器的值。

若选择 BX、SI、DI 寄存器间接寻址,则存放操作数的段寄存器默认为 DS。操作数的物理地址为:

$$\text{操作数物理地址} = \text{DS} \times 10\text{H} + \begin{cases} \text{BX} \\ \text{SI} \\ \text{DI} \end{cases}$$

若选择 BP 寄存器间接寻址,则对应的段寄存器应为 SS。操作数的物理地址为:

$$\text{操作数物理地址} = \text{SS} \times 10\text{H} + \text{BP}$$

例 3.4　MOV　AX,[SI]

　　　　　MOV　[BP],AX

对于第一条指令,若 DS=1000H,SI=2000H,指令执行的结果是将数据段中物理地址为 12000H 和 12001H 两单元的内容送累加器 AX。

对于第二条指令,若 AX=5566H,SS=1000H,BP=2000H,则指令执行的结果是将累加器 AX 中的数据送入堆栈段中物理地址为 12000H 开始的两个单元中,其中高字节存放高地址,低字节存放低地址,即 12000H 单元存放 66H,12001H 单元存放 55H。

5. 寄存器相对寻址

采用寄存器间接寻址时,允许在指令中指定一个位移量,这样,有效地址通过将一个寄存器的内容加上一个位移量来得到。位移量可以为 8 位,也可以为 16 位。可用于寄存器相对寻址的寄存器有 BX、SI、DI 和 BP。

如果选择 BX、SI、DI 寄存器相对寻址,存放操作数的段寄存器默认为 DS。操作数的物理地址为:

$$\text{操作数物理地址} = \text{DS} \times 10\text{H} + \begin{cases} \text{BX} \\ \text{SI} \\ \text{DI} \end{cases} + \text{位移量} \begin{cases} 8 \text{ 位位移量} \\ 16 \text{ 位位移量} \end{cases}$$

若选择 BP 寄存器相对寻址,则对应的段寄存器应为 SS。操作数的物理地址为:

$$\text{操作数物理地址} = \text{SS} \times 10\text{H} + \text{BP} + \text{位移量} \begin{cases} 8 \text{ 位位移量} \\ 16 \text{ 位位移量} \end{cases}$$

例 3.5　MOV　AX,[SI+10H]

　　　　　MOV　AX,[BP+10H]

若指令执行前 DS=2000H,SS=3000H,SI=1000H,BP=1000H,则上述第一条指令执行的结果是将数据段中物理地址为 21010H 和 21011H 两单元的内容送给累加器;第二条指令的执行结果是将堆栈段中物理地址为 31010H 和 31011H 两单元的内容送给累加器。从指令执行结果看,两指令源操作数的来源不同,一个是来源于数据段,另一个则是来自堆栈段。

6. 基址变址寻址方式

这种方式的有效地址 EA 是一个基址寄存器(BX 或 BP)和一个变址寄存器(SI 或 DI)

的内容之和。

若选择 BX 寄存器提供基地址,SI 或 DI 寄存器提供变址,则操作数在数据段中。操作数的物理地址为:

$$操作数物理地址 = DS \times 10H + BX + \begin{cases} SI \\ DI \end{cases}$$

若选择 BP 寄存器提供基地址,SI 或 DI 寄存器提供变址,则操作数在堆栈段中。操作数的物理地址为:

$$操作数物理地址 = SS \times 10H + BP + \begin{cases} SI \\ DI \end{cases}$$

例 3.6   MOV   [BX+DI],AX

　　　　 MOV   AH,[BP][SI]

假设指令执行前 DS=2000H,SS=1000H,BX=1000H,BP=3000H,SI=2000H,DI=2000H,则上述第一条指令执行的结果是将累加器 AX 的内容存入数据段中物理地址为 23000H、23001H 两单元,其中高字节存放高地址,低字节存放低地址。第二条指令执行的结果是将堆栈段中物理地址为 15000H 单元的内容传送给寄存器 AH。

7. 基址变址相对寻址方式

这种寻址方式的有效地址 EA 是一个基址寄存器内容和一个变址寄存器内容与由指令指定的 8 位或 16 位位移量之和。

若选择 BX 寄存器提供基地址,SI 或 DI 寄存器提供变地址,则操作数在数据段中,由 DS 提供段基址。操作数的物理地址为:

$$操作数物理地址 = DS \times 10H + BX + \begin{cases} SI \\ DI \end{cases} + 位移量 \begin{cases} 8 位位移量 \\ 16 位位移量 \end{cases}$$

若选择 BP 寄存器提供基地址,SI 或 DI 寄存器提供变地址,则操作数在堆栈段中,由 SS 提供段基址。操作数的物理地址为:

$$操作数物理地址 = SS \times 10H + BP + \begin{cases} SI \\ DI \end{cases} + 位移量 \begin{cases} 8 位位移量 \\ 16 位位移量 \end{cases}$$

例 3.7   MOV   AX,[BX+SI+1200H]

若 DS=3000H,BX=2000H,SI=1000H,则指令执行的结果是将数据段中物理地址为 34200H、34201H 两单元的内容传送给累加器 AX,对应关系为高地址对应高字节,低地址对应低字节。

在基址变址相对寻址方式中,如用 VAR 代表位移量,则它还可以被表示为以下不同的方式:

MOV   AX,[BX+SI+VAR]

MOV   AX,VAR[BX][SI]

MOV   AX,[BX+VAR][SI]

MOV   AX,[BX]VAR[SI]

MOV   AX,[BX+SI]VAR

MOV   AX,VAR[SI][BX]

3.2　8086/8088 CPU 的指令系统

8086/8088 CPU 有庞大的指令系统，形式多样，功能很强。按照指令的功能可划分为六大类，分别为数据传送类指令（data transfer instruction）、算术运算类指令（arithmetic instruction）、逻辑运算和移位指令（logic & shift instruction）、串操作指令（string manipulation instruction）、控制转移类指令（control transfer instruction）、处理器控制类指令（processor control instruction）。本节将对这六类指令进行详细的介绍。

3.2.1　传送类指令

传送类指令是指令系统中使用率最高的一类指令，也是条数最多的一类指令，主要用于数据的保存及交换等场合。这类指令的特点是把数据从计算机的一个部位传送到另一部位。8086/8088 CPU 设置了数据传送、地址传送、标志传送、输入/输出及交换等多种类型的数据传送指令。

1. 通用数据传送指令

（1）最基本的数据传送指令

MOV 指令是形式最简单、用得最多的指令。它可以实现 CPU 内部寄存器之间的数据传送、寄存器和内存之间的数据传送，还可以把一个立即数送给 CPU 的内部寄存器或者内存单元。

指令格式：MOV　DST,SRC

指令操作：数据传送指令把一个字节或一个字操作数从源 SRC 传送到目的 DST。源操作数可以是存储器、通用寄存器、段寄存器和立即数，而目的操作数可以为存储器、通用寄存器和段寄存器。

需要特别注意的是：①立即数及段寄存器 CS 只能作为源操作数；②源操作数和目的操作数不能同时为存储器操作数；③立即数不能直接送给段寄存器。

MOV 指令操作数传送方向如图 3-1 所示。

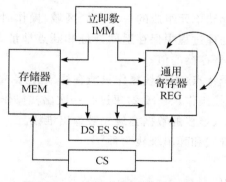

图 3-1　MOV 指令操作数传送方向

例 3.8　数据传送指令举例如下：

①CPU 内部寄存器之间的数据的传送(除 CS 和 IP 外),段寄存器之间不能直接传送。

MOV	AL,BL	;8 位寄存器送 8 位寄存器
MOV	DX,BX	;16 位寄存器送 16 位寄存器
MOV	AX,ES	;段寄存器送通用寄存器
MOV	DS,AX	;通用寄存器送段寄存器

②立即数送通用寄存器或存储器,不能直接给段寄存器赋值。

MOV	CL,4	;立即数送 8 位寄存器
MOV	AX,03FFH	;立即数送 16 位寄存器
MOV	BYTE PTR [BX],5	;立即数送存储器字节单元
MOV	WORD PTR [100H],5678H	;立即数送存储器字单元
MOV	MEM,5	;MEM 是已定义的字节变量(符号地址)

③寄存器(除 CS、IP)与存储器之间传送

MOV	AX,[SI]	;存储器内容送寄存器
MOV	[DI],CX	;寄存器内容送存储器
MOV	[1000H],AL	;寄存器内容送存储器
MOV	DS,DATA[SI+BX]	;存储器内容送段寄存器
MOV	DST[BP+DI],ES	;段寄存器内容送存储器

关于 MOV 指令使用,应注意以下几点个问题:

①两个存储单元之间不能直接传送数据;②立即数不能直接送段寄存器;③段寄存器之间不能相互传送数据;④CS 不能作目的操作数,但可作源操作数;⑤源操作数和目的操作数类型要匹配(字对字、字节对字节);⑥MOV 指令不影响标志寄存器的值。

例 3.9 以下为错误指令:

MOV	[1000H],[2000H]	;两操作数不能同为存储器
MOV	DS,300H	;立即数不能直接送段寄存器
MOV	DS,ES	;段寄存器不能相互传送
MOV	CS,AX	;CS 寄存器不能作为目的操作数
MOV	AX,BL	;两操作数类型不匹配

(2)堆栈操作指令

堆栈是由若干个连续存储单元组成的一个存储区域,操作时遵循"先进后出"原则。主要用于子程序调用和中断处理过程中保存返回地址和断点地址。还有,在进入子程序和中断处理后,还需要保留通用寄存器的值。

堆栈操作具有以下两个特点:①堆栈操作只能在栈顶进行,每次入栈和出栈都必须是双字节数据,即每进行一次入栈操作,SP 减 2,每进行一次出栈操作,SP 加 2;②堆栈操作遵循"先进后出"原则,即最后压入堆栈的数据会最先被弹出堆栈。

堆栈操作指令有压入堆栈和弹出堆栈两种。

①入栈指令

指令格式:PUSH SRC

指令操作:PUSH 指令先将堆栈指针寄存器 SP 的内容减 2,然后再将字操作数 SRC 的内容送入堆栈段中偏移地址为 SP 和 SP+1 的两个连续单元中。

例 3.10 入栈指令应用。

PUSH AX   ;通用寄存器内容入栈

PUSH DS   ;段寄存器内容入栈

PUSH [1000H]   ;存储器字单元内容入栈

PUSH DATA[SI]   ;存储器字单元内容入栈

②出栈指令

指令格式:POP DST

指令操作:POP 指令先将堆栈指针寄存器 SP 所指示的栈顶存储单元的内容弹出到操作数 DST 中,再将 SP 寄存器的内容加 2。

例 3.11 出栈指令应用。

POP AX   ;栈顶内容弹出到通用寄存器

POP ES   ;栈顶内容弹出到段寄存器

POP [3000H]   ;栈顶内容弹出到字存储单元

使用堆栈操作指令需要注意以下几点:

(1)指令中的操作数 SRC 和 DST 可以是通用寄存器、存储器和段寄存器,但段寄存器 CS 除外,因 PUSH CS 指令是合法的,而 POP CS 指令是非法的。

(2)指令中的操作数 SRC 和 DST 都不能是立即数。

(3)PUSH 指令执行时,SP 自动减 2,然后,将一个字的源操作数压入堆栈;POP 指令的执行刚好相反,先将栈顶的一个字数据弹出堆栈,然后 SP 加 2。

入栈和出栈操作如图 3-2 所示。

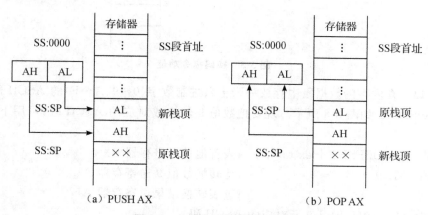

图 3-2 入栈和出栈操作示意图

(3)数据交换指令

指令格式:XCHG DST,SRC

指令操作:交换指令 XCHG 可以实现字节交换,也可以实现字交换。交换过程可以在 CPU 的内部寄存器之间进行,也可以在内部寄存器和存储单元之间进行,但不能在两个存储单元之间进行数据交换,另外,段寄存器不能参加交换。

例 3.12 交换指令应用。

XCHG AL,BL   ;8 位寄存器间内容交换

```
XCHG    BX,CX                    ;16 位寄存器间内容交换
XCHG    [2530H],CX               ;CX 和 2530H、2531H 两单元内容交换
```

（4）换码指令

指令格式：XLAT（无操作数指令，隐含）

指令操作：XLAT 是一条完成字节翻译功能的指令，称为换码指令。它可以使累加器中的一个值变换为内存表格中的某一个值，一般用来实现码制转换。使用换码指令时，要求 BX 寄存器指向表的首地址，AL 中为表中某一项与表格首地址之间的偏移量，指令执行时，会将 BX 和 AL 中的值相加，把得到的值作为地址，然后将此地址所对应的单元中的值取到 AL 中去。

换码指令的功能如图 3-3 所示。

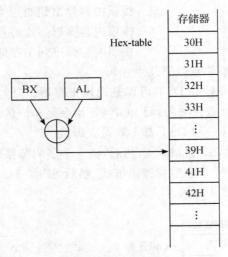

图 3-3　换码指令功能

例 3.13　在内存的数据段中存放一张十六进制数字（0～9、A～F）的 ASCII 码表，其首地址为 Hex-table，如图 3-3 所示。现要把数值 9 转换成对应的 ASCII 码，可用下面程序段实现：

```
MOV    BX,OFFSET Hex-table      ;表首地址送寄存器 BX
MOV    AL,9                     ;待转换数值 9 送寄存器 AL
XLAT                            ;查表转换结果送寄存器 AL
```

结果为 AL＝39H，即是 9 所对应的 ASCII 码。

需特别注意的是，由于要查找元素的序号存在 AL 中，所以，表格的最大长度不能超过 256 个字节。

2. 地址传送指令

地址传送指令的功能是将一个变量在内存中的地址送到指定的寄存器。偏移地址可送 16 位通用寄存器中，段地址则存放在相应的段寄存器中。8086/8088 指令系统包括 3 条传送地址的指令。

（1）有效地址送寄存器指令

指令格式：LEA   REG,SRC

指令操作:将源操作数 SRC(必须为内存单元)的有效地址即 16 位偏移地址装入 16 位目标寄存器 REG 中。目标寄存器常用来作为地址指针,所以,目标寄存器一般选用 4 个间址寄存器 BP、SP、SI 和 DI。如:

LEA　SI,[2700H]　　　　　　　　　　;将内存单元地址 2700H 送寄存器 SI

LEA　BX,[BP+SI]　　　　　　　　　　;将寄存器 BP 和 SI 内容相加送寄存器 BX

LEA　SP,[1000H]　　　　　　　　　　;使堆栈指针寄存器 SP 为 1000H

还要注意的是,LEA 指令和 MOV 指令的执行结果有着明显的区别。

例 3.14　设 DS＝3000H,BX＝2000H,SI＝1000H,指令 LEA　AX,[BX＋SI＋1000H]执行的结果是:AX＝BX＋SI＋1000H＝4000H,而指令 MOV　AX,[BX＋SI＋1000H]执行的结果是将数据段中物理地址为 34000H 单元和 34001H 单元的内容送寄存器 AX。

另外,LEA 指令的功能也可用 MOV 指令来实现,但要注意运算符 OFFSET 的运用。如下面两条指令是等效的:

LEA　BX,BUFFER　　　　　　　　　　;变量 BUFFER 的偏移地址送 BX

MOV　BX,OFFSET BUFFER　　　　　　;计算变量 BUFFER 的偏移地址送 BX

指令中的 OFFSET 称为取偏移地址操作符。上述两条指令均可完成将变量(或标号)BUFFER 的偏移地址送 BX 寄存器的功能。

(2)地址指针装入 DS 和寄存器指令

指令格式:LDS　REG,SRC

指令操作:该指令是将源操作数 4 个连续存放的字节数据分别送给指令指定的通用寄存器和 DS,即 LDS 指令将其中前两个字节送到指定的寄存器,后两个字节送到数据段寄存器 DS。

例 3.15　LDS　SI,[2000H]

如 DS＝1000H,(12000H)＝00H,(12001H)＝02H,(12002H)＝00H,(12003H)＝20H,则源操作数的物理地址为 12000H。

指令执行后:SI＝0200H,DS＝2000H。

(3)地址指针装到 ES 和寄存器指令

指令格式:LES　REG,SRC

指令操作:该指令是将源操作数 4 个连续存放的字节数据分别送给指定的寄存器和 ES,即 LES 指令将其中前两个字节送到指定的寄存器,后两个字节送到附加段寄存器 ES。LES 指令和 LDS 指令的操作基本相同,区别在于段基址传送到 ES 段寄存器。

3. **标志位传送指令**

这类指令是针对标志寄存器 FLAGS 操作的。通过这些指令可以读出当前标志寄存器的内容,也可以对标志寄存器重新设置新值。完成标志位传送的指令共有 4 条。

(1)读取标志指令

指令格式:LAHF

指令操作:将标志寄存器 FLAGS 的低字节送给寄存器 AH,如图 3-4 所示。指令的执行对标志位没有影响。

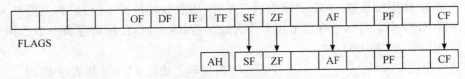

图 3-4　LAHF 指令的功能

（2）设置标志指令

指令格式：SAHF

指令操作：SAHF 指令与 LAHF 指令执行完全相反的操作，即将寄存器 AH 中的第 7、6、4、2、0 位分别送到标志寄存器 FLAGS 的对应位。该指令执行会影响标志位 SF、ZF、AF、PF 和 CF。如果用图表示，将图 3-4 中的 5 个箭头方向反过来即可。

（3）标志寄存器压入堆栈指令

指令格式：PUSHF

指令操作：PUSHF 指令将标志寄存器的值压入堆栈顶部，同时，堆栈指针寄存器 SP 的值减 2。此指令在执行时标志寄存器的值不变。

（4）标志寄存器弹出堆栈指令

指令格式：POPF

指令操作：POPF 指令的操作与 PUSHF 指令相反，它是将堆栈中当前栈顶的两个单元的内容弹出到标志寄存器 FLAGS，同时，堆栈指针寄存器 SP 的值加 2。这条指令的执行会影响标志寄存器。

PUSHF 指令和 POPF 指令都可用于在过程调用时保护标志位的状态，并在调用结束后恢复这些状态。它们一般是配对使用。

例 3.16　将标志寄存器的 TF 置 1。

```
PUSHF              ;将标志寄存器压入堆栈
POP   AX           ;将压入堆栈的标志寄存器值弹给 AX
OR   AX,0100H      ;将 AX 中与标志位 TF 对应的位置 1
PUSH  AX           ;将 AX 值压入堆栈
POPF              ;将栈顶两个单元内容弹出给标志寄存器
```

通过以上的程序段，就可实现将标志位 TF 置 1。

4. 输入/输出数据传送指令

计算机中，所有的 I/O 端口与 CPU 之间的数据传送都是由输入指令 IN 和输出指令 OUT 来完成的。对于 CPU 来说，只能用累加器 AX（或 AL）发送和接收数据。因为 CPU 用于外部设备寻址的地址线有 16 条，所以，外部设备最多有 65536 个 I/O 端口，每个端口对应一个地址。输入/输出指令对 I/O 端口的寻址方式分为两类：

①直接寻址方式，即端口地址直接在指令中给出，可寻址 256 个端口（0～255）。

②DX 寄存器间接寻址，即将 DX 的内容作为端口地址，可寻址 65536 个端口（0～65535）。用 DX 寄存器间接寻址时，在执行输入/输出指令前要将 16 位端口地址送入 DX 寄存器。

输入/输出指令可进行 8 位数据传送，所传送数据在 AL 中；也可进行 16 位数据传送，所传送数据在 AX 中,不能使用其他的寄存器。

（1）输入指令

指令格式:

IN   ACC,PORT   ;PORT 为 8 位立即数表示的端口地址

IN   ACC,DX   ;16 位的端口地址由 DX 给出

指令操作:从 8 位端口 PORT 或 16 位端口(由 DX 给出)将数据送入 AL 或 AX 中。

例 3.17   输入指令的具体形式有以下 4 种:

IN   AL,10H   ;端口地址 8 位,输入 1 个字节

IN   AX,30H   ;端口地址 8 位,输入 1 个字

IN   AL,DX   ;端口地址 16 位,输入 1 个字节

IN   AX,DX   ;端口地址 16 位,输入 1 个字

（2）输出指令

指令格式:

OUT   PORT,ACC   ;PORT 为 8 位立即数表示的端口地址

OUT   DX,ACC   ;16 位的端口地址由 DX 给出

指令操作:把 AL 或 AX 中的数据从 8 位端口 PORT 或 16 位端口(由 DX 给出)输出。

例 3.18   输出指令的具体形式有以下 4 种:

OUT   40H,AL   ;端口地址 8 位,输出 1 个字节

OUT   20H,AX   ;端口地址 8 位,输出 1 个字

OUT   DX,AL   ;端口地址 16 位,输出 1 个字节

OUT   DX,AX   ;端口地址 16 位,输出 1 个字

3.2.2 算术运算指令

8086/8088 系统提供了加、减、乘、除 4 种基本算术运算。参与运算的数据可以是 8 位或 16 位。参与运算的数可以是有符号数,也可以是无符号数。若是带符号数,则用补码表示。为处理十进制(BCD)数据,8086/8088 提供了各种调整指令,可以方便地进行压缩或非压缩 BCD 数的算术运算。

所谓压缩 BCD 数即每个字节存放两位十进制数,而非压缩 BCD 数即每个字节只存放 1 位十进制数。

1. 加法指令

（1）不带进位位的加法指令

指令格式:ADD   DST,SRC

指令操作:把源操作数 SRC 与目的操作数 DST 相加,结果存入目的地址 DST 中,源操作数内容不变。目的操作数可以是寄存器或存储器,而源操作数 SRC 可以是立即数、寄存器或存储器,但 DST 和 SRC 不能同时为存储器。加法指令可以实现 8 位或 16 位数运算,加法指令影响全部 6 个状态标志位。加法运算源操作数与目的操作数关系如图 3-5 所示。

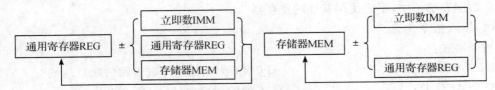

图 3-5　加法运算操作数关系图

例 3.19　下列指令执行后状态标志位状态：

MOV　AL,7EH　　　　　　　　　;立即数 7EH 送累加器 AL

ADD　AL,5BH　　　　　　　　　;7EH 和 5BH 相加,结果送 AL

这两条指令执行后,各状态位的状态分别为:AF=1,CF=0,OF=1,PF=0,SF=1,ZF=0。若把例子中参与运算的两个数看成无符号数,而 CF=0 表示最高位向前无进位,所以,结果没有超出字节无符号数的表示范围(0~255)。若把它们看成有符号数,而 OF=1表示运算结果溢出,即运算结果超出字节有符号数表示范围(-128~+127)。

(2)带进位位的加法指令

指令格式:ADC　DST,SRC

指令操作:ADC 在形式上和功能上都和 ADD 指令类似,只有一点区别,就是 ADC 指令被执行时,进位标志 CF 的值参与加法运算。即将源操作数、目的操作数和进位标志 CF的值相加,结果送给目的操作数。指令执行结果影响 6 个状态标志位。

带进位加法指令主要用于多字节加法运算。

例 3.20　两个无符号数 1A2B3C4DH、87654321H,试计算这两个数之和。

运算程序段如下：

MOV　BX,3C4DH　　　　　　　　;取加数的低字

ADD　BX,4321H　　　　　　　　;和另一个加数的低字相加

MOV　AX,1A2BH　　　　　　　　;取加数的高字

ADC　AX,8765H　　　　　　　　;和另一个加数的高字相加

上述程序段运行的结果,高字存放在寄存器 AX 中,低字存放在寄存器 BX 中。

(3)增量指令

指令格式:INC　DST

指令操作:INC 指令只有一个操作数,指令在执行时,将操作数的内容加 1,再送回该操作数。执行该指令会影响 SF、ZF、AF、PF 和 OF 状态标志位,但对进位 CF 没有影响。

INC 指令中目的操作数可以是寄存器或存储器,但不能为段寄存器和立即数。这条指令一般用在循环程序中修改地址指针和循环次数。例如：

INC　AL　　　　　　　　　　　;将 AL 寄存器的内容加 1

INC　CX　　　　　　　　　　　;将 CX 寄存器的内容加 1

INC　BYTE PTR[BX]　　　　　　;将存储器字节单元[BX]的内容加 1

INC　WORD PTR[BX+SI]　　　　;将存储器字单元[BX+SI]的内容加 1

2. 减法指令

(1)不带借位位的减法指令

指令格式:SUB　DST,SRC

指令操作:SUB 指令用目的操作数减去源操作数,结果送回目的操作数。SUB 指令对 6 个状态标志位有影响。对操作数类型的要求与加法指令相同。减法指令举例如下:

SUB　AL,30H　　　　　　　　;寄存器 AL 内容减去 30H,结果放 AL
SUB　BX,CX　　　　　　　　;寄存器 BX 的内容减去 CX 的内容,结果放 BX
SUB　WORD PTR[BX],1000H　;存储器字单元的内容减去 1000H,结果存放字单元
SUB　SI,2000H　　　　　　　;寄存器 SI 内容减去 2000H,结果存放 SI

(2)带借位位的减法指令

指令格式:SBB　DST,SRC

指令操作:SBB 指令将目的操作数减去源操作数,同时减去进位标志 CF 的值,并将结果送回目的操作数。该指令对标志位的影响与 SUB 指令相同。指令中的目的操作数和源操作数的类型也与加法指令相同。SBB 指令主要用于多字节数的分段减法。SBB 指令举例如下:

SBB　BX,200H　　　　　　;寄存器 BX 内容减去 200H 与 CF 的值,结果存 BX
SBB　CX,DX　　　　　　　;寄存器 CX 内容减去 DX 内容与 CF 的值,结果存 CX
SBB　[BX],AX　　　　　　;存储器内容减去 AX 内容与 CF 的值,结果存存储器

(3)减量指令

指令格式:DEC　DST

指令操作:指令执行的结果是将目的操作数的内容减 1,然后送回目的操作数。指令中的操作数要求与增量指令相同。指令对状态标志位的影响也与增量指令相同。

DEC 指令主要用于在循环程序中修改地址指针和循环次数。DEC 指令举例如下:

DEC　CX　　　　　　　　　;寄存器内容减 1
DEC　WORD PTR[SI]　　　;存储器字单元内容减 1

与 INC 指令类似,当 DEC 指令的目的操作数为存储器时,必须用 BYTE PTR 或 WORD PTR 说明存储器空间是字节还是字类型。

(4)取补指令

指令格式:NEG　DST

指令操作:该指令的操作是把目的操作数按位求反后再在末位加 1,即使操作数求补。它也可以用"0"减去目的操作数,结果送回目的操作数。目的操作数可以是寄存器或存储器。

执行该指令会影响 6 个状态标志位,特别要注意对 CF 和 OF 的影响:

只有目的操作数为 0 时求补,CF=0,否则 CF=1;只有对目的操作数-128 或-32768 求补,OF=1,否则 OF=0。

利用 NEG 指令可以由一个数的补码得到它相反数的补码,如果这个数是负数,那就得到它的绝对值。如:

设 AL=1,执行指令 NEG AL 后,AL=0FFH,为-1 的补码;

设 AL=0FFH(0FFH 是-1 的补码),执行指令 NEG AL 后,AL=1,为-1 的绝对值。

(5)比较指令

指令格式:CMP　DST,SRC

指令操作:CMP 指令也是执行两个数的相减操作,但不送回相减的结果,只是使结果影

响标志位。

CMP 指令中目的操作数和源操作数只能为寄存器或存储器。它可以进行字节比较,也可以进行字比较。

CMP 指令常与条件转移指令结合起来使用,完成各种条件判断和相应的程序转移。具体有以下三种情况:

①根据 ZF 标志判断两个数据是否相等。如执行 CMP AX,BX 指令后,若 ZF=1,表示两个操作数 AX 和 BX 相等;若 ZF=0,则表示它们不相等。

②根据 CF 标志判断两个无符号数的大小。假设 AX 和 BX 中存放的是无符号数,如执行 CMP AX,BX 指令后,若 CF=1,表示目的操作数小于源操作数;若 CF=0,表示目的操作数大于源操作数。

③根据 SF、OF 标志,判断两个带符号数的大小。对于有符号数的比较操作,若得到溢出标志位 OF 和符号标志位 SF 的值相同(同为 0 或同为 1),则说明目的操作数比源操作数大;若溢出标志位 OF 和符号标志位 SF 的值不同(一个为 0,另一个为 1),则说明目的操作数比源操作数小。

例 3.21 判断寄存器 AX 与 BX 的内容是否相等,若相等,使 DX=1,否则,使 DX=0。
程序段如下:

```
        CMP   AX,BX              ;比较 AX 与 BX 的内容
        JZ  EQUAL                ;相等转 EQUAL
        MOV   DX,0               ;不等,使 DX=0
        JMP   NEXT               ;跳转到暂停
EQUAL:  MOV DX,0                 ;相等,使 DX=1
NEXT:   HLT                      ;程序暂停
```

3. 乘法指令

乘法指令有两条,分别用于无符号数和带符号数的乘法。它们是双操作数运算,但在指令中只指定一个操作数,另一个操作数是隐含规定的。

(1)无符号数乘法指令

指令格式:MUL SRC

指令操作:指令中 SRC 可以是字节或字,可以为寄存器或存储器操作数。指令隐含的目的操作数是 AL(字节)或 AX(字)的内容。若 SRC 为字节操作数,则 MUL 指令执行时是将 AL 寄存器内容乘 SRC 内容,结果送 AX 寄存器;若 SRC 为字操作数,则 MUL 指令执行时是将 AX 寄存器内容乘 SRC 内容,结果送 DX、AX。具体操作如图 3-6 所示。

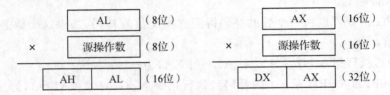

图 3-6　乘法运算示意图

乘法指令执行后,若结果的高半部分(字节相乘时为 AH,字相乘时为 DX)不为 0 时,

$CF=OF=1$,否则 $CF=OF=0$,而标志位 PF、SF、ZF、AF 处于随机状态。例如：

MUL	BX	;DX:AX←AX×BX
MUL	BYTE PTR[SI]	;AX←AL×[SI]
MUL	DL	;AX←AL×DL
MUL	WORD PTR[DI]	;DX:AX←AX×[DI+1]:[DI]

（2）带符号数乘法指令

指令格式：IMUL　SRC

指令操作：带符号数乘法指令的操作与无符号数乘法指令功能相同。对源操作数和目的操作数的要求与 MUL 指令相同,但两条指令的执行结果是不同的。例如：

计算(11111111B)×(11111111B)的结果,执行无符号数乘法指令,结果为 $255×255=65025$;而看成带符号数,执行 IMUL 指令时,结果则为 $(-1)×(-1)=1$。

执行 IMUL 指令后,如果乘积的高半部分仅仅是低半部分符号位的扩展（没有有效数字）,则状态标志位 $CF=OF=0$;反之,高半部分包含乘积的有效数字而不只是符号的扩展部分,则 $CF=OF=1$。

符号位扩展指的是当乘积为正时,符号位为 0,乘积高半部分 AH 或 DX 全为 0;当乘积为负时,符号位为 1,乘积高半部分 AH 或 DX 全为 1。

4. 除法指令

除法指令也有无符号数除法指令和带符号数除法指令之分,同样隐含了被除数,而除数是由指令指定的寄存器或存储器单元。

（1）无符号数的除法指令

指令格式：DIV　SRC

指令操作：源操作数 SRC 作为除数,可以是字节,这时 AX 作为被除数;当源操作数 SRC 为字时,被除数为 DX:AX。同乘法指令一样,DIV 指令也是由 SRC 类型决定目的操作数的类型,指令形式与乘法指令类似。指令操作如图 3-7 所示。

图 3-7　除法指令操作示意图

在执行除法操作时,若"0"作除数或商的结果超出相应寄存器的范围,则将产生中断类型"0"的除法错误中断（后面章节将详细介绍）。除法指令执行后,各标志位的状态是随机的。

（2）带符号数的除法指令

当带符号数相除时,必须用 IDIV 指令。该指令在格式和功能上都和 DIV 相似。

指令格式：IDIV　SRC

指令操作：带符号数的除法指令 IDIV 的操作与 DIV 指令的操作基本相同。其不同点为：

如果被除数和除数位数相等时,在执行带符号数除法指令之前,必须使用符号扩展指令

CBW 或 CBD,以产生双倍长度的被除数;当两个等位长度的无符号数相除时,被除数也要扩展成双倍长度,但不是使用 CBW 或 CWD 指令,而是使用 MOV 或其他指令将 AH(8 位除数)或 DX(16 位除数)清 0。

5. 符号扩展指令

符号扩展指令主要用在 IDIV 指令的前面,以便把被除数的符号扩展到相应的寄存器中,使之成为双倍长度去进行除法运算。

(1)字节扩展指令

指令格式:CBW

指令操作:该指令用于把 AL 中有符号数的符号位扩展到 AH 中,即若 AL<80H,则 AH←00H;若 AL>80H,则 AH←0FFH。

(2)字扩展指令

指令格式:CWD

指令操作:该指令是把 AX 中的有符号数的符号位扩展到 DX 中,即若 AX<8000H,则 DX←0000H;若 AX>8000H,则 DX←0FFFFH。

例 3.22 若 AX=8700H,BX=7900H,试编写程序段,求出 AX 除以 BX 的商和余数并分别存放在 AX 和 DX 中。

解:程序段如下

```
MOV   AX,8700H        ;被除数存放 AX
MOV   BX,7900H        ;除数存放 BX
CWD                  ;扩展符号位至 DX
IDIV   BX            ;DX:AX/BX,商存 AX,余数存 DX
```

6. 十进制调整指令

以上介绍的算术运算指令都是二进制数的运算,但某些场合,人们习惯使用十进制数。为了表示十进制数,计算机中用 4 位二进制数编码 1 位十进制数,称为 BCD 码。为了便于十进制数的运算,计算机还专门提供了一组十进制数调整指令,它在二进制数计算的基础上,给予十进制调整,可以直接得到十进制的结果。在计算机中,BCD 码又可以用压缩的 BCD 码和非压缩的 BCD 码来表示,所以,十进制调整指令也分为压缩 BCD 调整和非压缩 BCD 调整指令。

(1)BCD 数加法调整指令

①压缩 BCD 码加法调整

指令格式:DAA

指令操作:将 AL 中的和调整为正确的压缩 BCD 码。

调整规则:(AL∧0FH)>9 或 AF=1,则 AL 加 6;(AL∧0F0H)>90H 或 CF=1,则 AL 加 60H。

注:①该指令操作数隐含为 AL,即只能对 AL 中的操作数据调整。②对结果调整时要用到 CF、AF 标志,所以调整指令应紧跟 BCD 码加法指令之后。③执行 DAA 指令将对标志位产生影响,对于 SF、PF、ZF 的影响与执行 ADD 指令后的相同;若结果大于 9,则 AF=1,否则 AF=0;若结果大于 99,CF=1,否则 CF=0;OF 不受影响。

例 3.23　求压缩 BCD 码 49＋26＝75。

解：压缩 BCD 码 49＋26 的调整如下：

```
    01001001B  49 的压缩 BCD 码
  + 00100110B  26 的压缩 BCD 码
    01101111B  压缩 BCD 码加法结果
  + 00000110B  加 6 调整
    01110101B  75 的压缩 BCD 码
```

上述运算过程用指令实现如下：

```
MOV   AL,49H          ;压缩 BCD 码 49 送 AL
ADD   AL,26H          ;压缩 BCD 码 26 加 49,结果送 AL
DAA                   ;结果调整为正确的压缩 BCD 码
```

②非压缩 BCD 码加法调整

指令格式：AAA

指令操作：将 AL 中的和调整为正确的非压缩 BCD 码送 AX。

调整规则：(AL∧0FH)＞9 或 AF＝1,则(AL＋6)∧0FH→AL,(AH＋1)→AH；否则,(AL∧0FH)→AL,AH 不变。

注：①与 DAA 指令相同,AAA 的操作数也隐含为 AL,且要紧跟加法指令；②AAA 调整后的存放规律可理解为调整后的个位数送 AL,十位数(即进位)加到 AH 中。故执行该指令前 AH 应清 0。

例 3.24　求两个非压缩 BCD 码 09＋05。

解：非压缩 BCD 码 09＋05 的调整如下：

```
    00001001B  9 的非压缩 BCD 码
  + 00000101B  5 的压缩 BCD 码
    00001110B  非压缩 BCD 码的和
  + 00000110B  加 6 调整
    00000100B  结果 04 送 AL,AH＋1 送 AH
```

上述运算过程指令实现如下：

```
MOV   AL,09H          ;非压缩 BCD 码 09 送 AL
ADD   AL,05H          ;非压缩 BCD 码 09 加 05
MOV   AH,0            ;清零 AH
AAA                   ;非压缩 BCD 码调整,AX＝0104H
```

从上述程序段可见,在做 AAA 调整之前,应对 AH 清 0。

(2)BCD 码减法调整指令

①压缩 BCD 码减法调整

指令格式：DAS

指令操作：将 AL 中的差调整为正确的压缩 BCD 数。

调整规则：(AL∧0FH)＞9 或 AF＝1,则 AL 减 6；(AL∧0F0H)＞90H 或 CF＝1,则 AL 减 60H。

例 3.25　求两个压缩 BCD 码 96－49,编程实现之。

解:压缩 BCD 码 96－49 的调整如下:

$$
\begin{array}{ll}
10010110B & 96\ 的压缩\ BCD\ 码 \\
-01001001B & 49\ 的压缩\ BCD\ 码 \\
\hline
01001101B & 压缩\ BCD\ 码的差 \\
-00000110B & 减\ 6\ 调整 \\
\hline
01000111B & 47\ 的压缩\ BCD\ 码
\end{array}
$$

上述运算过程指令实现如下:

MOV　AX,4996H	;被减数送 AL,减数送 AH
SUB　AL,AH	;AL=4DH,需调整
DAS	;AL=47H

②非压缩 BCD 码减法调整

指令格式:AAS

指令操作:将 AL 中的差调整为正确的非压缩 BCD 数送 AX。

调整规则:(AL∧0FH)>9 或 AF=1,则(AL－6)∧0FH→AL,AH－1→AH;否则,AL∧0FH →AL,AH 不变。如:

MOV　AX,0806H	;0806H 送寄存器 AX
SUB　AL,07H	;执行减法指令后 AX=08FFH
AAS	;调整后 AX=0709H

(3)非压缩 BCD 码乘、除法调整指令 AAM 和 AAD

①乘法调整

指令格式:AAM

指令操作:将 AL 中小于 64H 的二进制数调整为非压缩 BCD 码,并存入 AX 中。

调整规则:AL/0AH →AH(十位),AL MOD 0AH →AL(个位)。

注意:在用此指令进行调整之前,应先执行无符号乘法指令,相乘的两个数必须是非压缩 BCD 码,即 BCD 码在低 4 位中,相乘的结果在 AL 中(两个乘数均小于 10,它们的乘积小于 100)。

例 3.26　编程实现非压缩 BCD 码 9×8,结果保存在 AX 寄存器中。

解:程序段如下:

MOV　AL,09H	;乘数 9 的非压缩 BCD 码送 AL
MOV　AH,08H	;乘数 8 的非压缩 BCD 码送 AH
MUL　AH	;乘积 48H 存放 AL
AAM	;调整结果 AX=0702H

②除法调整

指令格式:AAD

指令操作:将 AX 中的两位非压缩 BCD 码变换成二进制数存放在 AL 中,即将 AH 寄存器的内容乘以 10 并加上 AL 寄存器的内容,结果送回 AL 寄存器,同时将 AH 寄存器清 0。

注意:该指令与其他调整指令在使用方法上不同。加法、减法和乘法调整在相应运算操作之后进行,而除法的调整在除法操作之前进行。除法所得到的商还需用 AAM 指令进行调整方可得到正确的非压缩 BCD 码。

例 3.27　非压缩 BCD 码除法调整指令应用:98÷6＝16(商)…2(余数)。

解:实现该要求的程序段如下:

```
MOV    AX,0908H          ;非压缩 BCD 码(被除数)
MOV    DL,06H            ;非压缩 BCD 码(除数)
AAD                      ;除法调整后 AX＝0062H
DIV    DL                ;AL＝10H,AH＝02H
MOV    DL,AH             ;存余数
AAM                      ;执行乘法调整指令得 AX＝0106H
```

3.2.3　位操作类指令

位操作类指令包括逻辑运算、移位和循环三种类型。

1. 逻辑运算指令

逻辑运算指令主要包括"与"AND、"或"OR、"非"NOT、"异或"XOR 和"测试"TEST 指令。这些指令可对 8 位或 16 位寄存器或存储器单元中的内容进行按位操作。除 NOT 指令外,其他 4 条指令对标志位的影响相同。它们的执行都会使 CF＝OF＝0,并根据各自逻辑运算的结果影响 SF、PF、ZF 标志位,而 AF 的状态是随机的。NOT 指令对所有标志位都不影响。

(1)逻辑"与"指令

指令格式:AND　DST,SRC

指令操作:DST∧SRC→DST,即将目的操作数与源操作数按位进行逻辑"与"运算,结果送回目的操作数。

指令中的目的操作数可以是寄存器或存储器,源操作数可以是立即数、寄存器或存储器。但指令的两个操作数不能同为存储器。执行此指令可以取出目的操作数中与源操作数的"1"对应的位。

例 3.28　　MOV　AX,0F6E5H　　　　;0F6E5H 送 AX 寄存器

AND　AX,000FH　　　　;执行指令的结果 AX＝0005H

(2)逻辑"或"指令

指令格式:OR　DST,SRC

指令操作:DST∨SRC→DST,将目的操作数和源操作数按位进行逻辑"或"运算,结果送回目的操作数。

OR 指令的目的操作数和源操作数的类型与 AND 指令相同。执行此指令可以将目的操作数和源操作数中的所有"1"位拼合在一起。

例 3.29　　MOV　BX,7B00H

OR　BX,0056H　　　　;执行指令的结果 BX＝7B56H

(3)逻辑"非"指令

指令格式:NOT　DST

指令操作:将目的操作数地址中的内容逐位取反后再送回目的操作数地址中。

目的操作数可以是 8 位或 16 位的寄存器或存储器,但不能是立即数。该指令只是执行

求反操作,而不是求反码指令,对符号位也求反。该指令不影响标志位。

(4)逻辑"异或"指令

指令格式:XOR   DST,SRC

指令操作:DST ⊕ SRC→DST,将目的操作数和源操作数按位进行异或运算,结果送回目的操作数。

逻辑异或指令的操作数类型与 AND、OR 指令相同。使用 XOR 指令注意以下三个特点:

①执行 XOR 指令,可以使目的操作数清 0。如以下 3 条指令都可以清零 AX 寄存器。

XOR   AX,AX

SUB   AX,AX

MOV AX,0

②执行 XOR 指令后 CF=OF=0,AF 未定义,SF、PF、ZF 根据运算结果确定。

③XOR 指令一般用来对目的操作数中的某些位取反,而其余位保持不变。

例 3.30   将 AL 寄存器中的 0、2、4、6 位取反,位 1、3、5、7 保持不变,设 AL=0FFH。

XOR   AL,01010101B

该指令执行后,AL=10101010B=0AAH。

(5)测试指令

指令格式:TEST   DST,SRC

指令操作:DST∧SRC,将目的操作数和源操作数按位进行逻辑与运算。逻辑与运算的结果不送回目的操作数,但运算结果影响状态标志位。

TEST 指令常用于位测试,它与条件转移指令一起,共同完成对特定位状态的判断,并实现相应的程序转移。

例 3.31   判断 AH 中的数据是否为偶数,若是则转移至标号 NEXT 处,程序段如下:

TEST   AH,01H   ;检测 AH 的最低位是否为 0

JZ   NEXT   ;为 0,转 NEXT 执行程序

2. 移位指令

移位指令从功能上可以分为算术逻辑移位指令和循环移位指令两大类。

(1)算术逻辑移位指令

算术逻辑移位指令共有 4 条,即算术左移指令 SAL、逻辑左移指令 SHL、算术右移指令 SAR 和逻辑右移指令 SHR。通过这些指令,可以对目的操作数中的 8 位或 16 位二进制数进行移位。目的操作数可以是 8 位或 16 位的寄存器或存储器;源操作数为移位的次数,只能是寄存器 CL 或 1。以寄存器 CL 为源操作数的移位指令执行以后,CL 的值不变。算术逻辑移位指令功能如图 3-8 所示。

①逻辑左移/算术左移指令

指令格式:SHL   DST,SRC

　　　　　　SAL   DST,SRC

指令操作:如图 3-8 所示,SHL/SAL 指令将目的操作数顺序向左移 1 位或移 CL 寄存器中指定的位数。左移 1 位时,操作数的最高位 MSB 移入进位标志 CF,最低位 LSB 补 0,相当于无符号数乘以 2。两条指令具有相同的功能。

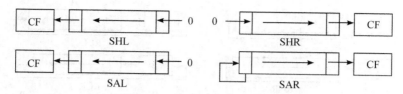

图 3-8　算术逻辑移位指令功能

例 3.32　算术/逻辑移位指令举例。

SHL	AL,1	;8 位寄存器逻辑左移
SAL	BX,CL	;16 位寄存器算术左移
SAL	BYTE PTR[BX+SI+2],1	;8 位存储单元内容算术左移
SHL	WORD PTR[SI],CL	;16 位存储单元内容逻辑左移

②逻辑右移指令

指令格式:SHR　DST,SRC

指令操作:如图 3-8 所示,SHR 指令将目的操作数顺序向右移 1 位或移 CL 寄存器指定的位数。右移 1 位时,操作数的最低位移入进位标志 CF,最高位补 0,对于无符号数相当除以 2。

例 3.33　设 AL=11111111B,CL=3,则

SHR	AL,1	;指令执行后,AL=01111111B,CF=1

③算术右移指令

指令格式:SAR　DST,SRC

指令操作:如图 3-8 所示,SAR 指令将目的操作数向右移 1 位或移 CL 寄存器指定的位数。右移 1 位时,操作数的最低位 LSB 移入进位标志 CF,最高位 MSB 保持不变。

例 3.34　设 AL=10000111B,CL=2,则

SAR	AL,CL	;指令执行后,AL=11100001B,CF=1

例 3.35　用移位指令实现将一个字无符号数乘以 10 的运算(结果不能超出字无符号数表示范围),设字无符号数存放在 AX 中。

解:算法为:$10x=8x+2x$。实现该运算的程序段如下:

SAL	AX,1	;AX 乘以 2
MOV	BX,AX	;暂存在 BX 中
MOV	CL,2	;移位次数送 CL
SAL	AX,C L	;AX 乘以 8
ADD	AX,BX	;AX 乘以 10

(2)循环移位指令

8086/8088 指令系统中有 4 条循环移位指令,即不带进位位的循环左移指令 ROL、不带进位位的循环右移指令 ROR、带进位位的循环左移指令 RCL、带进位位的循环右移指令 RCR。这 4 条指令的功能如图 3-9 所示。

①循环左移指令

指令格式:ROL　DST,SRC

指令操作:如图 3-9 所示,ROL 指令将目的操作数顺序向左循环移动 1 位或移 CL 寄存

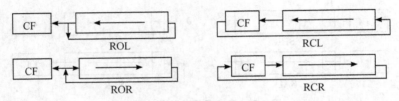

图 3-9 循环移位指令功能

器指定的位数。目的操作数可以是 8 位或 16 位的寄存器或存储器单元。指令只影响标志位 CF 和 OF。如果循环移位次数为 1,且移位之后目的操作数的最高位和 CF 值不相等,则标志位 OF＝1,否则 OF＝0。若移位次数不为 1,则 OF 状态不定。

例 3.36 将相邻字节变量 B1(低地址)和 B2(高地址)中的两个 8 位二进制数交换。

```
MOV   CL,8                    ;移位次数送 CL
ROL   WORD PTR B1,CL          ;相邻两字节单元内容交换
```

②循环右移指令

指令格式:ROR DST,SRC

指令操作:如图 3-9 所示,ROR 指令将目的操作数向右循环移动 1 位或移 CL 寄存器指定的位数。目的操作类型与 ROL 指令相同。指令影响标志位 CF 和 OF。若循环移位次数为 1,且移位之后新的最高位和次高位不等,则标志位 OF＝1,否则 OF＝0。若移位次数不为 1,则 OF 状态不定。

③带进位位循环左移指令

指令格式:RCL DST,SRC

指令操作:如图 3-9 所示,RCL 指令将目的操作数连同标志位 CF 一起向左循环移动 1位或移 CL 指定的位数。对于目的操作类型要求和影响标志位情况与 ROL 指令相同。

④带进位位循环右移指令

指令格式:RCR DST,SRC

指令操作:如图 3-9 所示,RCR 指令将目的操作数连同标志位 CF 一起向右循环移动 1位或移 CL 指定的位数。对于目的操作数类型要求和影响标志位情况与 ROR 指令相同。

例 3.37 设 AX＝0010H,BX＝00FFH,分别取 BX 低字节和 AX 的低字节组合成 AX＝10FFH。编写的程序段如下:

```
MOV   CL,8
ROL   AX,CL
OR    AX,BX
```

例 3.38 寄存器 BX 存放着一个无符号整数,试用移位指令编程求该无符号数除以 8,商送存储器 2000H 单元,余数送 2002H 单元。

解:程序段如下:

```
MOV   AL,0                    ;清零 AL,放余数
SHR   BX,1
RCL   AL,1                    ;BX 除以 2
SHR   BX,1
RCL   AL,1                    ;BX 除以 4
```

```
    SHR    BX,1
    RCL    AL,1                        ;BX 除以 8
    MOV    [2000H],BX                  ;商送存储器 2000H 单元
    MOV    [2002H],AL                  ;余数送存储器 2002H 单元
```

3.2.4　串操作指令

串操作指令就是用一条指令实现对一串字符或数据的操作。串操作指令有以下 5 条，分别为串传送指令（MOVS）、串读取指令（LODS）、串存储指令（STOS）、串比较指令（CMPS）和串扫描指令（SCAS）。

串操作指令有以下特点：

①可以对字节串或字串进行操作，还可以加重复前缀实现串重复操作。②所有串操作指令都用寄存器 SI 对源操作数进行间接寻址，并假定是在 DS 段中；而用寄存器 DI 对目的操作数进行间接寻址，且假定是在 ES 段中。③串操作时，地址的修改由方向标志 DF 决定，当 DF＝1 时，SI 和 DI 作自动减量修改；当 DF＝0 时，SI 和 DI 作自动增量修改。字节操作时修改量为 1，字操作时修改量为 2。④可以在同一段内实现字符串传送，这时应该设置 DS＝ES，源操作数和目的操作数的偏移地址仍由 SI 和 DI 指出。

重复前缀应用：

①重复前缀 REP 加在串操作 MOVS、LODS、STOS 指令之前，使串操作重复进行，在使用重复前缀以前要先给 CX 赋值。串操作指令每执行一次，CX 的内容就减 1，若 CX 的内容不为 0，继续执行 REP 后的串操作指令，否则退出 REP。

②条件重复前缀 REPE/REPZ 或 REPNE/REPNZ 加在串操作指令 CMPS、SCAS 之前，执行串操作指令会影响零标志 ZF，串操作重复进行的条件不仅要求 CX≠0，同时还要求 ZF 的值满足要求（REPE/REPZ 要求 ZF＝1，REPNE/REPNZ 要求 ZF＝0）。

1. 串传送指令

指令格式：MOVS　DST,SRC

　　　　　MOVSB

　　　　　MOVSW

指令操作：第一种格式中，DST 为目的串地址，SRC 为源串地址，指令将源串地址中的字节或字传送到目的串地址指向的单元中，一般使用默认的段地址。第二种和第三种格式隐含了两个操作数的地址，即源串在 DS 段，偏移地址在 SI 中，而目的串在 ES 段，偏移地址在 DI 中。其中，MOVSB 指令一次完成一个字节的传送，MOVSW 一次完成一个字的传送，然后根据 DF 值自动修改地址指针（字节传送 SI±1→SI，DI±1→DI；字传送则 SI±2→SI，DI±2→DI），指向下一字节或字。

指令执行不影响标志位。常与 REP 前缀联合使用。

例 3.39　将数据段中偏移地址为 DAT1 中的 100 个字节数据传送到附加段中偏移地址为 DAT2 的内存区域。

方法一：

```
    LEA    SI,DAT1                     ;源串首地址
    LEA    DI,DAT2                     ;目的串首地址
```

```
            MOV  CX,100                      ;串长度
            CLD                              ;DF＝0,地址增量
AGAIN:MOVSB                                  ;源串单元内容送目的串对应单元
            DEC  CX                          ;修改计数器值
            JNZ  AGAIN                       ;若 CX≠0,转 AGAIN
            HLT
方法二：
MOV         AX,DS
MOV         ES,AX                            ;DS 和 ES 指向同一个数据段
LEA         SI,DAT1                          ;源串首地址
LEA         DI,DAT2                          ;目的串首地址
MOV         CX,100                           ;串长度
REP         MOVSB                            ;重复串传送
HLT
```

2. 串读取指令

指令格式：LODS SRC

LODSB

LODSW

指令操作：指令将 DS:SI 指向的源串中的一个字节或一个字读出送到 AL(字节操作)或 AX(字操作),同时,根据 DF 的值自动修改地址指针 SI(字节操作 SI±1→SI,字操作则 SI±2→SI),指向下一个要读出的字节或字。

使用串读取指令前应将源串的首偏移地址送 SI,并设置方向标志 DF 的值,若要使用重复前缀 REP,还应将串长度送 CX 寄存器。串读取指令不影响状态标志。

例 3.40 与 LODSB 指令功能相同的指令组合为：

```
MOV  AL,[SI]
INC  SI
```

与 LODSW 指令功能相同的指令组合为：

```
MOV  AX,[SI]
INC  SI
INC  SI
```

3. 串存储指令

指令格式：STOS DST

STOSB

STOSW

指令操作：STOS 指令将 AL 中的字节或 AX 中的字存储到以 DI 为偏移地址的目的串中,然后根据 DF 的值自动修改地址指针(字节操作 DI±1→DI,字操作 DI±2→DI),指向串的下一个元素。

使用串存储指令前,应将目的操作数的偏移地址送 DI,并设置 DF 标志位的状态。若

要使用重复前缀 REP,还应将串长送 CX。串存储指令不影响状态标志。

　　4. 串比较指令

　　指令格式:CMPS　SRC,DST

　　　　　　　CMPSB

　　　　　　　CMPSW

　　指令操作:CMPS 指令是用来将源串的一个元素(偏移地址为 SI)减去目的串中相对的一个元素(偏移地址为 DI),不回送结果,只根据结果去影响标志位。同时自动修改偏移地址 SI、DI,修改的方式与 MOVS 指令相同。通常在 CMPS 指令前加重复前缀 REPE/PEPZ,用来寻找两个串中的第一个不相同数据。

　　例 3.41　检验一段被传送过的数据与源串是否完全相同。程序如下:

```
        CLD                     ;清零 DF
        MOV   CX,100            ;字节串长度
        MOV   SI,2000H          ;源串首偏移地址
        MOV   DI,3000H          ;目的串首偏移地址
        REPE  CMPSB             ;串比较,直到 ZF=0 或 CX=0
        AND   CX,0FFH           ;判断 CX 是否为 0
        JZ    EQU               ;CX 为 0,代表源串和目的串相等
        DEC   SI                ;计算第一个不等字节的地址
        MOV   BX,SI             ;第一个不等字节地址送 BX
        MOV   AL,[SI]           ;第一个不等字节内容送 AL
        JMP   STOP
EQU：   MOV   BX,0              ;两串完全相同,将 BX 置 0
STOP：  HLT
```

　　5. 串扫描指令

　　指令格式:SCAS　DST

　　　　　　　SCASB

　　　　　　　SCASW

　　指令操作:将 AL 或 AX 寄存器的内容减去由 DI 作为偏移地址的目的串元素,减的结果影响标志位,而不改变目的串的内容及累加器的值。同时根据 DF 的值自动修改目的串的偏移地址 DI(字节操作 DI±1→DI,字操作 DI±2→DI)。

　　SCAS 指令是用来从目的串中查找某个关键字,要求查找的关键字应事先置入 AL 或 AX 寄存器中。通常在 SCAS 指令之前加重复前缀 REPNE/PEPNZ,用来从目的串中寻找关键字,操作一直进行到 ZF=1 或 CX=0 为止。

　　例 3.42　在某字符串中查找是否存在"$"字符。若存在,则将"$"字符所在地址送入 BX 寄存器中,否则将 BX 寄存器清 0。

　　程序如下:

```
        CLD                     ;DF 置 0
        MOV   CX,100            ;目的串长度送 CX
```

```
        MOV   DI,1000H          ;目的串首地址送 DI
        MOV   AL,"＄"            ;关键字 ASCII 值送 AL
        REPNE  SCASB            ;查找关键字
        AND   CX,00FFH
        JZ   ZERO
        DEC   DI                ;找到关键字,求其地址
        MOV   BX,DI             ;关键字所在地址送 BX
        JMP   STOP
ZERO:  MOV   BX,0              ;未找到,清零 BX
STOP:  HLT
```

3.2.5 程序控制指令

大多数情况下,计算机是按顺序方式执行程序的,但有时也会根据需要转移到另一个程序段去执行,或者是循环地执行某一个程序段。而要改变程序的流向,就必须改变 IP 或 CS、IP 的内容。8086/8088 指令系统中有四大类指令可以完成改变程序流向的任务,分别为转移指令、循环控制指令、过程调用指令和中断控制指令等。

1. 转移指令

转移指令包括无条件的转移指令和有条件的转移指令两类,它们不影响标志位。

(1)无条件转移指令

无条件转移指令使程序无条件地跳转到指令中指定的目的地址,并从该地址开始继续程序的执行。根据转移目标的远近,可以有以下几种情况:

①段内直接转移

指令格式:JMP   LABEL

指令操作:指令直接给出转移目的地的符号地址 LABEL。该指令可实现程序在当前代码段－32768～＋32767 的地址范围内的转移。即指令的执行使 IP←IP＋LABEL,而 CS 寄存器的内容不变。

②段内直接短转移

指令格式:JMP SHORT LABEL

指令操作:与段内直接转移指令操作相似,只是指令实现程序在当前代码段内的转移地址范围变为－128～＋127。

③段内间接转移

指令格式:JMP   OPRD

指令操作:这里的操作数 OPRD 是 16 位的寄存器或存储器地址。指令执行是用 OPRD 指定的 16 位寄存器内容或存储器两单元内容作为目标的偏移地址来代替原来 IP 寄存器的内容,从而实现程序的转移。

例 3.43   设程序执行前,DS＝2000H,BX＝1200H,DI＝1000H,数据段地址为 22200H,单元的内容为 00H,22201H 单元的内容为 25H。下述指令执行的结果为:

```
JMP   BX                ;IP＝1200H
JMP   WORD PTR [BX＋DI]  ;IP＝2500H
```

④段间直接转移

指令格式:JMP   FAR LABEL

指令执行:目标标号 LABEL 是其他程序段内的一个标号。指令将目标标号的偏移地址取代指令指针寄存器 IP 的内容,同时将目标标号的段基址装入 CS 寄存器。

例 3.44 下面指令执行后的 IP 及 CS 寄存器内容,其中地址标号 NEXT 位于其他代码段。

JMP   NEXT   ;IP←OFFSET NEXT,CS←SEG NEXT

⑤段间间接转移

指令格式:JMP   DUBLE WORD

指令操作:指令中的操作数是一个 32 位的双字存储单元。指令将存储单元前两个字节内容送给 IP 寄存器,后两个字节内容送到 CS 寄存器,以实现向另一个代码段的转移。

例 3.45 设指令 JMP DWORD PTR [BX]执行前,DS=2000H,BX=1000H,数据段物理地址 21000H、21001H、21002H 和 21003H 单元的内容分别为 00H、20H、00H 和 30H,则指令执行后 IP 和 CS 寄存器的内容分别为:

IP=2000H,CS=3000H

即指令执行后,转移的目标地址(物理地址)为 32000H。

(2)条件转移指令

指令格式:JCC   LABEL

指令操作:条件转移指令是根据计算机处理的结果来决定程序下一步如何执行。它先测试前一条指令执行后标志寄存器中标志位的状态,再根据测试结果决定程序是否转移。所有的条件转移都是直接寻址方式的短转移,即只能在以当前 IP 内容为中心的−128～+127字节范围内转移。

①根据单个标志位的条件转移指令(其中 JCXZ 例外,它是根据 CX 寄存器的值实现转移),见表 3-1。

表 3-1   单个标志位的条件转移指令

汇编指令格式	测试标志	转移条件	说明
JC LABEL	CF	1	进位或借位转移
JNC LABEL		0	无进位或无借位转移
JZ/JE LABEL	ZF	1	为零或相等转移
JNZ/JNE LABEL		0	非零或不相等转移
JS LABEL	SF	1	结果为负转移
JNS LABEL		0	结果为正转移
JP/JPE LABEL	PF	1	奇偶校验为偶转移
JNP/JPO LABEL		0	奇偶校验为奇转移
JO LABEL	OF	1	溢出转移
JNO LABEL		0	无溢出转移
JCXZ LABEL	CX	0	CX 内容为零转移

例 3.46 设 X、Y 为字无符号数,编程求得 Z=|X－Y|。

解:实现该操作的程序段为:

```
        MOV   AX,X          ;X 送寄存器 AX
        MOV   BX,Y          ;Y 送寄存器 BX
        SUB   AX,BX         ;X－Y 的值送 AX
        JNC   NEXT          ;无借位,转 NEXT
        MOV   AX,Y          ;否则,Y 送 AX 寄存器
        MOV   BX,X          ;X 送 BX 寄存器
        SUB   AX,BX         ;Y－X 的值送 AX
NEXT:   MOV   Z,AX          ;送绝对值到 Z
```

②根据复合标志位的条件转移指令

这类指令主要用于判断两个数的大小,根据相比较的数是无符号数还是带符号数而采用不同的复合标志位作为判断条件。

表 3-2　复合标志位的条件转移指令

操作数类型	指令格式	指令功能	测试条件
无符号数	JA/JNBE LABEL	高于/不低于也不等于转移	CF=0 且 ZF=0
	JAE/JNB LABEL	高于或等于/不低于转移	CF=0 或 ZF=1
	JB/JNAE LABEL	低于/不高于也不等于转移	CF=1 且 ZF=0
	JBE/JNA LABEL	低于或等于/不高于转移	CF=1 或 ZF=0
带符号数	JG/JNLE LABEL	大于/不小于也不等于转移	ZF=0 且 OF $\oplus$ SF=0
	JGE/JNL LABEL	大于或等于/不小于转移	SF $\oplus$ OF=0 或 ZF=1
	JL/JNGE LABEL	小于/不大于也不等于转移	SF $\oplus$ OF=1 且 ZF=0
	JLE/JNG LABEL	小于或等于/不大于转移	SF $\oplus$ OF=1 或 ZF=1

2. 循环控制指令

在实际的程序设计中,常常要重复执行一些程序段,即程序循环,它需要循环控制指令来实现。循环控制指令控制程序在以当前 IP 内容为中心的－128～＋127 范围循环执行。循环的次数由 CX 寄存器指定。循环控制指令包括无条件循环和条件循环两类,它们不影响标志位。

(1)无条件循环指令 LOOP

指令格式:LOOP　LABEL

指令操作:这时 LABEL 是短标号,该指令先将 CX 寄存器的内容减 1,然后判断 CX 的内容,若 CX 不为 0,则控制程序转移到短标号所指向语句执行,否则顺序执行程序。

注意:在使用 LOOP 指令时,必须先将重复次数送给 CX 寄存器。若要实现 0 次循环,则要给 CX 寄存器置 1;若循环前寄存器 CX 值为 0,则循环次数为 65536。

另外,一条 LOOP LABEL 指令相当于指令 DEC CX 和 JNZ LABEL 的组合。

(2)条件循环指令

①LOOPZ/LOOPE 指令

指令格式：LOOPZ　LABEL

　　或：LOOPE　LABEL

指令操作：LOOPZ/LOOPE 指令先将 CX 寄存器的内容减 1，然后判断 CX 的内容和 ZF 的状态，若 CX 不为 0，且 ZF＝1，则控制程序转移到短标号所指向的指令执行，否则顺序执行程序。

②LOOPNZ/LOOPNE 指令

指令格式：LOOPNZ　LABEL

　　或：LOOPNE　LABEL

指令操作：LOOPNZ/LOOPNE 指令先将 CX 寄存器的内容减 1，然后判断 CX 的内容和 ZF 标志位的状态。若 CX 不为 0，且 ZF≠1，则控制程序转移到短标号所指向的指令执行，否则顺序执行程序。

3. 过程调用与返回指令

为了便于模块化程序设计，往往把程序中具有独立功能的部分编写成独立的程序模块，称为子程序。当主程序中需要完成某一个独立功能时，则可以调用能够完成该独立功能的子程序，而在子程序执行完后又返回主程序继续执行。为了实现子程序的调用与返回，8086/8088 系统提供了 CALL 和 RET 指令。

（1）过程调用指令

执行 CALL 指令时，先将主程序的返回地址（即主程序中 CALL 指令的下一条指令的地址）压入堆栈，然后转移到被调用的子程序处。

子程序有近程和远程两类。近程子程序只能被同一代码段内的程序所调用（段内调用），调用时 CALL 指令改变 IP 寄存器的值，从而转向子程序执行。远程子程序可以被本代码段，也可以被其他代码段的程序所调用（段间调用），调用时 CALL 指令要同时改变 CS 和 IP 寄存器的值，才能转入该子程序执行。

①段内直接调用

指令格式：CALL　SUBNAME

指令操作：SP←SP－2，[SP+1][SP]←IP，IP←IP＋D16。被调用过程是一个近过程，在本代码段。指令的第一步是先把主程序的返回地址（CALL 指令的下一条指令的地址）压入堆栈中，以便子程序执行完后返回主程序用，然后将指令中 16 位相对位移量 D16 和当前 IP 的内容相加，控制程序转到被调用的过程。

②段内间接调用

指令格式：CALL　REG16/MEM16

指令操作：SP←SP－2，[SP+1][SP]←IP，IP←EA。指令中的操作数是一个 16 位的寄存器或字存储单元内容，其中的内容是一个近过程的入口地址。CALL 指令将返回地址 IP 压入堆栈，然后将 16 位的寄存器或字存储单元的内容作为有效地址装入 IP 寄存器。

例 3.47　段内间接调用指令应用。

CALL　AX　　　　　　　　　;AX 内容送给 IP，过程的入口地址由 AX 给出

CALL　WORD PTR[BX]　　;过程的入口地址为[BX]和[BX+1]两存储单元的内容

③段间直接调用

指令格式:CALL　FAR PTR SUBNAME

指令操作:SP←SP−2,[SP+1][SP]←CS;SP←SP−2,[SP+1][SP]←IP;

　　　　　CS←SEG SUBNAME,IP←OFFSET SUBNAME

因为主程序和子程序 SUBNAME 不在同一代码段中,所以,在保留返回地址和设置目标地址的时候都必须把段地址考虑在内,即将远过程 SUBNAME 所在段的段基址 SEG SUBNAME 送 CS,偏移地址 OFFSET SUBNAME 送 IP。

④段间间接调用

指令格式:CALL　FAR PTR MEM32

指令操作:SP←SP−2,[SP+1][SP]←CS;SP←SP−2,[SP+1][SP]←IP;

　　　　　IP←[MEM32],CS←[MEM32+2]

指令操作数是一个 32 位的双字存储单元,指令的操作是将 CALL 指令的下一条指令地址,即 CS 和 IP 的内容压入堆栈,然后把指令中指定的连续 4 个存储单元内容送 IP 和 CS 寄存器,低地址的两个单元内容为偏移地址,送入 IP;高地址的两个单元内容为段地址,送入 CS。

(2)返回指令 RET

它放在子程序的末尾,即子程序执行的最后一条指令必须是返回指令。返回指令类型与调用指令类型相对应,返回指令有段内返回和段间返回之分,段内返回只需将返回地址(两个字节)出栈送 IP 寄存器,而段间返回需要将返回地址(四个字节)出栈送 IP 和 CS 寄存器。返回指令不影响标志位。

①段内返回

指令格式:RET

指令操作:IP←[SP+1][SP],SP←SP+2

②段内带立即数返回

指令格式:RET　EXP

指令操作:IP←[SP+1][SP],SP←SP+2,SP←SP+D16

EXP 是一个表达式,根据它计算出来的常数成为机器指令中的位移量 D16。这种指令允许返回地址出栈后修改堆栈的指针。例如:RET 6,返回时舍弃堆栈段中的 6 个字节。

③段间返回

指令格式:RET

指令操作:IP←[SP+1][SP],SP←SP+2;CS←[SP+1][SP],SP←SP+2

④段间带立即数返回

指令格式:RET　EXT

指令操作:IP←[SP+1][SP],SP←SP+2;CS←[SP+1][SP],SP←SP+2,SP←SP+D16

D16 是表达式 EXP 计算出来的常数,用于修改堆栈指针。

4. 中断指令

在程序运行期间,有时会遇到一些特殊情况,它会使计算机暂停下正在运行的程序,而转去执行一组相应的处理程序,处理完毕后又返回原被中止的程序并继续执行,这样一个过程称为中断。

中断有内部中断和外部中断两种,其中内部中断包括除法出错中断(即除数为 0 时的中断)、单步跟踪中断、溢出中断以及 INT n 中断指令引起的中断。外部中断包括非屏蔽中断和可屏蔽中断两种。

CPU 响应一次中断自动完成三件事情:一是要把 CS 和 IP 保存进堆栈(即保留断点地址);二是为了全面保存现场信息,将标志寄存器 FLAGS 和其他寄存器内容保存进堆栈(即保护现场);三是转去执行中断服务程序。中断返回时要恢复现场和恢复断点地址。

中断服务程序的入口地址(包括段地址和偏移地址)也称为中断向量,每个中断向量占 4 个字节单元(高字存放段地址,低字存放偏移地址)。每一种中断有一个编号,称为中断类型号。8086/8088 系统中,存储器的最低地址区 00000H～003FFH 为中断向量表,从低地址到高地址共存放 256 种类型的中断向量,它们对应的中断类型号分别为 0～255。所以,在中断指令中指定的类型号 n 乘以 4 才能找到该类型中断的中断向量在中断向量表中的起始地址。例如中断类型号 5,该中断类型在中断向量表中的起始地址为 00014H,则 00014H 和 00015H 单元存放偏移地址,00016H 和 00017H 单元存放段地址。

(1)INT 中断指令

指令格式:INT　n

指令操作:SP←SP−2,[SP+1][SP]←FLAGS,TF←0,IF←0
　　　　　SP←SP−2,[SP+1][SP]←CS,CS←[4×n+3][4×n+2]
　　　　　SP←SP−2,[SP+1][SP]←IP,IP←[4×n+1][4×n+0]

(2)INTO 指令

指令格式:INTO

指令操作:SP←SP−2,[SP+1][SP]←FLAGS,TF←0,IF←0
　　　　　SP←SP−2,[SP+1][SP]←CS,CS←[00013H][00012H]
　　　　　SP←SP−2,[SP+1][SP]←IP,IP←[00011H][00010H]

INTO 指令可以写在一条算术运算指令的后面,若算术运算指令执行的结果产生溢出,即溢出标志 OF=1,该指令检测到 OF=1,则启动一个中断过程,否则,接着执行下一条指令。该指令规定的中断类型号为 4(溢出中断),它的中断向量在中断向量表中的地址是 00010H 至 00013H。

(3)IRET 中断返回指令

指令格式:IRET

指令操作:IP←[SP+1][SP],SP←SP+2;CS←[SP+1][SP],SP←SP+2
　　　　　FLAGS←[SP+1][SP],SP←SP+2

IRET 作为任何类型中断的中断服务程序执行的最后一条指令,用于退出中断。该指令首先将堆栈中的断点地址弹出到 IP 和 CS 寄存器,接着将 INT 指令执行时压入堆栈的标志字弹出到标志寄存器,以恢复中断前的标志状态。

3.2.6　处理器控制指令

处理器控制指令包括对标志位的操作及对 CPU 本身的操作两大类。

1. 标志位操作指令

8086/8088 系统中有 7 条直接对标志位的操作指令。其中 3 条针对进位标志 CF,2 条针对方向标志位 DF,2 条针对中断标志位 IF。如表 3-3 所示。

表 3-3　处理器控制指令

汇编指令格式		操作
标志位操作	CLC	CF←0,清进位标志位
	STC	CF←1,置位进位标志位
	CMC	CF←$\overline{\text{CF}}$,进位标志位取反
	CLD	DF←0,清方向标志位
	STD	DF←1,置位方向标志位
	CLI	IF←0,清中断标志位,关中断
	STI	IF←1,置位中断标志位,开中断
处理器操作	HLT	暂停指令
	WAIT	等待指令
	ESC	处理器交权指令
	LOCK	总线封锁指令
	NOP	空操作指令

2. 其他处理器操作指令

(1)暂停指令 HLT

HLT 指令使 CPU 处于暂停状态,直到下一次中断来到为止,中断处理结束后执行 HLT 指令的下一条指令。暂停状态也可以用复位信号 RESET 清除掉。

(2)等待指令 WAIT

WAIT 指令使处理器处于空转状态(即无任何操作),它对外的所有状态都保持原状。当外部中断到来后,开始执行中断处理程序,但中断结束后仍返回 WAIT 状态。WAIT 指令可用于使 CPU 与外部硬件相同步。

(3)处理器交权指令 ESC

当 8086/8088 处理器工作在最大模式时,可以配备协处理器(如 8087),共同构成多处理器系统。8087 协处理器具有较强的浮点运算功能,可使系统的运算速度大大提高。在这种多处理器系统中,当 8086/8088 需要 8087 配合时,就在程序中加一条 ESC 指令,使一部分指令转到协处理器上执行。该指令的一般格式为:ESC mem。

这里,mem 是一个存储器操作数。指令执行时,把一个指定的存储单元的内容送到数据总线上,由协处理器获取后,完成相应的操作。

(4)总线锁定指令 LOCK

该指令是一个一字节的指令前缀,可以放在任何一条指令前面,主要是为多机共享资源而设计的。这条指令的执行可使 8086/8088 CPU 的 LOCK 引脚低电平有效,从而使加有 LOCK 前缀的指令在执行期间封锁外部总线,不允许其他处理器工作,而只能使某个处理器工作,以免多机共享资源情况下出现不正确使用内存的情况。这个过程会一直持续到该指令执行结束。

(5)空操作指令 NOP

NOP 指令不做任何操作,它是一字节指令,占有 3 个时钟周期。在调试程序时,往往用这条指令占有一定的存储空间,以便在正式运行时用其他指令取代;还有,在一些软件延时程序中,可以用 NOP 来调整延迟时间。

思考与练习

1.8086/8088 CPU 的寻址方式有哪几种?请指出下列指令中源操作数与目的操作数的寻址方式。

(1)MOV　　AX,2000H　　　　(2)OR　　　AL,BH

(3)MOV　　[SI],AX　　　　　(4)MOV　　DX,[BX+3]

(5)ADD　　AX,[SI+1000H]　　(6)MOV　　AH,ES:[BX+DI]

(7)MOV　　EA[BP][SI],AL　　(8)MOV　　WORD PTR [BX],1000H

2. 下列指令是否错误,说明理由。

(1)MOV　　1000H,AL　　　　(2)MOV　　BX,AL

(3)XCHG　[SI],[BX]　　　　(4)MOV　　CX,AX

(5)MOV　　DS,1000H　　　　(6)MOV　　AH,213H

(7)OUT　　[DX],AL　　　　　(8)PUSH　AL

(9)IN　　　30H,AL　　　　　(10)CMP　[1000H],[2000H]

3. 写出 8088 CPU 执行下列指令后 OF、SF、ZF、CF 四个状态标志位的值,其他位全部填 0,要求用十六进制数表示 FLAG 的值。

(1)MOV　　AX,9876H　　　　(2)MOV　　BX,3456H

　　ADD　　AX,1234H　　　　　　OR　　　BX,7896H

(3)MOV　　AX,5678H　　　　(4)MOV　　CX,1234H

　　SUB　　AX,4FFFH　　　　　　AND　　CX,0F0FH

4. 已知 AL=24H,CL=0FH,CF=1,分别执行下列指令后,AL 的内容为多少?

(1)MOV　AL,CL　　　　　　(2)XCHG AL,CL

(3)ADD　AL,CL　　　　　　(4)ADC　AL,CL

(5)SUB　AL,CL　　　　　　(6)AND　AL,CL

5. 已知 AX=1234H,BX=5678H,SP=0200H,分别执行下列指令或指令组后,有关寄存器的内容为多少?

(1)执行 PUSH　AX 指令后,AX、SP 各为多少?

(2)PUSH　AX

　　PUSH　BX

　　POP　CX

　　POP　DX

执行该指令组后,AX、BX、CX、DX、SP 各为多少?

6. 若 SS=1000H,SP=0010H,先执行将字操作数 9876H 和 5432H 压入堆栈的操作,再执行弹出一个字数据到 AX 的操作,试画出堆栈区及 SP 的内容变化过程示意图(标出存储单元的物理地址)。

7. 写出实现下列功能的指令组,并写出该指令组执行后 AX 寄存器的内容。

(1)传送 10H 到 AL 寄存器;

(2)将 AL 的内容乘以 3;

(3)传送 15H 到 AH 寄存器;

(4)AL 的内容乘以 AH 的内容。

8. 分析 XLAT 指令实现查表功能,并编写一程序段,用 XLAT 指令实现查找 0~9 中任意一个数的 ASCII 码。

9. 分别写出执行下列程序段后有关寄存器的内容。

```
(1)MOV   AX,0809H
   ADD   AL,AH
   MOV   AH,0          ;AX=_____
   AAA                 ;AX=_____
(2)MOV   AX,0809H
   MOV   DL,10
   XCHG AH,DL
   MUL   AH            ;AX=_____
   AAM                 ;AX=_____
   ADD   AL,DL         ;AX=_____
(3)MOV   AX,3456H
   ADD   AL,AH         ;AL=_____
   DAA                 ;AL=_____
(4)MOV   AX,5634H
   SUB   AL,AH         ;AL=_____
   DAS                 ;AL=_____
(5)MOV   AX,0504H
   SUB   AL,09H        ;AX=_____
   AAS                 ;AX=_____
(6)MOV   AX,0906H
   MOV   DL,06H
   AAD                 ;AX=_____
   DIV   DL            ;AX=_____
   MOV   DL,AH
   AAM                 ;AX=_____
```

10. 阅读下面程序段,写出结果:

```
MOV DX,1122H
MOV AX,3344H
MOV CL,4
SHL DX,CL
```

```
     MOV BL,AH
     SHL AX,CL
     SHR BL,CL
     OR DL,BL
```
程序运行后,寄存器 AX、DX 的内容分别为多少?

11. 设内存单元 VAR 的值为 05H,执行以下程序段:
```
            MOV AL,VAR
AGAIN:DEC VAR
            JZ NEXT
            MUL VAR
            JMP AGAIN
NEXT:   MOV VAR,AL
```
执行程序段后,VAR 的值为多少? 该程序段的功能是什么?

12. 阅读下面的源程序段,回答有关问题。
```
            MOV CX,8
            MOV AL,01H
            MOV SI,2000H
AGAIN:MOV [SI],AL
            INC SI
            SHL AL,1
            LOOP AGAIN
            HLT
```
程序运行后,寄存器 AL、SI、CX 的内容分别为多少?

13. 试写出执行下列指令序列后 AX 寄存器的内容,执行前 AX=4321H。
```
MOV   CL,7
SHL   AX,CL
```

14. 编写一个程序段,将 AX 寄存器的高 4 位置 1,低 4 位取反,第 4、5 位清 0。

15. 编写一个程序段,实现将 BL 寄存器中的数据除以 CL 中的数据,再将结果乘以 3,并将最后为 16 位数的结果存入 BX 寄存器。

17. 试编写一个程序段,使数据段中偏移地址为 0100H 开始的 16 字节单元的内容清 0。

18. 试编写一个程序段,将字符串 STRING1 中的 20 个字符传送到 STRING2 中。

第4章 汇编语言程序设计

4.1 宏汇编语言的基本语法

4.1.1 伪指令语句

与指令语句不同的是,伪指令本身不产生与之对应的目标代码。它仅仅是告诉汇编程序,对后面的指令语句和伪指令语句的操作数应该如何产生机器目标代码。伪指令语句的格式如图 4-1 所示。

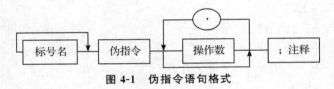

图 4-1 伪指令语句格式

1. 标号名字段

这是一个可选字段。标号后面不能用冒号":",这是它与指令语句的最明显区别。不同的伪指令,标号名可以是常量名、变量名、过程名等。它们可以作为指令语句和伪指令语句的操作数,这时,符号名就表示一个常量或存储器地址。

2. 伪指令字段

这是伪指令语句不可省略的主要成分。伪指令种类很多,如定义数据伪指令 DB、DW、DD,段定义伪指令 SEGMENT,定义过程伪指令 PROC 等,它们是伪指令语句要求汇编程序完成的具体操作命令。

3. 操作数字段

该字段是否需要,需要几个及需要什么样的操作数等都由伪指令字段中伪指令来确定。操作数可以是一个常数、字符串、常量名、变量名、标号及一些专用的符号(如 BYTE、FAR、PARA 等)。

4. 注释字段

这是一个任选字段,它必须以分号为开始,其作用与指令语句的注释字段相同。

4.1.2 常量、变量和标号

常量、变量和标号是汇编语言能识别的数据项,是指令和伪指令语句中操作数的基本组成部分。一个数据项包含数值和属性两部分,这两部分对一条指令语句汇编成机器目标代码都有直接关系。

1. 常量

常量是没有任何属性的纯数值,即在汇编时已经有确定数值的量。通常包括数值型常量和字符型常量。其中数值型常量有十进制常量、二进制常量、八进制常量、十六进制常量。如 56D、10100101B、456Q、0FF9H 等,而字符型常量是用单引号括起来的一个或多个字符。这些字符以 ASCII 码形式存储在内存中。如'45'、'AF',它们在内存中的数值分别为 34H、35H、41H、46H。

2. 变量

变量是代表存放在某些存储单元的数据,这些数据在程序运行期间可以随时修改。定义变量就是给变量分配存储单元,且对这些存储单元赋予一个变量名,同时给这些存储单元预置初值。

(1)变量的定义与预置

定义变量是用数据定义伪指令 DB、DW、DD 等。

例 4.1　变量定义:

```
DATA    SEGMENT
DAT1    DB  12H,23H
DAT2    DW  5678H,-1
DAT3    DB  'ABCD'
DATA    ENDS
```

定义后的变量具有三个属性:

①段属性 SEG,表示变量存放在哪一个逻辑段中,当指令对这些变量进行存取操作时,事先要把它们所在段的段基址存放到段寄存器中。

②偏移地址属性 OFFSET,表示变量在逻辑段中离段首地址的字节数。由段属性和偏移地址属性构成了变量的逻辑地址。

③类型属性 TYPE,表示变量占用存储单元的字节数。它由类型助记符 DB、DW、DD、DQ 来规定,即由数据定义伪指令确定。

(2)变量预置初值

变量定义格式中的操作数部分就是给变量预置初值,通常有以下几种情况:

①数值表达式,给内存变量赋值,其值应在定义的类型范围内。

例 4.2　变量预置初值:

```
DAT1    DB  20H,60
VAR     DW  4×5,0BCDH,1234H
```

②? 表达式,表示所定义的变量无确定的初值,一般用来预留若干字节(或字、双字)存储单元,以存放程序的运行结果。

例 4.3　使用? 表达式定义变量:

```
DAT2    DB  ?,?,?
VAR2    DW  ?
```

③ASCII 码字符串表达式,通常用 DB、DW、DD 等数据定义伪指令来为变量预置初值

或分配存储单元。

　　a. DB 伪指令,可以为字符串中每个字符分配 1 个字节单元。字符串必须用单引号括起来且不超过 255 个字符。字符串自左至右以字符的 ASCII 码按地址递增的排列顺序依次存放在内存中。

　　b. DW 伪指令,可为两个字符组成的字符串分配 2 个字节的存储单元,而且这两个字符的 ASCII 码的存储顺序是前一个字符在高字节,后一个字符在低字节。每一个数据项不能多于两个字符。

　　c. DD 伪指令,只能给两个字符组成的字符串分配 4 个字节存储单元,而且这两个字符的 ASCII 码是存储在两低字节,两个高字节都存放 00H。

　　例 4.4　数据定义伪指令应用。

DAT1　　DB　'12345'

DAT2　　DW　'AB','CD','32'

DAT3　　DD　'AB','23','4E'

　　④带 DUP 表达式,是定义重复数据操作符,在操作数部分的格式为:

重复次数 n　DUP(重复的内容)

　　例 4.5　带 DUP 表达式的变量定义

BUF1　　DB　3　DUP(3)

BUF2　　DW　6　DUP(?)

BUF3　　DB　5　DUP('CDEF')

　　第一条语句为变量 BUF1 保留 3 个字节存储单元,每个存储单元的内容为 3;第二条语句为变量 BUF2 保留 12 个字节存储单元,每个单元的内容可预置任意内容;第三条语句是重复 5 个字符串'CDEF',共占有 20 个字节存储单元。

　　例 4.6　图示例子中定义的变量。

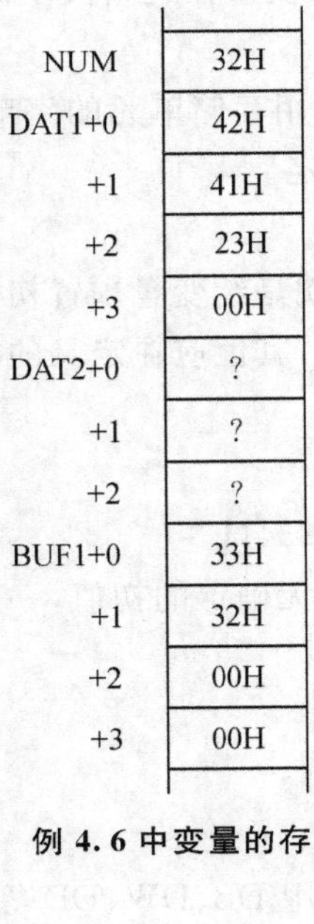

NUM	32H
DAT1+0	42H
+1	41H
+2	23H
+3	00H
DAT2+0	?
+1	?
+2	?
BUF1+0	33H
+1	32H
+2	00H
+3	00H

图 4-2　例 4.6 中变量的存放情况

```
NUM     DB   32H
DAT1    DW   'AB',23H
DAT2    DB   3  DUP(?)
BUF1    DD   '23'
```

3. 标号

(1)标号

标号是一条指令目标代码的符号地址,它常作为转移指令或调用指令的操作数。如下面程序段中使用 EQUAL、NEXT 标号:

```
        CMP   AX,BX
        JZ    EQUAL
        MOV   DX,0
        JMP   NEXT
EQUAL: MOV   DX,1
NEXT:  HLT
```

(2)标号的属性

①段地址属性(SEGMENT),表示该标号所在段的段地址。

②偏移地址属性(OFFSET),表示该标号所在段的段首址到该标号定义指令的字节距离。

③类型属性,表示该标号可作为段内或段间的转移特性。标号的类型有 NEAR 和 FAR 两种。

NEAR 类型表示该标号只能被标号所在段的转移和调用指令所访问(段内转移),只需要改变 IP 寄存器的内容,而不改变 CS 寄存器的内容。

FAR 类型表示该标号可以被其他段(不是标号所在段)的转移或调用指令所访问,必须同时改变 IP 和 CS 寄存器的内容。

4.1.3 表达式与运算符

表达式是操作数常见的形式,由常量、变量、标号和操作运算符组成。表达式的值是在汇编时计算确定的,不是在程序运行时求得的。汇编语言中操作运算符包括算术运算符、逻辑运算符、关系运算符、分析运算符、属性修改运算符和其他运算符等六类。

1. 算术运算符

常用的算术运算符有+(加)、-(减)、*(乘)、/(除)和 MOD(模运算)等,算术运算的结果是一个数值。例如:

MOV AX,VAR+2,其中 VAR+2 的结果是地址值,指令执行是把该地址对应的存储器单元内容送 AX。还有,32 MOD 6=2,表示该表达式运算结果为2。

2. 逻辑运算符

逻辑运算符有 AND(逻辑"与")、OR(逻辑"或")、XOR(逻辑"异或")和 NOT(逻辑"非")。例如:

MOV   AH,24H OR 0FH

这条指令执行结果是将数据 2FH 送给 AH 寄存器。

3. 关系运算符

关系运算符有 6 个,它们分别为 EQ(等于)、NE(不等于)、LT(小于)、LE(小于等于)、GT(大于)和 GE(大于等于)。关系运算是逻辑判定式,参与运算的必须是两个数值或同一段中的两个存储单元地址,运算结果只能是"0"(全 0)或"1"(全 1),即运算结果为"真"时取全 1,结果为"假"时取全 0。如:

```
MOV   AX,4  NE  3                    ;结果为真,则 AX=0FFFFH
MOV   AL,24  GE  25                  ;结果为假,则 AL=0
```

4. 分析运算符

(1)SEG 运算符

利用 SEG 运算符可以得到一个标号或变量的段基址。如:

```
MOV   AX,SEG  VAR                    ;将变量 VAR 的段基址送 AX
```

(2)OFFSET 运算符

利用 OFFSET 运算符可以得到一个标号或变量的偏移地址。下面的指令将 STRING 的偏移地址送给 DX。

```
MOV   DX,OFFSET STRING
```

(3)TYPE 运算符

TYPE 的运算结果是一个数值,这个数值与操作数类型的对应关系见表 4-1。

表 4-1　TYPE 运算值与操作数类型的对应关系

类型	BYTE	WORD	DWORD	QWORD	NEAR	FAR
类型值	1	2	4	8	-1	-2

如果定义变量 DAT1 和 DAT2 的类型如下:

```
DAT1  DB  12H
DAT2  DW  2000H
```

那么,执行下面指令后,可以确定相关寄存器的值。

```
MOV   AX,TYPE  DAT1
MOV   DX,TYPE  DAT2
```

指令执行结果为 AX=1,而 DX=2。

(4)LENGTH 运算符

这个运算符加在数组变量的前面,返回数组变量的元素个数。若使用了 DUP,则返回外层 DUP 给定值;若没有使用 DUP,则返回的值是 1。如:

```
VAR1  DB  3  DUP(0)
VAR2  DB  'ABCDEF'
         ⋮
MOV   AH,LENGTH  VAR1
MOV   AL,LENGTH  VAR2
```

指令执行的结果是:AH 寄存器内容为 3,AL 寄存器内容为 1。

（5）SIZE 运算符

它加在数组变量的前面,汇编程序回送的值等于 LENGTH 和 TYPE 两个运算符返回值的乘积。如:

VAR3　DW　3　DUP(0)

VAR4　DB 'ABCDEF'

　　　　⋮

MOV　AH,SIZE　VAR3

MOV　AL,SIZE　VAR4

指令执行的结果是:AH 寄存器内容为 $3 \times 2 = 6$,而 AL 寄存器内容为1。

5. 属性修改运算符

属性修改运算符用来对变量、标号和存储器操作数的类型属性进行修改。

（1）PTR 运算符

运算符 PTR 可以指定或修改存储器操作数的类型。这种修改是临时性的,仅在该语句内有效。如:

设内存变量 D1 是字节属性,把它前面两个字节内容送到 AX 寄存器中。

D1　DB　12H,45H,0ADH,0FFH

MOV　AX,WORD　PTR　D1

因为 D1 是字节类型数组,要把它两个字节数据送给累加器 AX,则必须临时指定 D1 的属性为字类型,且这个指定只在这条指令内有效。

（2）THIS 运算符

该运算符也可以指定存储器操作数的类型。使用 THIS 运算符可以使标号或变量具有灵活性。例如对同一数据区,要求既可以以字节为单位存取数据,又可以以字为单位存取数据,则可用下面的语句:

DAT_B EQU THIS BYTE　　　　　　　　　;按字节访问变量 DAT_B

DAT_W DW 10 DUP(?)　　　　　　　　　;按字访问变量

上面的 DAT_B 和 DAT_W 实际上表示同一个数据区地址,由 10 个字组成,DAT_B 的类型为字节,而 DAT_W 的类型为字。

（3）SHORT 运算符

该运算符指定一个标号的类型为"短标号",即当前指令位置到这个标号的距离在 $-128 \sim +127$ 范围内。如:

　　JMP　SHORT　LL

　　　　　⋮

LL:MOV　DX,0FFFFH

6. 其他运算符

（1）冒号运算符

它跟在段寄存器名之后,给一个存储器操作数指定段属性,而不管其原来的隐含段是哪一个。如取出 DS 段内偏移地址为 DI 指定的存储单元的内容送给 AX 寄存器,指令为:

MOV　AX,DS:[DI]

（2）分离运算符

使用运算符 LOW 和 HIGH 可以分别得到一个数值或表达式的低字节和高字节。如：

| MOV | AL,LOW 1234H | ;AL＝34H |
| MOV | AH,HIGH 1234H | ;AH＝12H |

4.2　常用的伪指令语句

除了前面已经介绍的数据定义伪指令 DB、DW、DD 外，常用的还有符号定义、段定义、过程定义、定位等伪指令。伪指令在形式上与一般指令相似，但伪指令只是为汇编程序提供有关信息，不产生相应的机器代码。

4.2.1　符号定义伪指令

符号定义伪指令用于给一个符号重新命名或定义新的类型属性等。

1. 等值伪指令 EQU

EQU 伪指令将表达式的值赋给一个符号名，以后可以用这个符号来代替对应的表达式。表达式可以是一个常数、符号、数值表达式或地址表达式。EQU 伪指令的语句格式是：

符号名　EQU　表达式

使用 EQU 伪指令可以提高程序的可读性，也使其更加易于修改。需要特别注意的是，EQU 伪指令不允许对同一符号重复定义。EQU 使用举例如下：

```
DAT   EQU   0AH
TAB   EQU   TABLE－2
DIS   EQU   DS:[BP＋4]
M     EQU   MOV
```

2. 等号伪指令"＝"

等号伪指令"＝"与 EQU 伪指令相似，可以作为赋值操作使用。区别在于，"＝"伪指令能对符号重新定义。如：

DATA＝6 或 DATA　EQU　6 都可以使整数 6 赋给符号名 DATA，然而不允许两者同时使用。但是使用"＝"伪指令可以重新为 DATA 赋值。如：

```
DATA＝14H
DATA＝18H
```

4.2.2　段定义伪指令

段定义伪指令在汇编语言源程序中定义逻辑段。通常用于段定义的伪指令有 SEGMENT、ENDS 和 ASSUME 等。

1. SEGMENT 和 ENDS 伪指令

它们用来定义段的组合。段定义伪指令格式如下：

　　段名　SEGMENT　［定位类型］［组合方式］［'类别名'］
　　　　　…
　　　　　…　　　　　　　　　　　;指令语句或伪指令语句
　　　　　…
　　段名　ENDS

三个可选项主要用于多模块化程序设计,以告诉 LINK 程序各模块间的通信方式和各段间的组合方式,从而把各模块正确地连接在一起。

段名是所定义的段的名称,段名除了有段地址和偏移地址的属性外,还有定义类型、组合方式和类别名这三个属性。

(1)定位类型表示该逻辑段在存储器中的起始边界。定位类型有四种。

①［PARA］(节):隐含的定位方式,规定段的起始地址总是 16 的整数倍,即段首址低 4 位为零。

②WORD(字):段从偶地址开始,段间可能留 1 个字节间隙。

③BYTE(字节):本段可从任何地址开始,段间不留空隙。

④PAGE(页):段的起始地址总是 256 的整数倍,即低 8 位为零。

PARA＝xxxxxxxx xxxx 0000B

WORD＝xxxxxxxx xxxxxxx0B

BYTE＝xxxxxxxx xxxxxxxxB

PAGE＝xxxxxxxx 0000 0000B

(2)组合方式提供本段同其他段的组合关系,组合方式有六种。

①NONE:无组合方式,是系统隐含的组合方式,表示本段与其他段逻辑上不发生关联。

②STACK:将本段与其他模块中所有 STACK 组合方式的同名段组合成一个堆栈段。

③PUBLIC:汇编程序连接时,对于不同程序模块中的逻辑段,只要具有相同的类别名,就把这些段顺序连接成一个逻辑段装入内存。

④COMMON:表示本段与同类别名的段共用同一段起始地址,即同类别名段相重叠,段的长度是最长段的长度,重叠部分的内容是最后一个逻辑段的内容。

⑤MEMORY:表示本段在连接时定位在所有段之上,即高地址。如果有多个段使用MEMORY,则只把第一个遇到的段当作 MEMORY 处理,其他的段均按 PUBLIC 处理。

⑥AT:表示本段定位在表达式值所指定的段地址处。如:

AT　1000H　　　　　　　　　　　　　　　;表示本段的地址从 1000H 处开始

(3)类别名必须用单引号括起来。凡是类别名相同的段在连接时均按顺序连接起来,即把类别名相同的所有段存放在连续的存储区内。

2. 段寄存器说明伪指令 ASSUME

ASSUME 伪指令告诉汇编程序,将段寄存器与某个逻辑段建立对应关系。其格式如下:

ASSUME　段寄存器:段定义名［,段寄存器:段定义名,…］

上述伪指令格式中的段寄存器可以为 CS、DS、SS、ES 中之一,段定义名是指逻辑段的定义名。

需要注意的是,ASSUME 伪指令协助汇编程序将各个段标号翻译成实际地址,但它并不意味着汇编后这些段地址已经装入了相应的段寄存器中,段寄存器中的内容除了 CS 以外,还需要用程序装入。

4.2.3　过程(子程序)定义伪指令

在程序设计中,常常把具有一定功能的程序段设计成一个子程序,汇编程序用"过程"来构造子程序。过程定义伪指令的格式如下:

过程名　PROC　［类型］

　　　　　⋮

　　　　　RET

过程名　ENDP

过程定义伪指令中,PROC 和 ENDP 指令分别用于指明某个过程的开始和结束。

过程名是用户给一个过程确定的名称。过程名是提供给其他程序调用使用的,因此不能省略。

过程名类同于一个标号的作用,具有三个属性,即段地址、偏移地址和类型。其中段地址和偏移地址是指过程中第一个语句的段地址和偏移地址。过程名的类型属性由格式中的类型指明,可以有 NEAR 和 FAR 两种,类型省略时默认为 NEAR 类型。

PROC 和 ENDP 两伪指令之间,是为实现某功能的程序段,其中至少有一条子程序返回指令 RET,以便返回调用它的程序。

4.2.4　地址计数器与定位伪指令

1. 地址计数器

在汇编程序对源程序汇编的过程中,使用地址计数器来保存当前正在汇编的指令的偏移地址。当开始汇编或在每一段开始时,把地址计数器初始化为零,以后在汇编过程中,每处理一条指令,地址计数器就增加一个值,此值为该指令所需要的字节数。地址计数器的值可用"＄"来表示,汇编语言允许用户直接用"＄"来引用地址计数器的值。如:

JNE　　＄＋4

该条件转移指令的目标地址是 JNE 这条指令的首地址加上 4。即"＄"用在指令中,表示的是本条指令的第一个字节的地址。当然要特别注意,＄＋4 作为目标地址,必须是另一条指令的首地址,否则,汇编程序将指示出错信息。

当"＄"用在数据定义伪指令字段时,和用在指令中的情况不同,它所表示的是地址计数器的当前值。如:

DATA　　　SEGMENT

BUF　　　DB　'0123456789'

COUNT　　EQU　＄－BUF

DATA　　　ENDS

那么常量 COUNT 的值就是地址计数器的当前值,即为数据区占用的存储单元数 10。

2. 定位伪指令

定位伪指令的格式为:

ORG　常数表达式

该伪指令把它以下语句定义的内存数据或程序,从表达式指定的起点(偏移地址)开始连续存放,直至遇到新的 ORG 指令。 如:

```
DATA      SEGMENT
          ORG 20H
BUF1      DB  12H,23H
          ORG   $+5
BUF2      DB  34H,45H,56H
DATA      ENDS
CODE      SEGMENT
          ASSUME  CS:CODE,DS:DATA
          ORG  0100H
START：MOV  AX,DATA
          MOV  DS,AX
          ⋮
CODE      ENDS
          END  START
```

上面的数据段中,BUF1 在数据段内的偏移地址为 0020H,BUF2 的段内偏移地址为 0027H。在代码段中,指令代码从偏移地址 0100H 处开始存放和执行。

4.2.5　模块连接伪指令

连接伪指令主要解决多模块的连接问题,对一个较大的汇编程序往往是先编制若干个程序模块并分模块调试,然后通过连接程序把它们连成可执行程序。

1. 公用符号伪指令(全局符号伪指令)

伪指令格式:PUBLIC 符号名 1,符号名 2,…

本模块用 PUBLIC 伪指令定义的符号名可由其他程序模块引用,没有定义的符号名不能被其他模块引用。符号名可以是变量名、标号、过程名或符号常量等。

2. 引用符号伪指令

伪指令格式:EXTRN 符号名 1:类型,符号名 2:类型,…

在本模块中引用的在其他模块定义的符号名必须用 EXTRN 进行说明,否则不能引用。类型可以是变量的类型(如 BYTE、WORD、DWORD),也可以是过程名的类型(如 NEAR、FAR)等。

4.2.6　宏指令语句

汇编语言程序中,如果源程序中需要多次使用同一组指令,可以将这组指令定义为一个宏指令,以后需要时,可以简单地用一条宏指令来代替。常用的宏指令语句如下:

1. 宏定义

宏指令的定义是利用伪指令实现的。其格式如下:

```
宏指令名    MACRO    形式参数
           ···
           ···                        ;宏定义体
           ···
           ENDM
```

宏指令名是为所定义的宏指令起的名称,它是提供程序调用时用的,不能省略。宏定义体是实现宏指令功能的实体,它是由汇编语言语句所组成的一段程序。宏定义体必须由ENDM 结束。

不带形式参数的宏定义,如:

```
ADD1   MACRO
       ADD   AX,BX
       ENDM
```

经宏定义后,名称 ADD1 即实现累加器 AX 内容和寄存器 BX 内容相加,结果送累加器的功能。

带形式参数的宏定义,如:

```
LSHIFT   MACRO   REG
         MOV   CL,3
         SHL   REG,CL
         ENDM
```

其中,LSHIFT 是宏指令名,REG 是形式参数,宏指令 LSHIFT 实现对寄存器 REG 逻辑左移 3 次。REG 在宏调用时将由实际参数提供具体的寄存器名。

2. 解除定义伪指令

伪指令格式:PURGE   符号名 1,符号名 2,…

该伪指令能解除指定符号名的定义。符号名可以是定义的数值常量,也可以是宏指令名。

如果符号名是数值常量,解除定义后,可用 EQU 伪指令重新定义。如:

```
NUMBER   EQU   10H                   ;定义 NUMBER 的值为 10H
PURGE   NUMBER                       ;解除 NUMBER 的定义
NUMBER   EQU   20H                   ;重新定义 NUMBER 的值为 20H
```

如果逻辑符号名是宏指令名,用伪指令 PURGE 解除了宏指令名的定义后,可恢复这些符号名原来的含义。这是因为,汇编程序允许所定义的宏指令名与机器指令的助记符或伪指令的名字相同,汇编程序优先考虑宏指令的定义,即与宏指令名同名的指令助记符或伪指令原来的含义失效。如上面定义的宏指令名 ADD1,使用解除定义伪指令后,它的含义就不再是加法指令功能。

4.3 汇编语言程序结构与源程序调试

4.3.1 汇编语言程序结构

一个完整的汇编语言源程序通常由若干个逻辑段组成,包括数据段、附加段、堆栈段和代码段,它们分别映射到存储器中的物理空间上。每个逻辑段以 SEGMENT 语句开始,以 ENDS 语句结束,整个源程序用 END 语句结尾。这些语句是 CPU 不能执行的、由汇编程序解析的伪指令。它们主要用于分配内存、定义变量等。

源程序中所有的指令语句都在代码段中,而数据、变量等则放在数据段或附加段中。具体到一个源程序要定义多少个段,要根据程序设计任务来确定。一般来说,一个汇编语言源程序可以有多个代码段,也可以有多个数据段、附加段和堆栈段。但在同一个程序模块中,只允许有一个数据段、一个附加段、一个堆栈段和一个代码段。

源程序以分段形式组织,是为了在程序汇编后,能将指令代码和数据分别装入存储器的相应物理空间中。通常,汇编语言源程序的基本结构如下:

```
DATA      SEGMENT
           ⋮                          ;存放数据项的数据段
DATA      ENDS
EXTRA     SEGMENT
           ⋮                          ;存放数据项的附加段
EXTRA     ENDS
STACK1    SEGMENT   PARA   STACK
           ⋮                          ;作堆栈用的堆栈段
STACK1    ENDS
CODE      SEGMENT
          ASSUME   CS:CODE,DS:DATA
          ASSUME   SS:STACK1,ES:EXTRA
START:    MOV   AX,DATA
          MOV   DS,AX
           ⋮                          ;存放指令序列的代码段
CODE      ENDS
          END   START
```

4.3.2　汇编语言源程序上机调试

1. 汇编语言源程序上机调试步骤

在计算机上建立和运行汇编语言程序时,首先要用编辑程序(如行编辑程序 EDLIN 或全屏幕编辑程序 EDIT 等)建立汇编语言源程序(其扩展名必须为.ASM)。汇编语言源程序是不能被计算机所识别和运行的,必须经过汇编程序(MASM 或 ASM)加以汇编(翻译),把源程序文件转换成为用机器码(二进制代码)表示的目标程序文件(其扩展名为.OBJ)。若在汇编过程中没有出现语法错误,则汇编结束后,还必须经过连接程序(LINK)把目标程序文件与库文件或其他目标文件连接在一起形成可执行文件(其扩展名为.EXE 文件)。这时就可以在 DOS 下直接键入文件名运行此程序。

所以,上机调试汇编语言程序的步骤为:

①用编辑程序(EDIT)编辑汇编语言源程序文件;

②用汇编程序(MASM 或 ASM)把汇编语言源程序文件汇编成 OBJ 文件;

③用连接程序(LINK)把 OBJ 文件转换成 EXE 文件；

④在 DOS 命令状态下直接键入文件名就可执行该文件。

2. 编辑汇编语言源程序文件

例如我们要建立把 8 个十进制数码转换为 ASCII 码并在计算机屏幕上显示的程序,可以在 DOS 模式下用编辑程序 EDIT.EXE 建立汇编语言源程序文件 DASCII.ASM。

如:C:\MASM>EDIT DASCII.ASM ↙

需要注意 EDIT 软件所在的路径,这里假设编辑的源程序存放在子目录 MASM 中,当然也可以自己设置其他的存放子目录。

进入 EDIT 的程序编辑画面后,从键盘输入汇编语言源程序如下:

```
DATA1   SEGMENT                          ;定义数据段
D1   DB   8 DUP(30H)
D2   DB   1,2,3,4,5,6,7,8
D3   DB   8 DUP(?),'$'
N  DB   8
DATA1   ENDS
STACK1   SEGMENT                         ;定义堆栈段
        DW   20 DUP(0)
STACK1 ENDS
CODE SEGMENT                             ;定义代码段
        ASSUME CS:CODE,DS:DATA1,SS:STACK1
BEGIN:MOV AX,DATA1
        MOV   DS,AX
        LEA   SI,D1                      ;取 D1 首偏移地址
        LEA   DI,D2                      ;取 D2 首偏移地址
        LEA   BX,D3                      ;取存放 ASCII 码串首地址
        MOV   CL,N
        MOV   CH,0
LOOP1:MOV   AL,[SI]                      ;取数
        ADD   AL,[DI]                    ;求和
        MOV   [BX],AL                    ;保存结果(ASCII 码)
        INC   SI                         ;修改地址
        INC   DI
        INC   BX
        LOOP   LOOP1                     ;循环 8 次
        LEA   DX,D3                      ;字符串首地址送 DX
        MOV   AH,09H                     ;调显示功能,功能号 09H
        INT   21H
        MOV   AH,4CH                     ;返回 DOS,功能号 4CH
        INT   21H
```

```
CODE    ENDS
          END BEGIN
```

EDIT 的使用方法可参考相关资料,也可使用其他编辑程序(如 DOS 的行编辑程序 EDLIN)等。源程序输入完成后,选择"File"菜单上的"Save"选项保存程序,选择"File"菜单上的"Exit"选项退出 EDIT 编辑软件。源程序中的 DOS 功能调用(如功能号 09H、4CH)知识将在本章后面介绍。

3. 汇编源程序

在对源程序文件汇编时,汇编程序将对源程序文件进行两遍扫描,若源程序文件中有语法错误,则结束汇编后,汇编程序将指出源程序中存在的错误,这时应返回编辑环境修改源程序中的错误。对修改后的源程序再进行汇编,直至得到无错误的目标程序为止,即 OBJ 文件。

完成汇编功能的是汇编程序 ASM 或宏汇编程序 MASM,二者的区别在于:MASM 有宏汇编功能,而 ASM 没有宏处理功能,因此,MASM 比 ASM 的功能强。汇编过程如下:

当源程序建立以后,仍以 DASCII. ASM 程序为例,用汇编程序 MASM 对 DASCII. ASM源程序文件进行汇编,以便产生机器码的目标程序文件 DASCII. OBJ,其操作步骤如下:

C:\ MASM＞MASM　DASCII. ASM ↙

Microsoft (R) Macro Assembler Version 5. 00

Copyright (C) Microsoft Corp 1981—1985,1987,All rights reserved.

Object filename [DASCII. OBJ]:↙

Source listing [NUL. LET]:DASCII ↙

Cross-reference [NUL. CRF]:DASCII ↙

51610 ＋ 437910 Bytes symbol space free

0 Warning Errors

0 Severe Errors

由上面屏幕显示可见,汇编程序调入后,首先显示版本号,然后出现三行提示行。第一提示行 Object filename [DASCII. OBJ]:是询问目标程序文件名,方括号内为机器规定的默认的文件名,通常直接按回车,表示采用默认的文件名。第二提示行 Source listing [NUL. LST]:是询问是否建立列表文件,若不建立,直接回车;若要建立,则键入文件名再回车,如要建立名为 DASCII 的列表文件。列表文件中同时列出源程序和机器语言程序清单,并给出符号表,有利于程序调试。第三提示行 Cross-reference [NUL. CRF]:是询问是否要建立交叉索引文件,若不建立,直接回车;若要建立,则应键入文件名再回车,如要建立 DASCII. CRF 文件。

交叉索引表给出了用户定义的所有符号,对于每个符号列出了其定义所在行号(加上♯)及引用的行号。它通常为大程序的修改提供方便,对于比较小的程序则可不使用。

调入汇编程序,当完成了上述各提问行的询问之后,汇编程序就对源程序进行汇编。若汇编过程中发现源程序有语法错误,则列出有错误的语句和错误的代码。错误分警告错误(Warning Errors)和严重错误(Severe Errors)。警告错误是指汇编程序认为的一般性错误,严重错误是指汇编程序认为无法进行正确汇编的错误,并给出错误的个数、行号及错误的性质等。这时,就要对错误进行分析,找出问题和原因,然后再调用编辑程序加以修改,修改后重新汇编,直至汇编后无错误提示为止。

4. 连接生成可执行文件

经汇编后产生的二进制的目标程序文件(OBJ 文件)并不是可执行程序文件(EXE 文件),必须经连接以后,才能成为可执行文件。当然,如果一个程序是由若干个模块组成的,也应该通过连接程序 LINK 把它们连接在一起,这些模块可以是汇编程序产生的目标文件,也可以是高级语言编译程序产生的目标文件。连接过程如下:

C:\ MASM>LINK   DASCII ↙

Microsoft (R) Overlay Linker Version 3.60

Copyright (C) Microsoft Corp 1983—1987. All rights reserved.

Run File [DASCII. EXE]:↙

List File [NUL. MAP]:DASCII ↙

Libraries [.LIB]:↙

从上面连接过程可以看到,在连接程序调入后,首先显示版本号,然后出现三行提示行。第一提示行 Run File [DASCII. EXE]:是询问要产生的可执行文件的文件名,一般直接回车采用方括号内规定的隐含文件名。第二提示行 List File [NUL. MAP]:询问是否要建立连接映象文件。若不要建立,则直接回车;若要建立,则键入文件名再回车。如例子中要建立该文件,则键入文件名 DASCII。第三提示行为:Libraries [.LIB]:询问是否用到库文件,若无特殊需要,则直接键入回车即可。

上述提示行回答后,连接程序开始连接,若连接过程中有错,则显示错误信息。它必须重新调入编辑程序进行修改,然后重新汇编和连接,直至没有错误提示。连接以后,便产生了可执行程序文件(.EXE 文件)。

5. 程序的执行

当建立了可执行文件 DASCII. EXE 后,可以直接在 DOS 下执行该程序,比如:

C:\ MASM > DASCII ↙

屏幕将显示该程序的执行结果:

12345678

它正确地显示出 8 个十进制数码。

6. 调试程序 DEBUG 使用

调试 DEBUG 是专门为宏汇编语言设计的一种调试工具,是 DOS 操作系统自带的汇编语言程序的调试程序。比如上述经 MASM 汇编的可执行文件 DASCII. EXE 可以采用 DEBUG 运行,查看可执行程序的运行结果,程序运行结束并返回 DOS。

C:\ >DEBUG MASM\DASCII. EXE ↙

—G ↙

Program terminated normally

—G 0100 ↙

屏幕将显示程序执行的结果如下:

12345678

并返回 DOS 提示符。

在 DEBUG 程序中,提供了 18 条子命令。利用它们可以对程序进行汇编和反汇编;可以观察和修改内存及寄存器的内容;可以执行或跟踪程序,并观察每一步执行的结果;可以读/写盘上的扇区或文件等。表 4-2 给出了 11 条常用的 DEBUG 命令。

表 4-2　常用的 DEBUG 命令

命　令	格　式	功　能
汇编	A 地址 A	从指定地址开始进行汇编 从上次 A 命令结束位置开始
显示内存单元内容	D 地址 D 地址范围 D	从指定地址开始显示地址单元内容 显示指定范围内存储单元的内容 从上次 D 命令结束的位置开始显示
修改内存单元的内容	E 地址 内容表 E 地址	用内容表中的内容代替指定地址开始的内容 显示和修改从指定地址开始的内容
运行	G＝地址 G G＝地址,断点	从指定地址开始执行,直到结束 从当前位置开始执行,直到结束 从指定地址开始执行,直到断点位置结束
装入	L(地址)	把 N 命令给出的磁盘文件装入指定的地址或从 CS:100 开始的内存区
文件名	N 文件名	预先定义一个文件,如 ABC.EXE
退出	Q	结束 DEBUG 的运行,返回 DOS
显示和修改寄存器的内容	R R 寄存器	显示所有寄存器的内容 显示并修改指定寄存器的内容
跟踪	T[＝地址] T	从指定地址开始,执行一条或数条指令 从当前位置开始,执行一条指令
反汇编	U＝地址 U 址范围	从指定地址开始,反汇编成汇编源程序 把指定地址范围的机器指令反汇编成汇编源程序
写盘	W	把指定地址或 CS:100 开始的内存块(块字节长度由 BX:CX 指定)以 N 命令给出的文件名写入磁盘

4.4　汇编语言程序设计

4.4.1　汇编语言程序设计的基本步骤

根据解决问题复杂程度的不同,汇编语言程序设计的步骤会有所不同,但一般需要通过以下几个过程。

1. 分析问题

首先必须对待求解的问题进行全面了解和分析,把实际问题转化为计算机可以处理的问题。它需要从解决简单问题入手,理解处理问题的过程,不断积累分析和解决问题经验。

2. 确定算法并画程序流程图

算法就是计算机能够实现的操作方法和操作步骤。计算机只能进行最基本的算术和逻辑运算,所以,必须对物理过程或某种工作状态建立数学模型,选择合适的算法并优化,才能完成复杂的运算和控制操作。

流程图是对算法和整个程序结构的描述,它以图形的方式把解决问题的先后顺序形象地描述出来,有利于程序的编写和调试。对于复杂的程序,一定要先画出流程图,它可以清晰表达程序思路,可以从全局的角度来规划程序结构。流程图一般由执行框、判别框、开始框、结束框、连接点和指向线组成,在后面程序例子中将给予介绍。

3. 编制程序

编制程序时,应先分配好存储空间及所使用的寄存器,根据流程图及算法编写程序。要正确使用指令和伪指令,编写的程序要简洁,要尽量提高程序的可读性。对于复杂的程序,要划分成多个程序模块,分别编写程序和调试。

4. 程序检验

程序编写以后,必须经过书面检查和上机调试,以检验程序是否正确。检验时,应预先选择典型数据,检查是否可以得到预期结果。如果不能达到预期结果,就必须从分析问题开始,对源程序进行修改,再对程序进行调试和检验,直至达到设计要求。

5. 编写文档

一个完整的软件必须有相应的说明文件,它不仅便于用户使用,也方便程序员对程序进行维护和扩充。说明文件主要包括程序的功能和使用方法、程序的基本结构和所采用的主要算法,还有必要的说明和注意事项等。

4.4.2 顺序程序设计

顺序程序设计是解决简单问题的一种程序设计方法,对于这种程序的执行,是"从头到尾"逐条执行指令语句,直到程序结束。它是程序的最基本形式。

例 4.7 编写程序,将字节变量 BVAR 中的压缩 BCD 数转换为二进制数,并存入原变量中。

解:分析题目可知,字节变量 BVAR 中的压缩 BCD 数包含有十位和个位两位数,它能表达的十进制数为 0~99。将其十位乘以 10 再加上个位就可得到转换的二进制数,转换结果为一个字节的二进制数。编写的程序如下:

```
STACK1    SEGMENT    STACK 'STACK'
          DW   32   DUP(0)
STACK1    ENDS
DATA      SEGMENT
BVAR      DB   78H
```

```
DATA      ENDS
CODE      SEGMENT
          ASSUME  CS:CODE,DS:DATA,SS:STACK1
BEGIN：   MOV   AX,DATA
          MOV   DS,AX
          MOV   AL,BVAR              ;压缩 BCD 送 AL
          MOV   CL,4
          SHR   AL,CL                ;取十位数
          MOV   AH,10
          MUL   AH                   ;十位数乘以 10
          AND   BVAR,0FH             ;取个位数
          ADD   BVAR,AL              ;转换结果存原变量
          MOV   AH,4CH               ;返回 DOS
          INT   21H
CODE      ENDS
          END   BEGIN
```

例 4.8　利用查表法求变量 BVAR 单元(单元内容为 0～9 的自然数)的平方值,并将结果放在 RESULT 单元中。

解:首先要建立自然数 0～9 平方表,然后通过查表法求变量 BVAR 单元内容的平方值,最后再将结果存入 RESULT 单元中。

```
STACK1    SEGMENT   STACK 'STACK'
          DW   32   DUP(0)
STACK1    ENDS
DATA      SEGMENT
BVAR      DB   6
RESULT    DB   ?
TABLE     DB   0,1,4,9,16,25
          DB   36,49,64,81          ;0～9 平方表
DATA      ENDS
CODE      SEGMENT
          ASSUME  CS:CODE,DS:DATA,SS:STACK1
START：   MOV   AX,DATA
          MOV   DS,AX
          LEA   BX,TABLE            ;取 TABLE 表首址送 BX
          XOR   AH,AH               ;清零 AH
          MOV   AL,BVAR             ;变量 BVAR 内容送 AL
          ADD   BX,AX               ;求表内偏移地址
          MOV   AL,[BX]             ;查表取平方值
          MOV   RESULT,AL           ;存结果
```

```
        MOV  AH,4CH                    ;返回 DOS
        INT  21H
CODE    ENDS
        END  START
```

上述两个程序的结束,都采用了 DOS 功能调用的 4CH 号功能来退出程序段运行,返回 DOS 现场。这种功能调用将在本章后面介绍。

4.4.3　分支程序设计

分支程序是利用条件转移指令,使程序执行到某一指令后,根据条件是否满足,来改变程序执行的次序。这类程序使计算机有了判断作用。一般来说,它经常先用比较指令或数据运算及位检测指令等来改变标志寄存器中的某些标志位,然后用条件转移指令进行分支控制。典型的分支程序结构流程图如图 4-3 所示。

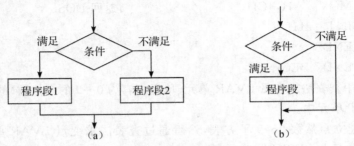

图 4-3　分支程序结构流程图

对于图 4-3(a)来说,条件满足要执行程序段 1,条件不满足要执行程序段 2,它适用于多分支程序设计;而对于图 4-3(b)来说,条件不满足时,可以不执行程序段,只有条件满足才执行程序段,适用于单分支程序设计。

例 4.9　设有字无符号数 X、Y,试编程求 $Z=|X-Y|$。

解:本题中,对于无符号数 X、Y 没有定义具体数值,要求它们差的绝对值,必须先解决哪一个数大,然后使用合适的指令求它们差的绝对值。具体程序如下:

```
STACK1  SEGMENT  STACK 'STACK'
        DW  32  DUP(0)
STACK1  ENDS
DATA    SEGMENT
X       DW  ?
Y       DW  ?
Z       DW  0
DATA    ENDS
CODE    SEGMENT
        ASSUME  CS:CODE,DS:DATA,SS:STACK1
START:  MOV  AX,DATA
        MOV  DS,AX
```

```
            MOV   AX,X              ;无符号数 X 送 AX
            SUB   AX,Y              ;X－Y
            JNC   NEXT             ;无借位,转 NEXT
            NEG   AX               ;否则,对 AX 求补
   NEXT：   MOV   Z,AX             ;保存绝对值
            MOV   AH,4CH           ;返回 DOS
            INT   21H
   CODE     ENDS
            END   START
```

本例的分支结构与图 4-3(b)相同,它通过判断两个无符号数减法是否产生借位来确定分支。那么,对于图 4-3(a)的分支结构,是根据判断的不同结果而决定执行不同的程序段,具体如下面例子。

例 4.10　设计多路分支程序。现有 5 个程序段,各程序段的首地址分别为 P1、P2、P3、P4、P5,要求根据给定的参数转入相应的程序段。

解:根据题意,在数据段建立地址表 TABLE,将 5 个程序段的入口地址按顺序存放在 TABLE 中,程序根据给定的参数计算出欲转入的程序段的首地址在 TABLE 中的位置后,取出该地址,跳转至该程序段。因 TABLE 表中的各程序段首地址是两字节的,所以,计算它们在表中的偏移量的公式为:$N=(N-1)/2$。实现题目要求的程序框图如图 4-4 所示。

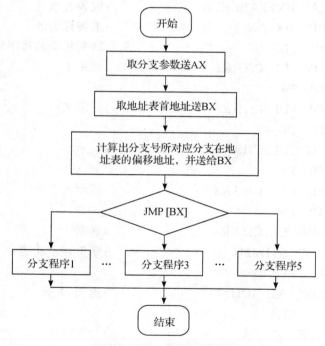

图 4-4　例 4.10 程序流程图

```
STACK1   SEGMENT   STACK 'STACK'
         DW   32   DUP(0)
```

```
        STACK1    ENDS
        DATA      SEGMENT
        TABLE     DW  P1、P2、P3、P4、P5
        DAT       DB  5                          ;给定参数
        CHAR1     DB  '1'                        ;各个分支显示字符
        CHAR2     DB  '2'
        CHAR3     DB  '3'
        CHAR4     DB  '4'
        CHAR5     DB  '5'
        DATA      ENDS
        CODE      SEGMENT
                  ASSUME   CS:CODE,DS:DATA,SS:STACK1
        START:    MOV  AX,DATA
                  MOV  DS,AX
                  MOV  AL,DAT                    ;取参数送 AL
                  MOV  AH,0
                  DEC  AL                        ;AL 内容减 1
                  SHL  AL,1                       ;AL 内容乘 2
                  LEA  BX,TABLE                  ;取表首地址
                  ADD  BX,AX                     ;求转移地址
                  JMP  [BX]                      ;转到相应的程序段
        P1:       MOV  DL,CHAR1                  ;显示 1
                  JMP  P6
        P2:       MOV  DL,CHAR2                  ;显示 2
                  JMP  P6
        P3:       MOV  DL,CHAR3                  ;显示 3
                  JMP  P6
        P4:       MOV  DL,CHAR4                  ;显示 4
                  JMP  P6
        P5:       MOV  DL,CHAR5                  ;显示 5
        P6:       MOV  AH,02H                    ;字符显示功能号 2
                  INT  21H
                  MOV  AH,4CH                    ;返回 DOS
                  INT  21H
        CODE      ENDS
                  END  START
```

本例中,DOS 功能调用的功能号 02H、4CH 将在本章后面介绍。

4.4.4　循环程序设计

循环程序是强制 CPU 重复执行某一指令系列的一种程序结构形式,凡是要重复执行的程序段都可以按循环结构设计。循环结构程序简化了程序清单书写形式,而且减少了占用内存空间。

循环程序有两种结构,一种是先判断条件,满足条件就执行循环体,否则退出循环。这种结构的循环,如果一开始就不满足循环的条件,会一次也不执行循环体。另一种是先执行循环体,然后判断控制条件,不满足条件则继续执行循环操作,一旦满足条件则退出循环。它们分别如图 4-5(a)、(b)所示。

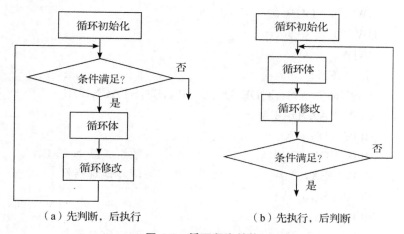

（a）先判断，后执行　　　　　　　（b）先执行，后判断

图 4-5　循环程序结构

以上两种循环程序结构,都包括设置循环初始化、循环体、循环控制和循环结束处理四个部分。

(1)循环初始化。初始化完成设置循环次数,设定变量和存放数据的内存地址指针,设置为循环体正常工作而建立的初始状态等。

(2)循环体。循环体是程序的处理部分,该部分是为完成程序功能而设计的主要程序段。

(3)循环控制。循环的控制修改变量和地址指针,修改循环次数,判断循环是否结束。该部分程序段是为保证每一次循环时,参加执行的信息能发生有规律的变化而建立。

(4)结束处理。这部分完成程序执行结果的分析和存放工作。

每个循环程序都要选择一个循环控制条件来控制循环的运行和结束,通常有计数控制、条件控制和状态控制三种方式。

1. 计数控制

事先已知循环次数,每循环一次计数器加 1 或减 1 计数,并判定总次数以达到控制循环的目的。编制程序时,一般采用 LOOP、LOOPE/LOOPZ、LOOPNE/LOOPNZ 指令来实现。

例 4.11　编程将符号字数组 ARRAYW 中的正、负数分别送入正数数组 PLUS 和负数数组 MINUS,同时把“0”元素的个数送入字变量 ZERON。

解:本例中,循环次数为数组 ARRAYW 中的字数 N,所以,对于符号字的判断次数是已知的,它是个计数控制的循环程序。程序清单如下:

```
STACK1   SEGMENT  STACK 'STACK'
         DW  32  DUP(0)
STACK1   ENDS
DATA     SEGMENT
ARRAYW DW 25,-45,90,-100,0,0,3659,-550,…
N        EQU  ($-ARRAYW)/2
PLUS     DW  N  DUP(0)
MINUS    DW  N  DUP(0)
ZERON    DW  0
DATA     ENDS
CODE     SEGMENT
         ASSUME  CS:CODE,DS:DATA,SS:STACK1
START:   MOV  AX,DATA
         MOV  DS,AX
         MOV  CX,N              ;数组长度 N 送 CX
         MOV  BX,0              ;清零地址指针
         MOV  SI,0
         MOV  DI,0
         MOV  ZERON,0          ;清零字变量
AGAIN:   MOV  AX,ARRAYW[BX]    ;取一个符号字
         ADD  BX,2             ;修改地址指针
         AND  AX,AX            ;符号字"与"运算
         JZ   ZER              ;符号字为零,转 ZER
         JS   MIN              ;符号字为负,转 MIN
         MOV  PLUS[SI],AX      ;为正,存入 PLUS
         ADD  SI,2             ;修改地址指针
         JMP  COM
MIN:     MOV  MINUS[DI],AX     ;为负,存入 MINUS
         ADD  DI,2
         JMP  COM
ZER:     INC  ZERON           ;符号字为零,则个数增1
COM:     LOOP  AGAIN          ; CX-1≠0,转 AGAIN
         MOV  AH,4CH          ;返回 DOS
         INT  21H
CODE     ENDS
         END  START
```

程序的流程图如图 4-6 所示。

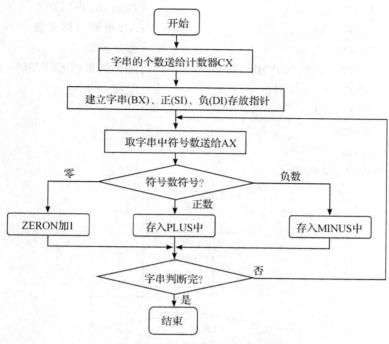

图 4-6 例 4.11 的程序流程图

例 4.12 试编写程序统计字节变量 BVAR 中 1 的个数,并把统计结果存入 COUNT 单元。

解:要统计出字节变量 BVAR 中 1 的个数,可以采用逻辑右移并逐位检查最低位状态的方法,所以,需要移位并检查的次数为 8 次,也是一个已知循环次数的循环控制。程序如下:

```
STACK1  SEGMENT  STACK 'STACK'
        DW  32  DUP(0)
STACK1  ENDS
DATA    SEGMENT
BVAR    DB  7EH
COUNT   DB  ?
DATA    ENDS
CODE    SEGMENT
        ASSUME  CS:CODE,DS:DATA,SS:STACK1
START:  MOV  AX,DATA
        MOV  DS,AX
        MOV  AL,BVAR          ;字节变量内容送 AL
        MOV  CX,8             ;循环初值送 CX
        XOR  BL,BL            ;BL 清 0
LOP1:   TEST  AL,01H          ;测试 AL 最低位
        JZ  LOP2             ;最低位为 0 转 LOP2
```

```
          INC  BL                    ;否则 BL 内容加 1
LOP2:     SHR  AL,1                  ;AL 逻辑右移 1 位
          LOOP  LOP1                 ;循环控制
          MOV  COUNT,BL             ;统计结果送 COUNT
          MOV  AH,4CH                ;返回 DOS
          INT  21H
CODE      ENDS
          END  START
```

程序流程图如图 4-7 所示。

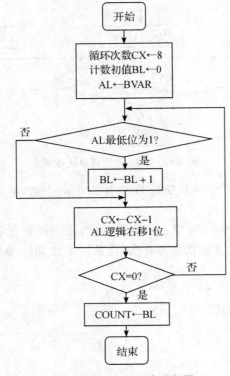

图 4-7　例 4.12 程序流程图

2. 条件控制

事先不知循环次数,但循环何时结束,可用某种条件来控制。编写程序时要寻找循环控制的条件以及对条件的检测。

例 4.13　编程序统计 AX 寄存器中 1 的个数,结果存放在 CX 寄存器中。

解:这个例子和例 4.12 相似,可采用已知循环次数来控制程序循环。但在本例中,可采用 AX 寄存器内容是否为 0 作为循环控制的条件,如果 AX 寄存器内容为 0,则一次循环都不需要,所以,它比采用计数方式控制程序循环所用的时间少得多。因为采用计数控制,即使 AX 内容为 0,也要执行循环体 16 次。程序实现如下:

STACK1　SEGMENT　STACK 'STACK'

```
              DW  32  DUP(0)
STACK1    ENDS
CODE      SEGMENT
          ASSUME  CS:CODE,SS:STACK1
START:    MOV  CX,0                    ;清零 CX
AGAIN:    TEST AX,0FFFFH               ;AX 是否为 0?
          JZ  LP1                      ;AX 为 0 转 LP1
          SHL  AX,1                    ;否则,AX 逻辑左移 1 位
          JNC  LP2                     ;CF≠1,转 LP2
          INC  CX                      ;否则,CX 内容加 1
LP2:      JMP AGAIN                    ;跳转到 AGAIN
LP1:      MOV AH,4CH                   ;返回 DOS
          INT 21H
CODE      ENDS
          END START
```

程序流程图如图 4-8 所示。

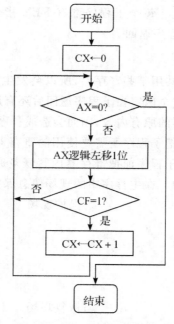

图 4-8 例 4.13 程序流程图

3. 状态控制

事先设定二进制位的状态,用这个二进制位作为标志变量来控制循环体何时结束。比如,在输入/输出接口电路中,状态端口地址为 52H,假设 CPU 从该状态端口输入的数据的 D1 位为状态检测位,当该位为 1 时,表示数据输入端口 50H 已准备好数据,CPU 可以从 50H 端口输入数据;如果该位为 0,则表示数据输入端口 50H 尚未准备好数据,必须继续查

询。所以,循环控制就由状态端口 52H 读入的数据的状态位 D1 来实现。

```
BEGIN:IN   AL,52H          ;从状态端口读数
       TEST  AL,02          ;测试 D1=0?
       JZ   BEGIN           ;D1=0 转,继续查询
       IN   AL,50H          ;D1=1,从数据端口取数
       MOV  [DI],AL         ;把数据存放内存
       INC  DI
       …
```

4.4.5　子程序设计

子程序是完成确定功能的独立的程序段,它可以被其他程序调用,在执行完其功能后,又可以自动返回到调用程序处。

1. 子程序的调用与返回

子程序的调用和返回可用指令 CALL 和 RET 实现,CALL 一般在主程序中,RET 一般在子程序中。子程序调用方式有近程调用、远程调用、直接调用和间接调用。子程序调用实际是程序的转移,但它与转移指令有所不同,调用子程序指令 CALL 执行时要保护返回地址,而转移指令不考虑返回问题。每个子程序都有 RET 指令负责把压入堆栈区的返回地址弹出送 IP 或 IP、CS,实现子程序返回。

2. 现场信息的保护与恢复

由于主程序与子程序通常共用某些寄存器,所以会发生冲突。如果主程序在调用子程序之前某个寄存器含有内容,这个内容在子程序返回后还有用,而子程序又恰好使用了同一个寄存器,这就破坏了该寄存器的原有内容,因而会造成程序运行错误。要避免这种错误的发生,在进入子程序后,就应该把子程序所需要使用的寄存器内容保存在堆栈中,此过程称为现场信息的保护。而在退出子程序前把寄存器内容恢复原状,称作现场恢复。现场保护可在主程序中,也可在子程序中。在主程序中的现场信息保护格式为:

```
       PUSH  AX             ;保护现场
       PUSH  BX
       PUSH  CX
       PUSH  DX
       CALL  SUBP
       POP   DX             ;恢复现场
       POP   CX
       POP   BX
       POP   AX
```

多数情况是在调用子程序后由子程序前部操作完成现场保护,再由子程序后部操作完成现场恢复。例如

```
SUBP  PROC
       PUSH  AX             ;保护现场
```

```
        PUSH  BX
        PUSH  CX
        PUSH  DX
        <子程序体>
        POP   DX              ;恢复现场
        POP   CX
        POP   BX
        POP   AX
        RET
  SUBP  ENDP
```

3. 主程序与子程序间的参数传递

参数传递是指主程序与子程序之间相关信息或数据的传送。主程序在调用子程序之前需要将某些初始数据提交给子程序,而子程序运行结束也需要将结果返回主程序,这就是主程序与子程序之间的参数传递。通常,主程序提供给子程序以便加工处理的信息称为入口参数,经子程序加工处理后回送给主程序的信息称为出口参数。主程序与子程序之间的参数传递可以有多种方式,这里主要介绍三种方式,分别为寄存器传递参数方式、堆栈传递参数方式、指定内存单元传递参数方式。

(1)用寄存器传递参数。这种参数传递方式适用于需要传递的参数较少的场合,通常是主程序将参数置入某寄存器中,而子程序则使用该寄存器中的参数;或子程序将处理结果存入某寄存器,返回后给主程序使用。

(2)用堆栈传递参数。这种参数传递方式是通过堆栈这一公共存储区进行参数传递,主程序在调用子程序之前应将传送给子程序的参数压入堆栈,子程序则从堆栈中取出参数,经过运算后,将运算结果也压入堆栈中。返回后,主程序再从堆栈中取出结果。主程序压入参数的顺序与子程序传递结果的方式必须事先约定。

(3)用指定内存单元传递参数。这种方式是直接通过内存单元传递,主程序在调用前应将子程序中所用的数据送入内存指定区域,所需结果也从内存指定区域中取出。而子程序执行时,可直接从内存指定区域中取数据和存放结果。

4. 子程序说明文件

为了方便其他程序的调用,子程序在编好以后应编制相应的说明文件,通常包括:①子程序名;②子程序完成的功能;③子程序的入口参数及其传递方式;④子程序的出口参数及其传递方式;⑤子程序用到的寄存器;⑥子程序嵌套等。

例 4.14 设有两个无符号数 5432H 和 8765H,存放在 DAT 开始的单元中,求它们的和,结果存在 SUM 单元里,最后将和转换成十六进制数,并显示出来。

解:程序设计中,主程序取出 DAT 地址后调用子程序 SUB1,进行求和运算,运算结果存入 SUM 单元。而子程序 SUB1 中又调用了子程序 SUB2,子程序 SUB2 的作用是将 16 位二进制数转换为 4 位十六进制数的 ASCII 码,并且显示。屏幕显示采用 INT 21H 中断的 02H 号功能,将 DL 寄存器里的 ASCII 代码送屏幕上显示,这个功能将在本章后面介绍。程序框图及程序清单如下:

```
DATA1      SEGMENT
DAT        DW  5432H,8765H
SUM        DW  0
DATA1      ENDS
STACK1     SEGMENT PARA STACK
           DW  32  DUP(0)
STACK1     ENDS
CODE       SEGMENT
           ASSUME  CS:CODE,SS:STACK1,DS:DATA1
BEGIN：    MOV  AX,DATA1
           MOV  DS,AX
           LEA  SI,DAT              ;取 DAT 首地址
           CALL  SUB1              ;调用 SUB1
           MOV  AH,4CH             ;返回 DOS
           INT  21H
;————  两个无符号字相加程序  ————
SUB1       PROC  NEAT              ;子程序 SUB1
           MOV  AX,[SI]            ;取出数据区第一个字
           ADD  AX,[SI+2]          ;与数据区第二字相加
           MOV  SUM,AX             ;结果存放 SUM 单元
           CALL  SUB2             ;调用 SUB2
           RET                     ;子程序返回
SUB1       ENDP
;————  数制转换及显示程序  ————
;此程序功能是将二进制数转换成十六进制数 ASCII 码并显示
SUB2       PROC  NEAR             ;子程序 SUB2
           MOV  BX,SUM            ;取出和
           MOV  DH,4              ;转换次数送 DH
L1：       MOV  CL,4
           ROL  BX,CL             ;循环左移 4 位
           MOV  AL,BL
           AND  AL,0FH            ;屏蔽 AL 高 4 位
           CMP  AL,0AH            ;与 0AH 比较
           JL  L2                 ;小于 0AH,转 L2
           ADD  AL,07H            ;否则,AL 内容先加 7
L2：       ADD  AL,30H            ;AL 内容加 30H
           MOV  DL,AL             ;产生的 ASCII 码送 DL
           MOV  AH,02H            ;单个字符显示功能
           INT  21H
```

```
              DEC   DH
              JNZ   L1                        ;显示 4 个字符
              RET                             ;子程序返回
SUB2          ENDP
CODE          ENDS
              END   BEGIN
```

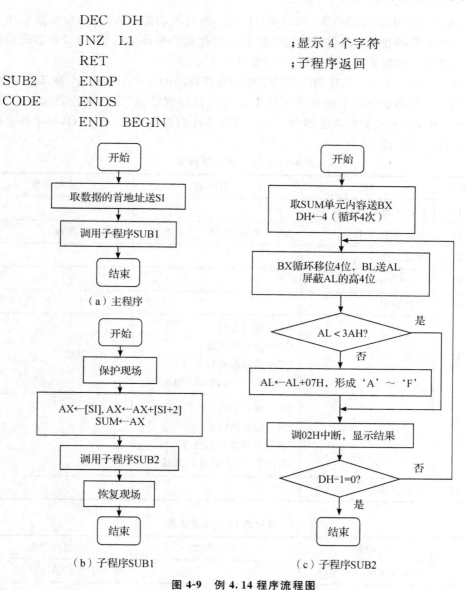

图 4-9　例 4.14 程序流程图

4.5　常用 DOS 功能调用

4.5.1　DOS 功能调用概述

8086/8088 指令系统中,有一种软件中断指令 INT n。每执行一条软件中断指令,就调用一个相应的中断服务程序。当 n=05H～1FH 时,调用 BIOS 中的服务程序,一般称作系统中断调用;当 n=20H～3FH 时,调用 DOS 中的服务程序,为用户程序和系统程序提供磁盘读写、程序退出和系统功能调用等功能,称为功能调用。一般常用的软件中断指令有 8

条,系统规定它们的中断类型码为 20H~27H,它们各自的功能及入口/出口参数见表 4-3。表中的入口参数是指在执行软件中断指令前有关寄存器必须设置的值,出口参数记录的是执行软件中断以后的结果及特征,供用户分析使用。

其中,INT 21H 是一个具有调用多种功能的服务程序的软件中断指令,称其为 DOS 系统功能调用。系统功能调用主要分为字符 I/O 与磁盘控制功能、文件操作功能、记录和目录操作功能、内存分配与其他功能四类。入口参数 AH 的功能号从 0~57H,本书仅介绍其中常用的系统调用功能,见表 4-4。

表 4-3　DOS 软件中断指令

软中断指令	功能	入口参数	出口参数
INT 20H	程序正常退出		
INT 21H	系统功能调用	AH=功能号,相应入口参数	相应出口参数
INT 22H	结束退出		
INT 23H	Ctrl+Break 处理		
INT 24H	出错退出		
INT 25H	读盘	AL=驱动器号 CX=读入扇区数 DX=起始逻辑扇区号 DS:BX=内存缓冲区地址	CF=1 出错
INT 26H	写盘	AL=驱动器号 CX=写盘扇区数 DX=起始逻辑扇区号 DS:BX=内存缓冲区地址	CF=1 出错
INT 27H	驻留退出		

表 4-4　常用的 DOS 功能调用

调用号(AH)	功能	入口参数	出口参数
1	键入并显示一个字符		键入字符在 AL 中
2	显示器显示一个字符	DL 中置输出字符的 ASCII 码	
3	串行设备输入		输入字符在 AL 中
4	串行设备输出	DL 中置输出字符数据	
6	直接控制台 I/O 单字符	DL=0FFH(输入) DL≠0FFH(输出)	输入字符在 AL 中
7	键盘输入(无回显)		输入字符在 AL 中
8	无回显键盘输入单字符(检测 Ctrl+Break)		输入字符在 AL 中
9	显示字符串	DS:DX=串地址,'$'结束字符串	

续表

调用号（AH）	功能	入口参数	出口参数
10（0AH）	键盘输入到缓冲区	DS：DX＝缓冲区首址，[DS：DX]内容为缓冲区最大字符数	[DS：DX＋1]内容为实际输入到缓冲区的字符数
42（2AH）	取系统日期		CX＝年（1980～2099） DH：DL＝月：日 AL＝星期（0＝星期日）
43（2BH）	设置系统日期	CX：DH：DL＝年：月：日	AL＝00H 成功 AL＝0FFH 失败
44（2CH）	取系统时间		CH＝时（0～23） CL＝分 DH＝秒 DL＝百分之几秒
45（2DH）	设置系统时间	CH＝时（0～23） CL＝分 DH＝秒 DL＝百分之几秒	AL＝00H 成功 AL＝0FFH 失败
76（4CH）	返回 DOS 系统	AL＝返回码	

对于 INT 21H 软件中断的 DOS 功能调用的使用，在程序设计过程中不必过问程序的内部结构和细节，只要遵照以下调用方法就可以直接调用。调用它们时采用统一的格式，只需使用以下 3 个语句。

（1）传送入口参数到指定寄存器中；

（2）功能号送入 AH 寄存器中；

（3）INT 21H。

有的子程序无入口参数，则只需安排后两个语句，调用结束后，系统将出口参数送到指定寄存器中或从屏幕显示出来。

4.5.2　常用的 DOS 功能及调用

1. 键盘输入单字符并显示

这是 1 号系统功能调用，调用格式如下：

格式：MOV　AH，01H

　　　INT　　21H

它没有入口参数，执行 1 号系统功能调用时，系统等待键盘输入，按下任何一键，系统先检查是否为 Ctrl＋Break 键，如果是则退出，否则将键入字符的 ASCII 码置入 AL 寄存器中，并在屏幕上显示该字符。

2. 屏幕显示一个字符

这是 2 号功能调用，调用格式如下：

格式:MOV　DL,'字符'

　　　MOV　AH,02H

　　　INT　21H

执行 2 号系统功能调用时,将置入 DL 寄存器中的字符在屏幕上显示输出(或打印机打印输出)。例如,在屏幕上显示字符"A"的程序段。

　　　MOV　DL,'A'

　　　MOV　AH,02H

　　　INT　21H

3. 从串口输入单字符

这是 3 号系统功能调用,调用格式如下:

格式:MOV　AH,3

　　　INT　21H

它没有入口参数,系统将从异步通信口串行输入的字符置入 AL 寄存器中。

4. 向串口输出单字符

这是 4 号系统功能调用,调用格式如下:

格式:MOV　DL,'字符'

　　　MOV　AH,4

　　　INT　21H

执行结果将 DL 寄存器中的字符通过异步通信口串行输出。例如:

　　　MOV　DL,'A'

　　　MOV　AH,4

　　　INT　21H

5. 直接控制台输入/输出单字符

这是 6 号系统功能调用,调用格式如下:

格式:MOV　DL,输入/输出标志

　　　MOV　AH,06H

　　　INT　21H

它执行键盘输入操作或屏幕显示输出操作,但不检查 Ctrl＋Break 组合键是否按下。执行这两种操作的选择由 DL 寄存器中的内容决定。如果 DL＝0FFH,表示从键盘输入单字符送 AL 寄存器中;如果 DL≠0FFH,则表示将 DL 寄存器中内容送屏幕显示输出。例如:

```
MOV　DL,0FFH
MOV　AH,6                    ;键盘输入单字符送 AL 中
INT　21H
MOV　DL,'A'
MOV　AH,6                    ;将 DL 中的字符"A"送屏幕显示
INT　21H
```

6. 无回显直接控制台输入单字符

这是 7 号系统功能调用,等待从标准输入设备输入单字符置入 AL 寄存器中,但不送屏幕显示,调用格式如下:

格式:MOV　AH,7
　　　INT　　21H

它没有入口参数,系统等待从控制台标准输入设备输入单字符后,将其 ASCII 码置入 AL 寄存器中。

7. 无回显键盘输入单字符

这是 8 号系统功能调用,等待从键盘输入单字符,将它的 ASCII 码置入 AL 寄存器中,但不送屏幕显示,调用格式如下:

格式:MOV　AH,8
　　　INT　　21

它没有入口参数,与 1 号系统功能调用的区别仅在于键入的字符不送屏幕显示。

8. 屏幕显示字符串

这是 9 号系统功能调用,其功能是将指定的内存缓冲区中的字符串从屏幕显示输出(或打印输出)。缓冲区中的字符串以“$”字符作为结束标志,调用格式如下:

格式:MOV　DX,字符串的偏移地址
　　　MOV　AH,09H
　　　INT　　21H

在使用 9 号功能调用时,应当注意的问题是:①待显示的字符串必须先放在内存一数据区(DS 段)中,且以“$”符号作为结束标志;②应当将字符串首地址的段基址和偏移地址分别存入 DS 和 DX 寄存器中。例如:

```
DATA    SEGMENT
BUF     DB 'good bye! $'
DATA    ENDS
CODE    SEGMENT
        …
        MOV   AX,DATA
        MOV   DS,AX
        …
        MOV   DX,OFFSET BUF
        MOV   AH,9
        INT   21H
        MOV   AH,4CH
        INT   21H
CODE    ENDS
```

程序执行后,在屏幕上将显示“good bye!”字符串。

9. 键盘输入字符串

这是 0AH 号系统功能调用,其功能是将键盘输入的字符串写入内存缓冲区中,调用格式如下:

格式:MOV   DX,已定义缓冲区的偏移地址
　　　MOV   AH,0AH
　　　INT   21H

在使用 0AH 号功能调用时需注意,必须事先在内存储器中定义一个缓冲区。其第 1 个字节给定该缓冲区中能存放的字符个数,字符个数应包括回车符 0DH 在内,不能为"0"值。第 2 个字节留给系统填写实际键入字符个数。从第 3 个字节开始用来存放键入的字符串,最后键入回车(↙)键表示字符串结束。如果实际键入的字符数不足填满缓冲区时,则其余字节填"0";如果实际键入的字符数超过缓冲区的容量,则超出的字符将被丢失,而且响铃,一直到输入回车键为止。整个缓冲区的长度等于最大字符个数加 2。例如:

```
DATA    SEGMENT
BUF     DB   20,?,20 DUP(?),'$'
DATA    ENDS
CODE    SEGMENT
        ASSUME   CS:CODE,DS:DATA
BEGIN: MOV   AX,DATA
        MOV   DS,AX
        …
        …
        MOV   DX,OFFSET BUF
        MOV   AH,0AH
        INT   21H
        MOV   AH,4CH
        INT   21H
CODE    ENDS
        END   BEGIN
```

10. 取得系统日期

这是 2AH 号系统功能调用,其功能是将当前有效日期取到 CX 和 DX 寄存器中。其调用格式如下:

MOV   AH,2AH
INT   21H

它没有入口参数,执行结果是将年号置入 CX 寄存器中,月份和日期置入 DX 寄存器中。

11. 设置系统日期

这是 2BH 号系统功能调用,其功能是设置有效日期。例如,当前需要设置的日期是 2014 年 03 月 29 日,那么应将年号 2014 以装配型(压缩)BCD 码形式置入 CX 寄存器中,将

月号 03 置入 DH 寄存器中,将日期 29 装入 DL 寄存器中。其使用格式如下:

```
MOV   CX,2014H
MOV   DH,03H
MOV   DL,29H
MOV   AH,2BH
INT   21H
```

执行的结果是将有效日期设置为 2014 年 3 月 29 日,如果设置成功,则 0 送 AL 寄存器,否则 0FFH 送 AL 寄存器。从此以后日期会自动修改。

12. 取系统时间

这是 2CH 号系统功能调用,其功能是将当前时间置入 CX 和 DX 寄存器中。其调用格式如下:

```
MOV   AH,2CH
INT   21H
```

它没有入口参数,执行结果是将当前时间送入 CX 和 DX 寄存器中供使用。

13. 设置系统时间

这是 2DH 号系统功能调用,其功能是设置有效时间。例如,当前有效时间是 12 点 15 分 30.5 秒,那么应将小时数 12 置入 CH 寄存器中,分钟数 15 置入 CL 寄存器中,秒数 30 置入 DH 寄存器中,百分之一秒数 50 置入 DL 寄存器中。其使用格式如下:

```
MOV   CX,1215H
MOV   DX,3050H
MOV   AH,2DH
INT   21H
```

执行结果是将当前有效时间设置为 12 点 15 分 30.5 秒,以后会自动修改时间。如果设置成功,则将 AL 寄存器内容清 0,否则将 AL 寄存器置成 0FFH。

14. 返回 DOS 操作系统

这是 4CH 号系统功能调用,其调用格式如下:

```
MOV   AH,4CH
INT   21H
```

它没有入口参数,执行结果是结束当前正在执行的程序,并返回操作系统。屏幕显示操作系统提示符,如"C:\>",等待 DOS 命令。

例 4.15　从键盘输入一串字符,在下一行照原样显示,即所谓的"镜子"程序。

解:这个程序可以使用 DOS 功能调用实现,其中,根据 10 号功能调用的入口参数在数据段定义了字节变量 IBUF,如第 1 个字节定义了允许键入的字符数 255,第 2 字节是预留装载实际键入字符个数,从第 3 个字节开始是预留装载键入字符。在用 9 号功能显示字符串之前,只要把 10 号功能调用键入的回车换为字符"$",即可使用 9 号功能调用把从 IBUF +2 单元开始的字符在显示器上显示出来。程序如下:

```
STACK1  SEGMENT  STACK 'STACK'
DW       32  DUP(0)
```

```
STACK1    ENDS
DATA      SEGMENT
OBUF      DB    '>',0DH,0AH,'$'
IBUF      DB    255,?,255 DUP(?)
DATA      ENDS
CODE      SEGMENT
          ASSUME  CS:CODE,DS:DATA,SS:STACK1
BEGIN:    MOV   AX,DATA
          MOV   DS,AX
          MOV   DX,OFFSET  OBUF
          MOV   AH,9
          INT   21H
          MOV   DX,OFFSET  IBUF
          MOV   AH,10
          INT   21H
          MOV   BL,IBUF+1
          MOV   BH,0
          MOV   IBUF[BX+2],'$'
          MOV   DL,0AH
          MOV   AH,2
          INT   21H
          MOV   DX,OFFSET IBUF+2
          MOV   AH,9
          INT   21H
          MOV   AH,4CH
          INT   21H
CODE      ENDS
          END   BEGIN
```

4.6 程序设计应用

4.6.1 算术运算

1. 十进制数运算

对于十进制数的运算,必须进行调整。应该注意的是,BCD 数的加、减运算只能做字节运算,不能做字运算。这是因为加减指令把操作数都当作二进制数进行运算,运算之后再用调整指令进行调整,而调整指令只对 AL 作为目的操作数的加减运算进行调整。

例 4.16 求两个字变量 DAT1 和 DAT2 中压缩 BCD 数之和,并把和存入字节变量

SUM 中,如:8765＋5678＝14443。

解:对于两个字变量的压缩 BCD 数求和,其最高位千位有可能产生进位,所以,定义存放和的变量 SUM 时,必须增加一个字节,用于存放进位,即万位。

```
STACK1   SEGMENT   STACK 'STACK'
         DW   32 DUP(0)
STACK1   ENDS
DATA     SEGMENT
DAT1     DW   8765H
DAT2     DW   5678H
SUM      DB   3 DUP(0)
DATA     ENDS
         CODE   SEGMENT
         ASSUME   CS:CODE,DS:DATA,SS:STACK1
BEGIN:   MOV   AX,DATA
         MOV   DS,AX
         MOV   AL,BYTE PTR DAT1          ;AL＝65H
         ADD   AL,BYTE PTR DAT2          ;AL＝DDH,CF＝0,AF＝0
         DAA                             ;AL＝43H,CF＝1
         MOV   SUM,AL                    ;存个位和十位
         MOV   AL,BYTE PTR DAT1+1        ;AL＝87H
         ADC   AL,BYTE PTR DAT2+1        ;AL＝DEH,CF＝0,AF＝0
         DAA                             ;AL＝44H,CF＝1
         MOV   SUM+1,AL                  ;存百位和千位
         MOV   SUM+2,0                   ;万位清 0
         RCL   SUM+2,1                   ;带进位循环左移 1 位
         MOV   AH,4CH
         INT   21H
CODE     ENDS
         END   BEGIN
```

例 4.17 求两个字变量 DAT1 和 DAT2 中非压缩 BCD 数之和,并把和存入字节变量 SUM 中,如:89＋67＝156。

解:对于非压缩 BCD 数求和,可以采用 AAA 调整指令对结果进行调整,但注意,在调整前要清零 AH 寄存器。程序如下:

```
STACK1   SEGMENT   STACK 'STACK'
         DW   32 DUP(0)
STACK1   ENDS
DATA     SEGMENT
DAT1     DW   0809H
DAT2     DW   0607H
```

```
SUM       DB   3 DUP(0)
DATA      ENDS
CODE      SEGMENT
          ASSUME   CS:CODE,DS:DATA,SS:STACK1
BEGIN:    MOV   AX,DATA
          MOV   DS,AX
          MOV   AL,BYTE PTR DAT1        ;AL=09H
          ADD   AL,BYTE PTR DAT2        ;AL=10H,AF=1
          MOV   AH,0
          SHR   AH,1                    ;把 AH 中的 1 移到 CF
          AAA                           ;AL=06H,AH=01H
          MOV   SUM,AL                  ;存个位
          MOV   AL,BYTE PTR DAT1+1      ;AL=08H
          ADC   AL,BYTE PTR DAT2+1      ;AL=0FH,AF=0
          MOV   AH,0
          AAA                           ;AL=05H,AH=01H
          MOV   WORD PTR SUM+1,AX       ;存十位和百位
          MOV   AH,4CH
          INT   21H
CODE      ENDS
          END   BEGIN
```

例 4.18 字变量 W 和字节变量 B 中分别存放着两个非压缩 BCD 数,求两者的商和余数,分别存入字变量 Q 和字节变量 R 中。

解:先将被除数 W 中的非压缩 BCD 数取到 AX 中,用 AAD 指令调整为二进制数。执行二进制的除法之后,再用 AAM 指令将商调整为非压缩 BCD 数。如 W=0909H,B=05H,完成 99÷5=19(商)…4(余数)后,调整为 Q=0109H,R=04H。程序如下:

```
STACK1    SEGMENT   STACK 'STACK'
          DW   32 DUP(0)
STACK1    ENDS
DATA      SEGMENT
W         DW   0809H
B         DB   05H
R         DB   0
Q         DW   0
DATA      ENDS
CODE      SEGMENT
          ASSUME   CS:CODE,DS:DATA,SS:STACK1
BEGIN:    MOV   AX,DATA
          MOV   DS,AX
```

```
        MOV   AX,W
        AAD                          ;0909H→63H
        DIV   B                      ;AL=13H,AH=04H
        MOV   R,AH                   ;存余数
        AAM                          ;13H→0109H
        MOV   Q,AX                   ;存商
        MOV   AH,4CH
        INT   21H
CODE    ENDS
        END   BEGIN
```

2. 二进制数运算

与十进制数运算不同,二进制数的运算无需进行调整。二进制数的加、减运算编程比较简单,只要注意 ADD、ADC 和 SUB、SBB 的配合使用就可以了。

例 4.19 用乘法指令求两个 32 位二进制数的乘积。

解:32 位二进制数相乘,乘积为 64 位,其算法如图 4-10 所示。

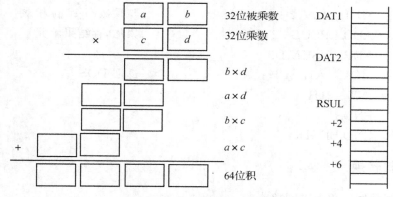

图 4-10 算法和存储示意图

其程序如下:

```
STACK1   SEGMENT   STACK 'STACK'
         DW   32 DUP(0)
STACK1   ENDS
DATA     SEGMENT
DAT1     DW   8765H,4321H
DAT2     DW   5678H,1234H
RSUL     DW   4 DUP(0)
DATA     ENDS
CODE     SEGMENT
         ASSUME   CS:CODE,DS:DATA,SS:STACK1
BEGIN:   MOV   AX,DATA
```

```
              MOV    DS,AX
              MOV    AX,DAT1+2          ;取被乘数低 16 位
              MUL    DAT2+2            ;与乘数低 16 位相乘
              MOV    RSUL+6,AX         ;存积低 16 位
              MOV    RSUL+4,DX         ;存积高 16 位
              MOV    AX,DAT1           ;取被乘数高 16 位
              MUL    DAT2+2            ;与乘数低 16 位相乘
              ADD    RSUL+4,AX         ;累加,存结果单元
              ADC    RSUL+2,DX
              ADC    RSUL,0
              MOV    AX,DAT1+2          ;取被乘数低 16 位
              MUL    DAT2             ;与乘数高 16 位相乘
              ADD    RSUL+4,AX         ;累加,存结果单元
              ADC    RSUL+2,DX
              ADC    RSUL,0
              MOV    AX,DAT1           ;取被乘数高 16 位
              MUL    DAT2             ;与乘数高 16 位相乘
              ADD    RSUL+2,AX         ;累加,存结果单元
              ADC    RSUL,DX
              MOV    AH,4CH            ;返回 DOS
              INT    21H
CODE          ENDS
              END BEGIN
```

4.6.2 数制转换

1. 二进制数转换成十进制数

要将二进制数转换成十进制数,可以采用除 10 取余的算法实现。

例 4.20 由键盘键入 8 位二进制数,并将其值以十进制数形式显示。

解:首先,要将键盘键入的 8 位二进制数的 ASCII 码转换成一个字节的二进制数,然后将二进制数转换成十进制数的 ASCII 码,再用 9 号功能调用实现在计算机屏幕上显示。其数据段结构如图 4-11(a)所示。

```
STACK1    SEGMENT   STACK 'STACK'
          DW   32 DUP(0)
STACK1    ENDS
DATA      SEGMENT
IBUF      DB   9,0,9 DUP(0)            ;存键入 8 位二进制数 ASCII 码
OBUF      DB   4 DUP(0)               ;存转换后十进制数 ASCII 码
DATA      ENDS
CODE      SEGMENT
```

```
          ASSUME  CS:CODE,DS:DATA,SS:STACK1
BEGIN：    MOV   AX,DATA
          MOV   DS,AX
          LEA   DX,IBUF            ;输入缓冲区首址送 DX
          MOV   AH,10              ;调用 10 号功能
          INT   21H
          MOV   DL,0AH             ;换行
          MOV   AH,2               ;调用 2 号功能
          INT   21H
          MOV   CX,8               ;移位次数送 CX
          MOV   SI,2               ;地址指针送 SI
AG1：      SHR   IBUF[SI],1         ;二进制数 ASCII 码转二制数
          RCL   AL,1
          INC   SI
          LOOP  AG1                ;转换结束,顺序执行
          MOV   DH,10              ;除数 10 送 DH
          LEA   BX,OBUF+2          ;个位数地址送 BX
AG2：      MOV   AH,0
          DIV   DH                 ;AX/10,余数即个位数
          OR    AH,30H             ;形成个位数 ASCII 码
          MOV   [BX],AH            ;存个位数
          DEC   BX                 ;修改地址
          AND   AL,AL
          JNZ   AG2                ;商不为 0,转 AG2
          MOV   OBUF+3,'$'          ;输出缓冲区最后单元存"$"
          MOV   DX,BX              ;输出缓冲区首地址送 DX
          MOV   AH,9               ;调用 9 号功能
          INT   21H
          MOV   AH,4CH             ;返回 DOS
          INT   21H
CODE      ENDS
          END  BEGIN
```

2. 十进制数转换为二进制数

十进制数转换为二进制数的方法有：①十进制数的 ASCII 码转换成二进制数；②BCD 码转换成二进制数。本书中采用从键盘键入十进制数 ASCII 码,将其转换为 BCD 码,再由 BCD 码转换为二进制数,举例如下：

例 4.21　将从键盘键入的十进制数($-32768\sim+32767$)转换成二进制数。

解：从键盘键入的十进制数 ASCII 码,先要判断键入的是正数还是负数。为简化设计,正数按习惯不键入"+"号,若是负数,则十进制数的位数要比键入的字符数少一位。然后,

要将 ASCII 码转换成 BCD 码形式,再用以下算法转换成二进制数:

$$((((0\times10+万位数)\times10+千位数)\times10+百位数)\times10+十位数)\times10+个位数$$

数据段中定义变量 IBUF,用来存放键入的十进制数 ASCII 码,因为键入的字符串连同负号最多 6 个 ASCII 码,加上回车符,共计 7 个字符。定义变量 BIN 用来存放转换后的二进制数,因为转换结果为 16 位二进制数,故需要两个字节的空间。其数据段结构如图 4-11 (b)所示。

```
STACK1    SEGMENT    STACK 'STACK'
          DW   32 DUP(0)
STACK1    ENDS
DATA      SEGMENT
IBUF      DB   7,0,7 DUP(0)              ;存键入 5 位十进制数 ASCII 码
BIN       DW   0                         ;存转换后二进制数
DATA      ENDS
CODE      SEGMENT
          ASSUME   CS:CODE,DS:DATA,SS:STACK1
BEGIN:    MOV   AX,DATA
          MOV   DS,AX
          LEA   DX,IBUF                  ;键入十进制数首地址
          MOV   AH,10                    ;调用 10 号功能
          INT   21H
          MOV   CL,IBUF+1                ;十进制数位数送 CX
          MOV   CH,0
          MOV   SI,OFFSET IBUF+2         ;指向键入第一个字符
          CMP   BYTE PTR [SI],'−'        ;判断是否为负数
          PUSHF                          ;保护零标志
          JNE   POSIT                    ;为正,转 POSIT
          INC   SI                       ;否则,跳过"−"号
          DEC   CX                       ;十进制数位减 1
POSIT:    MOV   AX,0                      ;开始将十进制数转二进制数
AG:       MOV   DX,10                     ;执行转换算法
          MUL   DX
          AND   BYTE PTR [SI],0FH         ;十进制数 ASCII 码转 BCD 码
          ADD   AL,[SI]
          ADC   AH,0
          INC   SI
          LOOP  AG
          POPF                            ;恢复零标志
          JNZ   NEGAT                     ;非零即为正,不求补
          NEG   AX                        ;为负,对其绝对值求补
```

```
NEGAT：MOV   BIN,AX                    ;存结果
       MOV   AH,4CH                    ;返回 DOS
       INT   21H
CODE       ENDS
       END   BEGIN
```

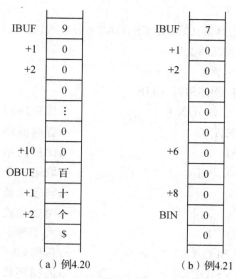

IBUF	9		IBUF	7
+1	0		+1	0
+2	0		+2	0
	0			0
	⋮			0
	0			0
+10	0		+6	0
OBUF	百			0
+1	十		+8	0
+2	个		BIN	0
	$			0

（a）例4.20   （b）例4.21

图 4-11 数据段结构示意图

4.6.3 其他运用

1. 符号数排序程序

符号数的排序算术有两种,分别为逐一比较法和两两比较法。

逐一比较法:第一次,将第一个数与其后的 $N-1$ 个数逐一比较,将最大数放在第一个单元;第二次,从第二个数开始与其后的 $N-2$ 个数逐一比较,将次大数放在第二个单元;经 $N-1$ 次的逐一比较,便能实现 N 个符号数降序排序。其特点是在每一次的比较中总是将最大数存入 AL 寄存器。

两两比较法:首先将第 1 单元中的数与第 2 单元中的数进行比较,若前者大于后者,两个单元内容不交换,否则它们内容相互交换。然后将第 2 单元内容与第 3 单元内容进行比较,按相同的规则决定是否交换。以此类推,最后,第 $N-1$ 单元与第 N 单元内容比较,也按同样规则决定是否交换。这样,经过 $N-1$ 次比较,N 个符号数中的最小的数交换到了第 N 单元。同样,经过 $N-2$ 次的比较,N 个符号数中的第二小的数交换到了第 $N-1$ 单元。重复这样的工作,最多经过 $N-1$ 次循环,就可实现 N 个符号数降序排序。

例 4.22 采用逐一比较法,编程实现将符号字数组中的数据降序排序。

解:由于是符号字数据比较,所以,在地址修改方面,每次调整时地址应加 2。程序如下:

```
STACK1   SEGMENT   STACK 'STACK'
         DW   32 DUP(0)
```

```
STACK1    ENDS
DATA      SEGMENT
BUF       DB  200H,312H,0F5AH,…,0FFFFH,8AFFH,9000H
COUNT     EQU  ($-BUF)/2
DATA      ENDS
CODE      SEGMENT
          ASSUME  CS:CODE,DS:DATA,SS:STACK1
BEGIN：    MOV  AX,DATA
          MOV  DS,AX
          MOV  SI,OFFSET BUF
          MOV  DX,COUNT-1          ;外循环初始化
OUTSID：   MOV  CX,DX              ;置内循环计数器
          PUSH SI                 ;保护内循环的首地址
          MOV  AX,[SI]            ;取第一个数
INSIDE：   ADD  SI,2              ;修改地址
          CMP  AX,[SI]            ;两数比较
          JGE  NEXCH              ;大于等于转 NEXCH
          XCHG [SI],AX            ;否则,进行交换
NEXCH：    LOOP  INSIDE           ;内循环修改控制
          POP SI                 ;恢复内循环首地址
          MOV  [SI],AX           ;存最大数至内循环首址单元
          ADD  SI,2              ;下次内循环的首址
          DEC  DX                ;外循环修改控制
          JNZ  OUTSID
          MOV  AH,4CH            ;返回 DOS
          INT  21H
CODE      ENDS
          END  BEGIN
```

例 4.23 采用两两比较法,编程实现将字节变量 BUF 存储区中存放的 N 个符号数降序排序。

解:与例 4.22 相比,在地址修改方面,每次调整时地址应加1,因为它是字节比较。

```
STACK1    SEGMENT  STACK 'STACK'
          DW  32 DUP(0)
STACK1    ENDS
DATA      SEGMENT
BUF       DB  20,90,0F5H,…,0FFH,8AH
COUNT     EQU  $-BUF
DATA      ENDS
CODE      SEGMENT
```

```
           ASSUME  CS:CODE,DS:DATA,SS:STACK1
BEGIN:  MOV   AX,DATA
        MOV   DS,AX
        MOV   DX,COUNT-1            ;循环次数送 DX
        MOV   BH,1                  ;置未交换标记
OUTSID: MOV   SI,OFFSET BUF         ;取存储区首址
        MOV   CX,DX                 ;置内循环计数器
INSIDE: MOV   AL,[SI]               ;取第一单元的数
        INC   SI                    ;指向第二单元
        CMP   AL,[SI]               ;两单元内容比较
        JGE   NEXCH                 ;大于等于转 NEXCH
        XCHG  [SI],AL               ;否则,两单元内容交换
        MOV   [SI-1],AL
        MOV   BH,2                  ;置交换标志
NEXCH:  LOOP  INSIDE                ;内循环修改控制
        DEC   DX                    ;修改内循环次数
        DEC   BH                    ;BH←BH-1
        JNZ   OUTSID                ;存在交换？是则继续循环
        MOV   AH,4CH                ;返回 DOS
        INT   21H
CODE    ENDS
        END   BEGIN
```

2. 延时程序

在控制程序设计中,常常要用到延时。通常,实现延时的方法有两种,分别为硬件延时和软件延时。硬件延时通过使用定时/计数器实现;而软件延时是 CPU 通过执行一个具有固定延时时间的循环程序来实现,它也称为延时程序。汇编语言具有精确控制程序的特点,在延时程序设计方面具有优势。

例 4.24　要求设计一个软件延时程序,延时时间约 1 ms 左右,假设系统用的是 8 MHz 的晶振。

解:一般用循环程序实现延时程序设计,它必须计算循环体的循环次数,而要计算循环次数,必须确定单个循环所用的时钟脉冲数。本例中,系统晶振为 8 MHz,那么,每个时钟周期为 0.125×10^{-3} ms。当循环体的指令确定后,就可计算出循环次数,即 $N=t/(nT)$,其中 N 为循环次数,t 为延时时间,T 为时钟周期,n 为执行循环体指令所需的时钟个数。程序如下:

```
START:MOV   CX,176H
LP1:   PUSHF
       POPF
       LOOP  LP1
       HLT
```

以上程序循环体中,执行 PUSHF 需要 10 个时钟周期,POPF 需要 8 个时钟周期,LOOP 需要 3.4 个时钟周期,共需 21.4 个时钟周期。循环次数为:$N = t/(nT) = 1000/(0.125 \times 21.4) = 374$。

本例中,如果要求延时时间改为 1 s,则采用多重循环,把延时 1 ms 循环体作为内循环,让它重复执行 1000 次(即外循环次数 1000),即可实现 1 s 的软件延时。程序如下:

```
START: MOV    BX,3E8H
LP2：    MOV    CX,176H
LP1：    PUSHF
         POPF
         LOOP  LP1
         DEC   BX
         JNZ   LP2
         HLT
```

3. 大小写字母转换及显示

例 4.25　将数据段中大小写混合英文 ASCII 码字母在屏幕上显示,之后将它们分别转换成小写字母和大写字母并显示。

解:屏幕上显示 ASCII 码,可以调用 9 号功能。关于大小写英文字母转换,由 ASCII 码表可知,字母 A~F 的 ASCII 码为 41H~5AH,字母 a~f 的 ASCII 码为 61H~7AH,两种字母转换只需加、减 20H 即可。程序如下:

```
STACK1   SEGMENT   STACK 'STACK'
         DW    32 DUP(0)
STACK1   ENDS
DATA     SEGMENT
D0       DB    0DH,0AH
D1       DB    'BCAJIKabcdefDMNXWYZxyz','$'
DATA     ENDS
CODE     SEGMENT
         ASSUME   CS:CODE,SS:STACK1
         ASSUME   DS:DATA,ES:DATA
BEGIN：  MOV   AX,DATA
         MOV   DS,AX
         MOV   ES,AX
         CALL  DISP              ;调用字符串显示子程序
         LEA   DI,D1             ;字符串首址送 DI
         CALL  CONV1             ;调用大写字母转小写字母程序
         CALL  DISP              ;调用字符串显示子程序
         LEA   DI,D1             ;字符串首址送 DI
         CALL  CONV2             ;调用小写字母转大写字母程序
         CALL  DISP              ;调用字符串显示子程序
```

```
        MOV   AH,4CH                        ;返回 DOS
        INT   21H
;———    大写字母转换成小写字母子程序    ———
CONV1   PROC
STR1：  MOV   AL,[DI]
        CMP   AL,'$'
        JZ   NE2
        CMP   AL,'A'
        JB   NE1
        CMP   AL,'Z'
        JA   NE1
        ADD   BYTE PTR [DI],20H
NE1：   INC   DI
        JMP   STR1
NE2：   RET
CONV1   ENDP
;———    小写字母转换成大写字母子程序    ———
CONV2   PROC
STR2：  MOV   AL,[DI]
        CMP   AL,'$'
        JZ   NE4
        CMP   AL,'a'
        JB   NE3
        CMP   AL,'z'
        JA   NE3
        SUB   BYTE PTR [DI],20H
NE3：   INC   DI
        JMP   STR2
NE4：   RET
CONV2   ENDP
;———    显示字符串子程序    ———
DISP    PROC
        LEA   DX,D0                         ;回车换行
        MOV   AH,9
        INT   21H
        LEA   DX,D1
        MOV   AH,9
        INT   21H
        RET
```

```
DISP     ENDP
CODE     ENDS
         END    BEGIN
```

思考与练习

1. 图示下列语句实现的存储器分配。

DAT1   DB   10H,13H,3 DUP(1,2)

DAT2   DB   'AB','CD'

DAT3   DW   1234H,4567H

DAT4   DB   0DH,0AH,24H

2. 字变量 W1 和 W2 中为非压缩 BCD 数,编程实现 W1－W2(W1≥W2)之差。

3. 编程求两个 4 位压缩 BCD 数 9876、1234 之和,并将和送显示器显示。

4. 求两个 4 位非压缩 BCD 数 0809、0706 之和,并将和送显示器显示。

5. 用查表法求任一键入自然数(0≤N≤9)的平方值送显示器显示,并将其存入一字节变量的数组中。

6. 编程实现 $Z=((X+Y)×3-X)/2$,设 X 的值为 4,Y 的值为 2,结果存入数据段中的 BUF 单元。

7. 统计寄存器 AX 内 16 位二进制数中 0、1 的个数,0 的个数存入 BH 寄存器,1 的个数存入 BL 寄存器。

8. 编写程序,将字节符号数组 ARRAYB 中的正、负数分别送入正数数组 POSITIVE 和负数数组 NEGTIVE,同时把"0"元素的个数送入字变量 ZERON。

9. 从键盘输入十进制数字符,并在显示器上显示,按 Ctrl＋C 时退出。

10. 现有 10 个无符号字,找出其中的最大值和最小值,分别存入字变量 MAX 和 MIN 中。

11. 在字节字符串 STR 中搜索子串"MT"出现的次数,并将出现次数存入字变量 WORD 中。

12. 数据段中有两个字符串,分别存在 DAT1 和 DAT2 开始的单元中,比较两个字符串是否相等。若相等,输出字符"YES",否则输出字符"NO"。

13. 编写程序,将字节变量 BVAR 中的压缩 BCD 数转换为二进制数,并存入原变量中。

14. 变量 DAT1 中存放 100 个带符号字节数据,编写程序,找出其中最小的数存入变量 DAT2 中。

15. 设有字无符号数 X、Y,试编制求 $Z=|X-Y|$ 的程序。

第 5 章　输入输出技术与模拟数字通道接口

微型计算机与外界信息交换是通过输入输出设备进行的,由于计算机的外部设备种类多,而且外部设备的结构和设备间传输的信号各有差异,因此,一种 I/O 设备与微型计算机连接,就需要一个连接电路,我们称之为 I/O 接口。接口电路的作用是把计算机输出的信息变换成外部设备能够接收的信号,或者把外部设备输入的信号变换成计算机能够接受的信息。

5.1　接口技术概述

在计算机系统中,接口是指 CPU 与外部设备之间的连接通道及有关的控制电路。

5.1.1　接口的功能

1. 输入/输出接口的交换信号

计算机 I/O 接口与外设交换的信息通常包括数据信息、状态信息、控制信息。这三者都是用 IN 和 OUT 指令来传送的,只不过是分别送入不同的部件,起不同的作用。

(1)数据信息

它是 CPU 与 I/O 设备交换的基本信息。输入过程中,数据信息一般是由外设通过接口芯片传送给系统。输出过程中,数据信息由 CPU 经过数据总线进入接口,再通过外设和接口之间的数据线到达外设。数据信息通常包括以下几种类型:

①数字量:二进制形式的数据,或是经过编码的二进制形式的数据。通常是 8 位或 16 位。

②模拟量:用模拟电压或模拟电流幅值大小表示的物理量。外部设备送给计算机的模拟信号必须经过模/数转换器(A/D),把模拟量转换成数字量,才能够输入计算机处理;而计算机处理后的数字量,用于外部设备控制时,必须经数/模转换器(D/A),把数字量转换成模拟量。

③开关量:开关量信号只有两种状态,即"通"或"断"。它只需用一位二进制数就可以表示。

④脉冲量:在计算机控制系统中,经常用到计数脉冲、定时脉冲或控制脉冲。脉冲量信号是以脉冲形式表示的一种信号。

(2)状态信息

它反映了当前外设的工作状态,是由外设通过接口电路送给 CPU 的。对于输入设备,通常用 READY 信号来表示输入的数据是否准备就绪;对于输出设备,用 BUSY 信号来表示输出设备是否处于空闲状态,如空闲则可以接收 CPU 送来的数据,否则 CPU 需要等待。

（3）控制信息

它是 CPU 通过接口送给外设的。控制信息通常分为两类：一类为总线控制信号，如存储器读/写（$\overline{\text{MEMR}}$、$\overline{\text{MEMW}}$）、I/O 口读/写（$\overline{\text{IOR}}$、$\overline{\text{IOW}}$）信息等；另一类为输入/输出控制信号，如输入数据准备好、输出设备空闲等。

CPU 通过接口与外部设备的连接如图 5-1 所示。

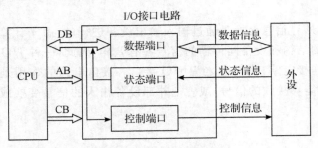

图 5-1　简单 I/O 接口示意图

2. I/O 接口电路的功能

I/O 接口电路的作用就是将来自外部设备的数据信号传送给处理器，处理器对数据进行适当加工，再通过接口传回外部设备。

接口电路的基本功能就是对数据传送实现控制，具体包括以下五种功能：地址译码、数据缓冲、信息转换、提供命令译码和状态信息、定时和控制。

控制端口一般由命令字寄存器和控制执行逻辑组成，用来完成接口所有操作的控制。

状态端口主要由一组数据寄存器构成，中央处理器和外设就是根据状态寄存器的内容进行协调动作的。

数据端口也是一组寄存器，用于暂存中央处理器和外设之间传送的数据，以完成速度匹配工作。

5.1.2　输入/输出的控制方式

在微型计算机中，CPU 与外设数据传送的方式有无条件传送方式、查询方式、中断方式和直接存储器存取方式（DMA 方式）。

1. 无条件传送方式

无条件传送是一种最简单的输入/输出控制方式，一般用于控制 CPU 与低速 I/O 接口之间的信息交换，如开关和数码显示器等。如图 5-2 所示。

当简单外设作为输入设备时，输入数据保持时间长，而 CPU 的处理速度快，所以，可直接使用三态缓冲存储器与数据总线连接。CPU 执行输入指令（IN）时，读信号 $\overline{\text{RD}}$ 有效，选通信号 IO/$\overline{\text{M}}$ 处于高电平，指定的端口地址经地址总线送到地址译码器译码，相应的地址信号被选中，因而三态缓冲器被选通，使其中准备好的输入数据送到数据总线上，再到达 CPU。

当简单外部设备作为输出设备时，需要输出锁存器保存 CPU 送出的数据。这是因为 CPU 送出的数据应在接口电路的输出端保持一段时间。在图 5-2 中，CPU 执行输出指令（OUT）时，IO/$\overline{\text{M}}$ 信号为高电平有效，$\overline{\text{WR}}$ 信号为低电平有效，于是，接口中的输出锁存器被选中，锁存并保持 CPU 经数据总线送来的数据，直到 CPU 下一次送来新的数据。

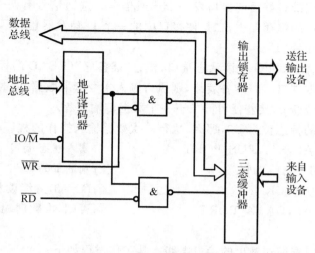

图 5-2　无条件传送方式

无条件传送方式的控制程序比较简单,但要注意的是:输入时,当 CPU 执行 IN 指令时,要确保输入的数据已经准备好,否则,就可能读入不正确的数据;输出时,当 CPU 执行 OUT 指令时,需确保外部设备已经将上次送来的数据取走,否则,会发生数据"冲突"。

2. 查询传送方式

CPU 通过执行程序不断读取并测试外部设备状态,如果外部输入设备处于已准备好状态或外部输出设备为空闲状态时,则 CPU 执行传送信息指令。由于查询传送方式是 CPU 不断测试外部设备的当前状态后才进行信息传送,所以,接口电路应包括传送数据端口及传送状态端口。对于输入过程,外设将数据准备好时,则将状态端口中的"准备好"状态位置成有效。对于输出过程,外设将数据取走后,状态端口中的"忙"状态位置成无效,表示当前输出端口已经处于"空闲"状态,可以接受下一个数据。

(1)查询式输入

查询式输入的接口电路如图 5-3 所示。

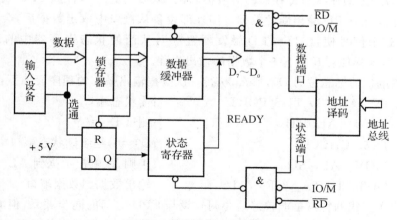

图 5-3　查询式输入接口电路

　　输入设备在数据准备好后向接口发一个选通信号。选通信号有两个作用,一是把外部设备的数据送入接口的锁存器中;二是使接口中的一个 D 触发器置"1",从而使接口中状态寄存器的 READY 位置"1"。

　　在查询输入过程中,CPU 先读状态端口,检查"准备好"(READY)标志位是否为"1",即数据是否已送入数据端口。若准备就绪,则执行输入指令读取数据,同时把状态寄存器中对应的"准备好"标志位清 0,接着便可开始下一个数据传输过程。

　　假设状态端口的标志位为 D0,那么,执行一次数据输入操作的程序段如下:

```
CHECK:IN   AL,STATUS_PORT          ;读入状态端口
      TEST  AL,01H                 ;判断 D0=1?
      JZ  CHECK                    ;D0=0,继续读状态端口
      IN  AL,DATA_PORT             ;否则,由数据端口读取数据
```

(2)查询式输出

图 5-4 为一个用查询式输出的接口电路。其工作过程如下:

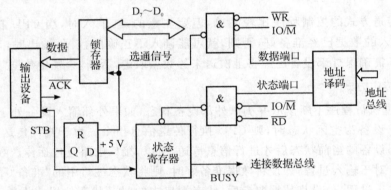

图 5-4　查询式输出接口电路

　　CPU 执行输出指令时,由 IO/$\overline{\text{M}}$信号和$\overline{\text{WR}}$信号产生的选通信号把数据送入数据锁存器,同时使 D 触发器输出端 Q 为"1"。Q 端信号一方面选通外设,通知外设在接口中已有数据等待输出;另一方面使状态寄存器的对应标志位(BUSY)置"1",告诉 CPU 当前外设处于"忙"状态,从而阻止 CPU 输出新的数据。当外部设备从接口中取走数据后,会送出一个应答信号$\overline{\text{ACK}}$,这个信号使接口中的 D 触发器置"0",从而使状态寄存器中的对应标志位(BUSY)置"0",这样便可开始下一个数据的输出过程。

　　假设状态端口的标志位为 D0,那么,执行一次数据输出操作的程序段如下:

```
CHECK:IN   AL,STATUS_PORT          ;读状态端口
      TEST  AL,01H                 ;测试 D0=0?
      JNZ  CHECK                   ;D0≠0,继续读状态端口
      MOV  AL,[SI]                 ;否则,取输出数据到 AL
      OUT  DATA_PORT,AL            ;输出数据到数据端口
```

　　查询式传送方式的特点是能较好地协调外设与 CPU 之间的同步关系,但 CPU 需要不断查询标志位的状态,这将占用 CPU 较多的时间,尤其是与中速或慢速的外部设备交换信息时,CPU 真正花费在传送数据上的时间极少,大部分时间都消耗在查询上。为克服这一

缺点,可以采用中断控制方式。

3. 中断控制方式

中断控制方式是指当外部设备的输入数据准备好或接收数据的锁存器空时,便主动向 CPU 发出中断请求,使 CPU 中断现行程序的执行,转去执行为外部设备服务的输入或输出程序。

对于 8086/8088 CPU 来说,其中断结构灵活,功能很强,由它们构成的计算机系统采用中断控制输入/输出很方便。如果 CPU 开放中断,则执行完每一条指令后,都会去检查外设是否有中断请求,若有,就暂停执行现行的程序,转去执行中断服务程序,完成传送数据的任务。服务完毕后,返回原程序断点处,CPU 再继续执行原来的程序。

中断控制方式克服了查询式的缺点,能够快速地响应 I/O 传送的请求,但是,CPU 响应中断后,每次都要执行"中断服务程序",而且都要保护现场和恢复现场等,CPU 还是浪费了很多不必要的时间。因此,中断控制方式比较适合外设数量多,速度中等以下,数据量少的场合。对于量大、高速的 I/O 数据传送可采用直接存储器存取(DMA)方式。

4. 直接存储器存取(DMA)控制方式

直接存储器存取控制方式是数据在外部设备与存储器之间的传送,不经 CPU 的干预,而是在专用的可编程芯片的控制下直接传送。如图 5-5 所示。

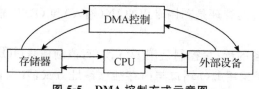

图 5-5　DMA 控制方式示意图

对于无条件传送方式、查询传送方式和中断控制方式,数据的传送都要经过以下过程:数据输入时,数据由外设读入 CPU,再由 CPU 写入存储器;数据输出时,则 CPU 从存储器读入数据,再经接口电路输出到外设。即每一个数据的输入/输出必须经过 CPU 完成读/写两次操作,占用了 CPU 的许多资源和时间。

在 DMA 方式下,没有 CPU 作为数据输入/输出的中介,由专用的 DMA 控制器直接控制数据的传送。在此控制方式下,DMA 控制器将使用系统的数据总线、控制总线和地址总线,它成为存储器与外部设备之间的主控制部件,获得总线控制权,由它产生地址码及相应的控制信号,CPU 不再控制系统总线。

这是一种成块传送数据的方式,其请求和响应过程为:当某一外部设备需要输入/输出一批数据时,向 DMA 控制器发出请求信号(DRQ)。DMA 控制器接收到这一请求后,向 CPU 发出"总线请求"信号(HOLD),申请占用总线。CPU 在完成当前总线周期后会立即对"总线请求"信号进行响应,一是 CPU 将数据总线、地址总线和相应的控制信号线均置为高阻态,由此放弃对总线的控制权;二是 CPU 向 DMA 控制器发出"总线响应"信号(HLDA)。在 DMA 控制器收到 CPU 发来的"总线响应"后,就开始占用总线,并向外部设备发出 DMA 响应信号($\overline{\text{DACK}}$)。此后,DMA 控制器送出地址信号和相应的控制信号,实现外设与内存或内存与内存之间的直接数据传送。DMA 控制器自动修改地址和字节计数器,并据此判断是否需要重复传送操作。在成块数据传送完成后,DMA 控制就撤销发往

CPU 的"总线请求"信号。CPU 检测到"总线请求"信号失效后,紧接撤销"总线响应",并在下一时钟周期重新开始控制系统总线,继续执行原来的程序。本书省略了关于 DMA 控制器的介绍,如果需要,读者可以查阅相关的资料。

5.2 输入/输出接口编址

微处理器进行 I/O 操作时,对 I/O 接口的寻址方式与存储器寻址方式相似,即必须完成两种选择:一是选择出所选中的 I/O 接口芯片(称为片选);二是选择出该芯片中的某一寄存器(称为字选)。

通常有两种 I/O 接口结构:一种是 I/O 端口与内存独立编址,另一种是 I/O 端口与内存统一编址。

5.2.1 I/O 端口与内存独立编址方式

I/O 端口与内存独立编址方式有以下三个特点:

(1)I/O 设备的地址空间和存储器地址空间是独立的、分开的,即 I/O 接口地址不占用存储器的地址空间。

(2)CPU 对 I/O 设备的管理是利用专用的 IN(输入)和 OUT(输出)指令来实现数据传送的。

(3)CPU 对 I/O 设备的读/写控制是用 I/O 读/写控制信号($\overline{\text{IOR}}$、$\overline{\text{IOW}}$)。

8086/8088 CPU 就是采用 I/O 端口与内存独立编址方式,其内存地址范围为 00000H~FFFFFH,可寻址存储器容量为 1 MB,而 I/O 端口地址范围为 0000H~FFFFH,它使用 20 位地址中的低 16 位对 I/O 端口进行寻址,可访问 64 k 个 8 位 I/O 端口。这两个地址相互独立,互不影响,因为 CPU 访问内存和 I/O 端口时的控制信号不同。还值得注意的是,一个外设接口通常有数据寄存器、状态寄存器和控制寄存器,它们各用一个端口地址加以区分,所以,一个外设通常有几个端口地址。

5.2.2 I/O 端口与内存统一编址方式

1. I/O 端口与内存统一编址方式的特点

I/O 端口与内存统一编址方式又称为存储器对应 I/O 寻址方式,它也有三个特点:

(1)I/O 接口与存储器共用同一个地址空间,即在系统设计时指定存储器地址空间内的一个区域供 I/O 设备使用,故 I/O 设备的每一个寄存器占用存储器空间的一个地址。这时存储器与 I/O 设备之间的唯一区别是其所占用的地址不同。

(2)CPU 利用对存储器的存储单元进行操作的指令来实现对 I/O 设备的管理。

(3)CPU 用存储器读/写控制信号($\overline{\text{MEMW}}$、$\overline{\text{MEMR}}$)对 I/O 设备进行读/写控制。

2. I/O 端口与内存统一编址方式的优点

(1)CPU 对外设的操作可使用全部的存储器操作指令,故指令多,使用方便,如可对外设中的数据(存于外设的寄存器中)进行算术和逻辑运算,进行循环或移位等。

（2）存储器和外设的地址分布空间是同一个。

（3）不需要专门的输入/输出指令，即不需要 IN 和 OUT 指令。

3. I/O 端口与内存统一编址方式的缺点

（1）I/O 端口占用了内存地址，相对减少了内存可用范围；而且，由于难以区分程序中的指令是访问内存还是访问 I/O 端口，降低了程序的可读性和可维护性。

（2）存储器操作指令通常要比 I/O 指令的字节多，故加长了 I/O 操作的时间。

5.2.3　PC 机中 I/O 端口地址分配

虽然 8086/8088 CPU 执行 I/O 操作时，使用地址线的低 16 根，可以访问的 I/O 地址空间为 64 kB，但在 PC 机系统板上，对 I/O 端口译码只使用了 $A_9 \sim A_0$ 共 10 根地址线，寻址空间为 1 kB。对于 PC/XT 系统，前 512 个端口分配给主板，后 512 个端口分配给扩展槽上的常规外设。而对于 PC/AT 系统，对 1 k 个端口分配做了调整，其中前 256 个端口地址供系统电路板上寻址 I/O 接口芯片使用，这些芯片大多是可编程的大规模集成电路，如并行输入/输出接口芯片 8255A、中断控制器 8259A、定时/计数器 8253A、DMA 控制 8237A、串行输入/输出接口芯片 8251A 等。后面 768 个地址供扩展槽接口卡使用，这些接口卡是由若干个集成电路按一定的逻辑组成的一个部件，如图形卡、声卡、打印卡、硬驱卡、软驱卡、同步通信卡等。表 5-1、表 5-2 分别列出 PC/AT 中的 I/O 接口地址分配。

表 5-1　PC/AT 机的系统板 I/O 地址分配

接口芯片	I/O 接口功能	地址空间
8237A-1	DMA 控制器 1	000～01FH
8237A-2	DMA 控制器 2	0C0～0DFH
74LS612	DMA 页面寄存器	080～09FH
8259A-1	中断控制器 1	020～03FH
8259A-2	中断控制器 2	0A0～0BFH
8254A	定时器	040～05FH
8255A	并行接口芯片与键盘接口	060～06FH
MC146818	RT/CMOS RAM	070～07FH
8087	协处理器	0F0～0FFH

表 5-2　PC/AT 机扩展槽 I/O 端口地址分配

I/O 接口名称	端口地址	I/O 接口名称	端口地址
游戏控制卡	200～20FH	同步通信卡 2	380～38FH
并行接口控制卡 1	370～37FH	单显 MDA	3B0～3BFH
并行接口控制卡 2	270～27FH	彩显 CGA	3D0～3DFH
串行口控制卡 1	3F8～3FFH	彩显 EGA/VGA	3C0～3CFH
串行口控制卡 2	2F0～2FFH	硬驱控制卡	1F0～1FFH

续表

I/O 接口名称	端口地址	I/O 接口名称	端口地址
用户自定义接口板	300～31FH	软驱控制卡	3F0～3F7H
同步通信卡 1	3A0～3AFH	网卡	360～36FH

5.3 I/O 接口的端口地址译码

8086/8088 CPU 都由低 16 位地址线寻址 I/O 端口,故可寻址 64 k 个 I/O 端口,但在实际的 8086/8088 系统中,只用了最前面 1 k 个端口地址,也即只寻址 1 k 范围内的 I/O 空间。因此仅使用了地址总线的低 10 位,即只有地址线 $A_9 \sim A_0$ 用于 I/O 地址译码。

在 DMA 操作时,DMA 控制器控制了系统总线。DMA 控制器在发出地址的同时还要发出地址允许信号 AEN,所以还必须让 DMA 控制器发出的地址允许信号 AEN 也参加端口地址的译码,用 AEN 限定地址译码电路的输出。当 AEN 信号有效时即 DMA 控制器控制系统总线时,地址译码电路无输出;当 AEN 信号无效时,地址译码电路才有输出。

无论是大规模集成电路的接口芯片,还是基本的输入/输出缓冲单元,都是由一个或多个寄存器加上一些附加控制逻辑构成的,对这些寄存器的寻址就是对接口的寻址。图 5-6 为典型的 I/O 接口地址译码电路结构。

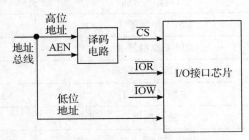

图 5-6 典型 I/O 接口地址译码电路结构

5.3.1 门电路构成的地址译码电路

这是一种最简单的端口地址译码方法,译码电路一般用与门、与非门、非门及或非门等门电路构成,如 74LS08、74LS04、74LS32、74LS30 等。

例 5.1 由 8088 CPU 构成的最小工作模式电路中,某 I/O 接口芯片的译码电路如图 5-7 所示。

该电路用地址总线的 $A_9 \sim A_0$ 选择端口,高位地址 $A_9 \sim A_2$ 经译码电路译码,输出 $\overline{CS}$ 信号为低电平时,该接口芯片被选中。低位地址 A_1、A_0 用于 I/O 接口芯片内部寄存器(端口)的寻址,它们共有四种组合,所以,确定了接口芯片内部 4 个端口的地址。芯片内部各端口的地址码如表 5-3 所示。

表 5-3　接口芯片端口地址

高位地址用于片选								片内选择		端口地址
A_9	A_8	A_7	A_6	A_5	A_4	A_3	A_2	A_1	A_0	
1	1	0	0	0	0	0	0	0	0	300H
1	1	0	0	0	0	0	0	0	1	301H
1	1	0	0	0	0	0	0	1	0	302H
1	1	0	0	0	0	0	0	1	1	303H

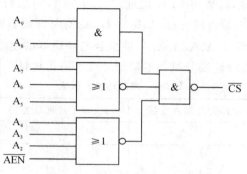

图 5-7　例 5.1 的译码电路

在这个译码电路中,只有 $\overline{AEN}$ 为低电平时,即不是 DMA 操作时,$\overline{CS}$ 才会有效。否则,当 DMA 操作时,$\overline{AEN}$ 为高电平,将使译码无效。

另外,如果接口电路中需要两个选择信号,一个用于输入,一个用于输出,则在 I/O 端口地址译码电路中,加进 $\overline{IOR}$ 和 $\overline{IOW}$ 信号进行控制,以分别实现读、写访问,这样,一个端口地址等效于两个端口地址,如图 5-8 所示。图中,74LS30 为八输入与非门,74LS20 为四输入与非门。

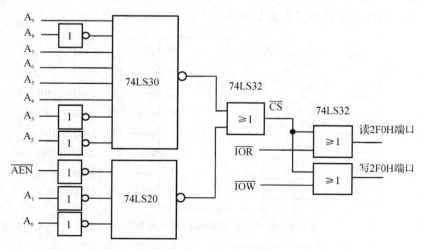

图 5-8　分别输出端口读/写选择地址译码电路

这个电路中,读/写端口地址都为 2F0H,即 $A_9 A_8 A_7 A_6 A_5 A_4 A_3 A_2 A_1 A_0$ 的组合为
1011110000 时,译码输出 $\overline{CS}$ 有效,而 $\overline{IOR}$ 和 $\overline{IOW}$ 是相互排斥的信号,即同一时刻只有一个为
低电平,这样,就可以分别控制读/写端口的读/写操作。

5.3.2 译码器构成的地址译码电路

用译码器构成地址译码电路时,可同时提供多个端口地址。这种译码电路设计简单,且
多个接口电路可以共用一个译码电路。

例如,采用 74LS138 译码器构成地址译码电路,参与译码的 CPU 地址信号为 $A_9 \sim A_0$,
译码电路产生某接口芯片 4 个端口地址信号,分别为 210H、211H、212H、213H。

根据 74LS138 的特点,需要将 CPU 地址线分为 3 组,一组将 $A_1 A_0$ 与接口芯片的片内
地址线直接连接,用于片内端口的寻址;二组将 $A_4 A_3 A_2$ 与译码器输入端 A、B、C 相连,用于
译码输入;三组将高位地址线 $A_9 A_8 A_7 A_6 A_5$ 的组合与译码器的使能端 G、$\overline{G_{2A}}$、$\overline{G_{2B}}$ 连接,用于
译码器的使能控制。根据地址线分组和端口地址要求可得地址分配,如表 5-4 所示。

表 5-4 端口地址分配表

高位地址线	与译码器输入连接	与接口芯片地址连接	端口地址
$A_9 A_8 A_7 A_6 A_5$	$A_4 A_3 A_2$	$A_1 A_0$	
10000	100	00	210H
10000	100	01	211H
10000	100	10	212H
10000	100	11	213H

由地址分配表看到,高位地址线 $A_9 A_8 A_7 A_6 A_5$ 的值为 10000B,产生译码器的使能控制
信号。为了简化电路设计,用 A_9 直接与 G 控制端连接,$\overline{AEN}$、A_8、A_7 组合产生控制 $\overline{G_{2A}}$ 信
号,A_6 和 A_5 组合产生控制 $\overline{G_{2B}}$ 信号。控制信号的逻辑关系如下:

$$\overline{G_{2A}} = \overline{AEN} + A_8 + A_7 \qquad \overline{G_{2B}} = A_6 + A_5$$

因为要求 $A_4 A_3 A_2$ 地址信号为 100B,所以,芯片的选择信号由译码器输出端 $\overline{Y_4}$ 产生。
采用译码器设计的端口地址译码电路如图 5-9 所示。

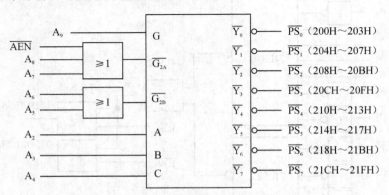

图 5-9 译码器设计的端口地址译码电路

在 IBM PC/XT 系统板上,各接口芯片的译码电路如图 5-10 所示。高位地址线

$A_9A_8A_7A_6A_5$ 和 DMA 控制器发出的地址允许信号 $\overline{AEN}$ 都接在 74LS138 的输入端和使能端上,译码器输出信号作为 8237A 直接存储器存取(DMA)接口芯片、中断控制器接口芯片 8259A、定时/计数器接口芯片 8253A 和并行接口芯片 8255A 的片选信号。而低位地址 $A_4A_3A_2A_1A_0$ 直接与各接口芯片的内部寄存器选择线相连,用来选择接口芯片内部各寄存器。

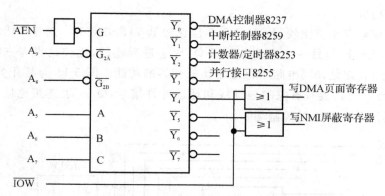

图 5-10　IBM PC/XT 系统板上接口芯片的译码电路

译码电路各输出端对应的地址范围如表 5-5 所示。

表 5-5　译码输出端对应的地址范围

地址总线										译码输出	地址范围
A_9	A_8	A_7	A_6	A_5	A_4	A_3	A_2	A_1	A_0		
0	0	0	0	0	×	×	×	×	×	$\overline{Y_0}$	000H~01FH
0	0	0	0	1	×	×	×	×	×	$\overline{Y_1}$	020H~03FH
0	0	0	1	0	×	×	×	×	×	$\overline{Y_2}$	040H~05FH
0	0	0	1	1	×	×	×	×	×	$\overline{Y_3}$	060H~07FH
0	0	1	0	0	×	×	×	×	×	$\overline{Y_4}$	080H~09FH
0	0	1	0	1	×	×	×	×	×	$\overline{Y_5}$	0A0H~0BFH
0	0	1	1	0	×	×	×	×	×	$\overline{Y_6}$	0C0H~0DFH
0	0	1	1	1	×	×	×	×	×	$\overline{Y_7}$	0E0H~0FFH

由于低位地址 $A_4A_3A_2A_1A_0$ 没有参加译码,所以,译码器每个输出端还包含 32 个重叠的地址区,相当于为每个输出端上的接口芯片提供了 32 个端口地址。而实际上,每个端口芯片上的端口地址个数并不相同,比如 DMA 控制器 8237A 实际使用端口地址为 000H~00FH,而中断控制器 8259A 实际使用端口地址为 020H~021H,计数器/定时器 8253A 实际使用端口地址为 040H~043H,并行接口芯片 8255A 实际使用端口地址为 060H~063H,DMA 页面寄存器实际使用端口地址为 080H~083H,还有 NMI 寄存器只使用端口地址 0A0H。

5.3.3 开关式地址译码电路

在接口地址译码中,可采用比较器,将地址总线上送来的地址或某一地址范围与预设的地址或地址范围进行比较,若两者相等,便表示地址总线送来的地址信号即为接口地址或接口所用到的端口地址范围,于是便可以启动接口执行预定的操作,即这种地址译码是由比较器加地址开关构成。

常用的比较器有 4 位比较器 74LS85、8 位比较器 74LS688 等。对于 74LS688,它将输入的 8 位数据 $P_7 \sim P_0$ 与另一 8 位输入数据 $Q_7 \sim Q_0$ 进行比较,比较结果有三种,分别为大于、等于和小于,在地址译码电路中仅使用比较相等的功能。图 5-11 为某开关式地址译码电路,电路中把 $P_7 \sim P_0$ 连接有关的地址线和地址允许信号,$Q_7 \sim Q_0$ 连接地址开关,而输出端 P 接到译码器 74LS138 的控制端 $\overline{G_{2B}}$ 上。

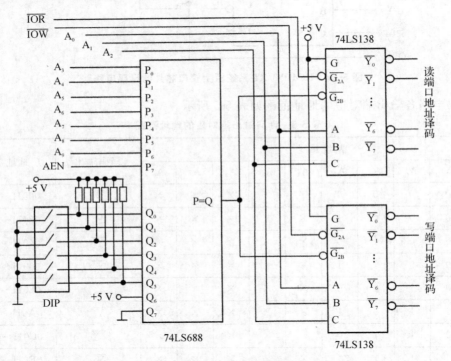

图 5-11 采用地址开关与比较器的译码电路

根据比较器的特性,当输入端 $P_7 \sim P_0$ 的地址与输入端 $Q_7 \sim Q_0$ 的开关状态一致时,输出端 P=Q 为低电平,送到 74LS138 的使能端 $\overline{G_{2B}}$,译码器进行译码,因此,使用时可预置 DIP 地址开关为某一值,得到一组所要求的端口地址。图中让 $\overline{IOR}$ 和 $\overline{IOW}$ 参加译码,分别产生 8 个读/写端口地址,而且只有 $A_9=1$ 和 AEN=0 时译码才有效。根据译码电路,设 DIP 设置为 010101B,则地址线 $A_9A_8A_7A_6A_5A_4A_3$ 必须为 1010101B,且 AEN=0 时,比较器 P=Q=0,分别选择读端口译码和写端口译码。而读/写端口内部的地址由 $A_2A_1A_0$ 的组合决定,至于是读端口地址输出还是写端口地址输出,则由 $\overline{IOR}$ 和 $\overline{IOW}$ 的状态决定。根据 DIP 设置的开关状态,图 5-11 译码电路中的读/写端口地址范围为 2A8H ~ 2AFH。

5.4　数字通道接口

在接口电路中，大量使用三态缓冲器、寄存器和三态缓冲寄存器来作微处理器与外部设备的数字量通道。CPU 执行 IN 或 OUT 指令，产生相应的控制信号，使外设的数据通过输入缓冲器送入 CPU，或将 CPU 的数据送到输出缓冲器，由外设从缓冲器取走数据。比如，将寄存器与一个固态继电器连接，微处理器通过向寄存器写 0 或 1，可以使继电器的常开触点闭合或释放。端口操作不仅需要地址信号产生的片选信号和片内地址信号，还需要将读写控制信号加入到端口的选通或控制引脚端。

一般说来，微处理器都是通过三态缓冲寄存器输入外设的状态，通过输出寄存器发出控制信号。

5.4.1　数据输出寄存器(数字量输出接口)

数据输出寄存器用来寄存微处理器送出的数据和命令。常用的寄存器有 74LS175(4 上升沿 D 触发器)、74LS174(6 上升沿 D 触发器)和 74LS273(8 上升沿 D 触发器)。8D 触发器 74LS273 如图 5-12 所示，可用于 8 位数据/地址锁存。它的 8 个数据输入端 1D～8D 与 CPU 的数据总线连接，8 个数据输出端 1Q～8Q 与外设相连。由时钟信号 CLK 的上升沿触发，即当 CLK 从低电平到高电平跳变时，将出现在 CPU 数据总线上的 D_0～D_7 数据写入该芯片。时钟信号 CLK 的下降沿及低电平期间将数据锁存，即保持下降沿时刻的 D_0～D_7 数据。清零端$\overline{CLR}$为低电平时，该寄存器的输出端全部清 0，即 1Q～8Q 端全部为 0。当 CPU 执行 OUT 指令时，输入/输出端口写信号$\overline{IOW}$与端口地址译码产生的片选信号$\overline{CS}$送到与门输入端，与门的输出端与 74LS273 的 CLK 端相连，作为触发时钟和锁存信号。

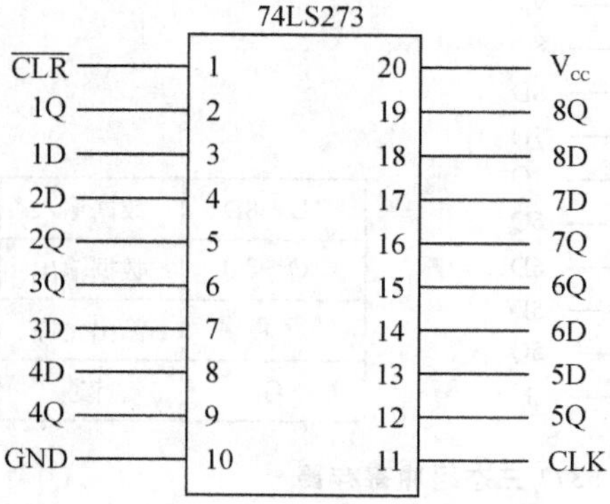

1D～8D	数据输入
1Q～8Q	数据输出
$\overline{CLR}$	清除
CLK	时钟

图 5-12　74LS273 8D 触发器

5.4.2　数据输入三态缓冲器(数字量输入接口)

外设输入的数据和状态信号通过数据输入三态缓冲器经数据总线传送给微处理器。缓冲器的作用是防止外设数据干扰数据总线，其三态输出受到使能输出端的控制，当使能输出有效时，器件实现正常逻辑状态输出(逻辑 0、逻辑 1)；当使能输入无效时，输出处于高阻状态,即等效于同所连接的电路断开。8 位三态总线驱动器 74LS244 如图 5-13 所示。8 个数据输出端 $1Y_1 \sim 1Y_4$、$2Y_1 \sim 2Y_4$ 与 CPU 数据总线相连,8 个数据输入端 $1A_1 \sim 1A_4$、$2A_1 \sim 2A_4$ 与外设相连接。加到输出允许 $\overline{1G}$、$\overline{2G}$ 的负脉冲将数据输入端的数据送到数据输出端。CPU 执行 IN 指令时,产生的输入/输出端口读信号 $\overline{IOR}$ 和经过端口地址译码得到的片选信号 $\overline{CS}$ 一起送到与门的两个输入端,与门输出端与 $\overline{1G}$、$\overline{2G}$ 相连。当与门输出端为低电平时,74LS244 的输出允许端为低电平,那么,IN 指令就把数据输入三态缓冲器数据输入端的数据经数据总线读入累加器 AL 中。

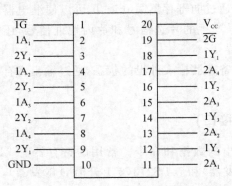

图 5-13　74LS244 数据三态输入缓冲器

5.4.3　三态缓冲寄存器

三态缓冲寄存器是由三态缓冲器和寄存器组成的。数据进入寄存器寄存后并不立即从寄存器输出,要经过三态缓冲才能输出。用于三态缓冲的寄存器有 8282 和 74LS373。74LS373 是一个带三态缓冲输出的 8D 触发器,其引脚和功能如图 5-14 所示。

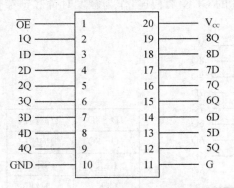

图 5-14　74LS373 三态缓冲寄存器

对于 74LS373,1D～8D 为数据输入端,1Q～8Q 为数据输出端,G 为数据锁存控制端,也称为选通输入端,$\overline{OE}$ 为数据输出允许端。

当 G＝1 时,锁存器输入端数据直接送到输出端,当 G 由 1 跳变为 0 时,数据输入锁存器中。如果将选通输入端 G 固定接高电平,74LS373 是否输出由 $\overline{OE}$ 决定,所以,它起三态缓冲器作用。

当 $\overline{OE}$＝0 时,输出端的三态门打开;而 $\overline{OE}$＝1 时,输出端的三态门关闭,输出呈高阻状态。如果将数据输出允许$\overline{OE}$端固定接低电平,74LS373 由选通端 G 控制,则它起锁存器作用。

5.4.4　寄存器和缓冲器接口的应用

寄存器和缓冲器接口的应用简单又灵活,只要处理好它们的选通端或输出允许端与 CPU 的连接即可。在本章寄存器和缓冲器接口的应用电路中都使用图 5-9 所示电路的地址译码。因为使用的仅仅是对地址信号译码的输出信号,所以,要将它和$\overline{IOR}$或$\overline{IOW}$相与后才能用作读缓冲器或写寄存器的信号。

1. 七段发光二极管显示器接口

(1)七段发光二极管显示器

发光二极管(LED)显示器是微型计算机应用系统中常用的输出装置。七段发光二极管显示器内部由 7 个条形发光二极管和 1 个圆点发光二极管组成。根据各条发光二极管的亮暗组合成十六进制数、小数点和少数字符。常用的七段发光二极管显示器的引脚排列如图 5-15 所示。其中 com 为 8 个发光二极管的公共引线,根据内部发光二极管的接线形式可分成共阴极接法和共阳极接法。若公共引线接内部 8 个发光二极管的阴极,则 abcdefgh 为 8 个发光二极管阳极的引线,即为共阴极接法的七段发光二极管显示器;若公共引线接内部 8 个发光二极管的阳极,则 abcdefgh 为 8 个发光二极管阴极的引线,即为共阳极接法的七段发光二极管显示器。本节以共阴极接法为例,说明接口方法。

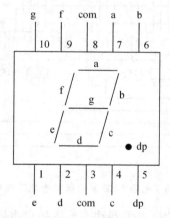

图 5-15　七段 LED 显示器的引脚

(2)七段发光二极管显示器接口电路

CPU 与七段发光二极管显示器的接口分成静态显示接口和动态显示接口。七段发光二极管显示器的静态接口是每个七段发光二极管显示器的阳极单独用一组寄存器控制,并将其公共点 com 接地。七段发光二极管显示器的动态接口使用两组寄存器。几个七段发光二极管显示器的阳极共用一组寄存器,该寄存器用作段选寄存器。另一组寄存器控制这几个七段发光二极管显示器的公共点,该寄存器用作位选寄存器。位选寄存器控制这几个显示器逐个循环点亮,只要选择适当的循环点亮发光二极管的速度,利用人眼"视觉残留"效应,就会使其看上去好像这几个七段发光二极管显示器同时在显示一样。"视觉残留"即人眼在观察景物时,光信号传入大脑神经,需经过一段短暂的时间,光的作用结束后,视觉形象并不立即消失。

采用动态控制 6 个七段发光二极管显示器与 PC 机的接口电路如图 5-16 所示。图中所有显示器相同的段选端并接在一起,由一组 7 位寄存器控制,每个显示器的 com 端分别由一组 6 位寄存器的某一位控制。反相器和与非门是为了增加驱动电流,增加负载能力。根据图 5-16 的连接,要使七段发光二极管显示器的某一段亮,应使该段相连的段选寄存器的 Q 端输出为 0,同时使其他段相连的段选寄存器的 Q 端输出为 1。例如要显示数字 9,则应使段选寄存器输出 $Q_6Q_5Q_4Q_3Q_2Q_1Q_0$ 为 0011000B,用一个字节表示该字形显示代码,则为 18H。10 个十进制数的显示代码分别为 40H、79H、24H、30H、19H、12H、02H、78H、00H、18H。而要使六位 LED 显示器中的某一位亮,其他 5 位灭,则应使与该位相连的位选寄存器的 Q 端输出为 1,其他各位为 0,例如位选寄存器 Q_0 为 1,Q_5、Q_4、Q_3、Q_2、Q_1 都为 0,则最右边的七段 LED 显示器亮,其余各位灭。

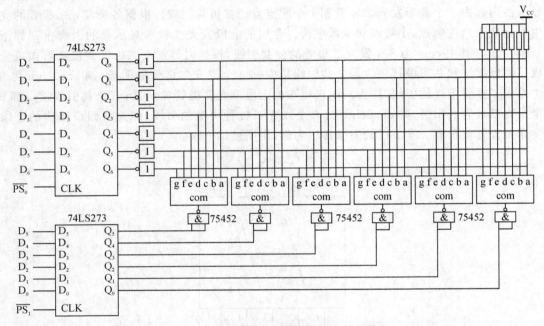

图 5-16　七段 LED 显示器动态显示接口电路

根据图 5-16 所示的七段 LED 显示器动态显示接口电路,设 $\overline{PS_0}$ 为 200H,$\overline{PS_1}$ 为 204H,把从 PC 机键盘键入的 6 位十进制数送七段 LED 显示器显示的程序如下:

```
STACK1   SEGMENT  STACK 'STACK'
         DW   32 DUP(0)
STACK1   ENDS
DATA     SEGMENT
IBF      DB   7,0,7 DUP(0)
SEGPT    DB   40H,79H,24H,30H,19H,12H,2,78H,0,18H
DATA     ENDS
CODE     SEGMENT
```

```
          ASSUME   SS:STACK1,CS:CODE,DS:DATA
START:    MOV   AX,DATA
          MOV   DS,AX
          MOV   DX,OFFSET IBF        ;键入待显示十进制数
          MOV   AH,10
          INT   21H
AGANO:    MOV   BP,OFFSET IBF+2      ;建立指针
          MOV   AH,20H               ;位指针代码
          MOV   BH,0                 ;将键入数的 ASCII 码变为 BCD 数
AGANI:    MOV   BL,DS:[BP]
          AND   BL,0FH
          MOV   AL,SEGPT[BX]         ;取 BCD 数的七段显示代码
          MOV   DX,200H              ;输出段码
          OUT   DX,AL
          MOV   AL,AH                ;输出位码
          MOV   DX,204H
          OUT   DX,AL
          MOV   CX,1000              ;延时
          LOOP  $
          INC   BP                   ;调整 BCD 数存放指针
          SHR   AH,1                 ;调整位指针
          AND   AH,AH                ;键入的 6 位数都输出否?
          JNZ   AGANI                ;6 位数都已输出则退出内循环
          MOV   AH,11                ;系统功能调用检查键盘有无输入
          INT   21H
          CMP   AL,0                 ;键盘有输入 AL=0FFH,无输入 AL=0
          JE    AGANO                ;有键入结束程序运行,无键入循环
          MOV   AH,4CH
          INT   21H
CODE      ENDS
          END   START
```

2. 键盘接口

本节介绍的键盘是由若干个按键组成的开关矩阵,用于向计算机输入数字、字符等代码,是最常用的输入电路。

在键盘的按键操作中,其开或闭均会产生 10~20 ms 的抖动,可能导致一次按键被计算机多次读入的情况。通常采用 RC 平滑电路或 RS 触发器组成的闩锁电路来消除按键抖动,也可以采用软件延时的方法消除抖动。关于消除按键抖动的电路请查阅相关的材料,本节假设开关为理想开关即没有抖动。

图 5-17 是一个 4×4 键盘及其接口电路,用它向计算机输入 0~F 共 16 个十六进制数

码。电路中寄存器 74LS273 的输出接键盘矩阵的行线,缓冲器 74LS244 的输入接键盘矩阵
的列线。列线还通过上拉电阻接电源 V_{CC}。若将寄存器 74LS273(端口地址 200H)全部输
出低电平,而从缓冲器 74LS244(端口地址 204H)读入键盘的开关的状态为 1111,则无键按
下,否则有键闭合。检查有键闭合后,再逐行逐列检测,确定是哪个键按下。确定的方法是:
将按键的位置按行输出值和列输入值进行编码。

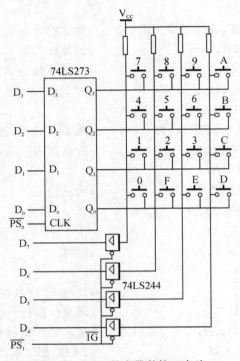

图 5-17 4×4 键盘及其接口电路

按上述定义的对应关系和十六进制数的顺序,将按键的编码排成数据表,编码(十六进
制数)与按键的位置关系对应如表 5-6 所示。将编码表放在数据区中,再根据这种编码规则
将扫描键盘的列值和行值组成一个代码。将该代码与数据区中的数据表比较,即可确定是
哪个键闭合。

表 5-6 键盘位置与编码关系

按键	编码	列输入				行输出			
		D_7	D_6	D_5	D_4	D_3	D_2	D_1	D_0
'7'	77H	0	1	1	1	0	1	1	1
'8'	B7H	1	0	1	1	0	1	1	1
'9'	D7H	1	1	0	1	0	1	1	1
'A'	E7H	1	1	1	0	0	1	1	1
'4'	7BH	0	1	1	1	1	0	1	1
'5'	BBH	1	0	1	1	1	0	1	1

续表

按键	编码	列输入				行输出			
		D_7	D_6	D_5	D_4	D_3	D_2	D_1	D_0
'6'	DBH	1	1	0	1	1	0	1	1
'B'	EBH	1	1	1	0	1	0	1	1
'1'	7DH	0	1	1	1	1	1	0	1
'2'	BDH	1	0	1	1	1	1	0	1
'3'	DDH	1	1	0	1	1	1	0	1
'C'	EDH	1	1	1	0	1	1	0	1
'0'	7EH	0	1	1	1	1	1	1	0
'F'	BEH	1	0	1	1	1	1	1	0
'E'	DEH	1	1	0	1	1	1	1	0
'D'	EEH	1	1	1	0	1	1	1	0

根据上述接口电路,确定闭合键所代表的十六进制数,并将其送 PC 机显示器显示的程序如下:

```
STACK1    SEGMENT   STACK  'STACK'
          DW    32   DUP(0)
STACK1    ENDS
DATA      SEGMENT
KEYTAB    DB  7EH,7DH,0BDH,0DDH,7BH,0BBH,0DBH,77H
          DB  0B7H,0D7H,0E7H,0EBH,0EDH,0EEH,0DEH,0BEH
DATA      ENDS
CODE      SEGMENT
          ASSUME  SS:STACK1,CS:CODE,DS:DATA
START:    MOV   AX,DATA
          MOV   DS,AX
LOP1:     MOV   DX,200H              ;检查是否有按键按下
          MOV   AL,0
          OUT   DX,AL
          MOV   DX,204H
          IN  AL,DX
          AND   AL,0F0H
          CMP   AL,0F0H
          JE  LOP1                   ;若无,继续检测,否则,顺序执行
          MOV   BX,0                 ;编码表的位移指针
          MOV   AH,0EEH
```

```
LOP2：      MOV   DX,200H                    ;扫描是哪个按键按下
           MOV   AL,AH
           OUT   DX,AL
           MOV   DX,204H
           IN    AL,DX
           AND   AL,0F0H
           CMP   AL,0F0H
           JNE   LOP3
           ROR   AH,1
           JMP   LOP2
LOP3：      AND   AH,0FH                      ;找到按下键,组合按键编码
           OR    AL,AH
LOP4：      CMP   AL,KEYTAB[BX]              ;与编码表比较
           JE    LOP5                        ;找到按键编码
           INC   BX                          ;否则,修改位移指针
           JMP   LOP4                        ;继续比较
LOP5：      ADD   BL,30H                      ;获得按键的 ASCII 值
           CMP   BL,3AH
           JC    LOP6
           ADD   BL,7
LOP6：      MOV   DL,BL                       ;送屏蔽显示
           MOV   AH,2
           INT   21H
           MOV   AH,4CH                       ;返回 DOS
           INT   21H
CODE       ENDS
           END   START
```

3. BCD 码拨盘及其接口

键盘输入随时都可以进行,灵活性很大,给人们的操作以很大的方便。也正是这种灵活性给人们误操作开了方便之门。如果某些重要的功能或数据也由键盘输入,必将因容易误操作而产生一些不良后果,因此人们常用设定静态开关的方法来执行这些功能或输入数据。在微机系统中,有时需要输入一些控制参数,这些参数一经设定将维持不变,除非给系统断电后重新设定。这时使用数字拨码盘既简单直观,又方便可靠。

数字拨码盘输出有 BCD 编码的四线输出和单片十位的十线输出两种方式。其中使用最方便的是十进制数输入、BCD 码输出的 BCD 码拨盘。它有 0～9 十个位置,每个位置有相应的数字显示,代表一位十进制数的输入。而每片拨盘代表一位十进制数,n 位十进制数可用 n 片拨盘并联安装组成,如图 5-18(a)所示,图 5-18(b)是两位拨盘输入接口电路。

BCD 码拨盘后面有 5 个接点,其中 A 为输入控制线,另外 4 根是 BCD 码输出线。拨盘拨到不同位置时,输入控制线 A 分别与 4 根 BCD 码输出线中的某根或某几根接通,其接通

的 BCD 码输出线状态正好与拨盘指示的十进制数相一致。例如拨盘拨到 6，则 A 与 4、2 接通；拨到 7 时，输入控制线与 4、2、1 接通等。图 5-19 是 8 位十进制数输入拨盘组及接口电路。

图 5-18 拨盘组接口电路中，控制端 A 接＋5 V，BCD 码的 8421 端分别通过上拉电阻接至地电平，当拨盘拨至某输入十进制数时，相应 8421 的连通端便输出高电平，而非连通端输出低电平，拨盘输出的 BCD 码为正逻辑。如拨盘拨至 9，则 BCD 码的 8421 端的 8 和 1 端与 A 连通，成为高电平，而 4 和 2 端与 A 不连通，被上拉电阻拉至低电平，BCD 码即为 1001。

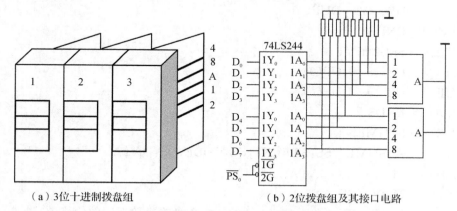

（a）3位十进制拨盘组　　　　　　　　　　（b）2位拨盘组及其接口电路

图 5-18　拨盘组成及其接口电路

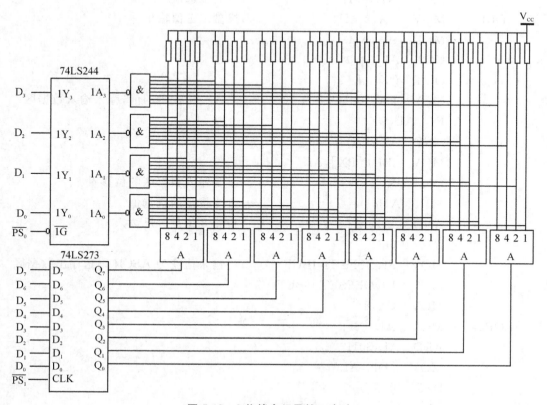

图 5-19　8 位拨盘组及接口电路

图 5-19 的拨盘组接口电路中,BCD 码的 8421 端分别通过上拉电阻接+5 V,如果控制端 A 接入低电平,则拨盘输出的 BCD 码将是负逻辑的或称为反码。拨盘输出的 BCD 码反码经过 4 个与非门后成为正逻辑的 BCD 码,送到数据输入三态缓冲器 74LS244 的输入端。假设 74LS244 的端口地址为 200H,74LS273 的端口地址为 204H。

将图 5-19 拨盘组输入的 8 位十进制数读入数据区并送 PC 机的显示器显示的程序如下:

```
STACK1    SEGMENT    STACK  'STACK'
          DW  32  DUP(0)
STACK1    ENDS
DATA      SEGMENT
IBUF      DB  8  DUP(0)
OBUF      DB  9  DUP(0)
DATA      ENDS
CODE      SEGMENT
          ASSUME   SS:STACK1,CS:CODE,DS:DATA
START:    MOV   AX,DATA
          MOV   DS,AX
          MOV   BX,0              ;拨盘输入数据区的位移量
          MOV   AH,80H            ;拨盘位选值
LOP1:     MOV   DX,204H           ;拨盘位选值输出
          MOV   AL,AH
          NOT   AL
          OUT   DX,AL
          MOV   DX,200H           ;读入一位拨盘的值,存入输入数据区
          IN    AL,DX
          AND   AL,0FH
          MOV   IBUF[BX],AL
          INC   BX                ;改变输入数据区的位移量
          SHR   AH,1              ;改变拨盘的位选值
          AND   AH,AH             ;检测 8 位是否已读入
          JNZ   LOP1
          MOV   SI,OFFSET IBUF+7  ;将输入值变为 ASCII 码送输出数据区
          MOV   DI,OFFSET OBUF+7
          MOV   CX,8
LOP2:     MOV   AL,[SI]
          ADD   AL,30H
          MOV   [DI],AL
          DEC   SI
          DEC   DI
```

```
        LOOP  LOP2
        MOV   OBUF+8,'$'
        MOV   DX,OFFSET OBUF     ;将 8 位拨盘值送显示器显示
        MOV   AH,9
        INT   21H
        MOV   AH,4CH
        INT   21H
CODE    ENDS
        END   START
```

5.5　数/模和模/数转换接口

5.5.1　概述

微型计算机只能处理数字形式的信息,但是在实际工程中大量遇到的是连续变化的物理量,例如温度、压力、流量、光通量、位移量以及连续变化的电压、电流等。利用微型计算机实现对生产设备的检测和控制,需要将模拟量转换为计算机所能接受的数字量,也需要将数字量转换成模拟量输出,驱动模拟调节执行机构工作。模/数(A/D)转换就是把输入的模拟量变为数字量,供微型计算机处理。数/模(D/A)转换就是将微型计算机处理后的数字量转换为模拟量输出。实现 A/D 转换的电路称为 A/D 转换器,简称 ADC(Analog-Digital Converter);实现 D/A 转换的电路称为 D/A 转换器,简称 DAC(Digital-Analog Converter)。

图 5-20 是微型计算机控制系统结构图,控制系统主要由模拟量输入和输出通道组成,而 A/D 和 D/A 转换电路则分别是两个通道的核心。

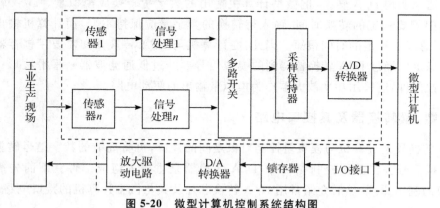

图 5-20　微型计算机控制系统结构图

1. 模拟量输入通道

(1)传感器:传感器的作用是把非电物理量转换成电物理量(电流、电压)的器件。例如,热电偶能够把温度这个物理量转换成几毫伏或几十毫伏的电压信号,它可以作为温度传感器;而有些传感器不直接输出电压,而是把电阻值、电容值或电感值的变化作为输出量,反映

对应的物理量的变化。一般传感器输出的电信号不是统一的,而且有时信号比较微弱,在输入到 A/D 转换器之前必须经外围的转换电路,如各种变送器,将传感器输出的微弱电信号或电阻值等转换成 0～10 mA 或 4～20 mA 的电流信号或 0～5 V 的电压信号。变送器主要有温度变送器、压力变送器、流量变送器等。工业控制中的物理量如温度、压力、流量等,通过变送器很容易与 A/D 转换器相联系。

(2)信号处理:由于不同传感器输出的电信号各不相同,而且传感器处于恶劣的工作环境,其输出有各种干扰信号,需增加滤波电路,滤去干扰信号。经过信号处理环节,将传感器输出的信号放大处理成与 A/D 转换器的输入相适应的电压信号。因此,信号处理环节主要包括信号放大电路和低通滤波电路等。

(3)多路开关:工业控制过程中,要监测或控制的对象往往不止一个,而且有不少模拟量是缓慢变化的,对于模拟量的采集,可以采用多路模拟开关,使多个模拟量共用一个 A/D 转换器进行 A/D 转换。

(4)采样保持电路:采样保持电路是在 A/D 转换期间采样输入量并保持一段时间的电路。由于输入模拟量是连续变化的,而 A/D 转换器要完成一次转换是需要时间的,这段时间称为转换时间。不同类型的 A/D 转换芯片,其转换时间不同。对变化较快的模拟量来说,如果不采取措施,将会引起转换误差。A/D 转换器的转换时间越长,对同样频率模拟量转换精度的影响就越大。为了保证转换精度,可用采样保持器在 A/D 转换期间,保持采样输入信号大小不变。

(5)A/D 转换器:A/D 转换器是模拟量输入通道的核心环节,其作用是将模拟输入量转换成数字量,以便于计算机读取和分析处理。通常 A/D 转换器的输入有几种电压等级,分别为双极性 0～±2.5 V、0～±5 V、0～±10 V,单极性 0～5 V、0～10 V、0～20 V 等。

2. 模拟量输出通道

计算机输出的是数字量,执行元件要求提供电流或电压等模拟量。因此,必须采用模拟量输出通道来实现 D/A 转换,把微型计算机输出的数字量转换成模拟量。D/A 转换器在转换过程中需要一定的转换时间,输入待转换的数字量应保持不变,而计算机输出的数字量,在数据总线上稳定的时间很短。因此,在计算机与 D/A 转换器间需要用锁存器来保持数字量的稳定。经过 D/A 转换器得到的模拟信号要经过低通滤波器来平滑波形;同时,为了驱动受控部件,应采用功率放大器作为模拟量输出的驱动电路。

5.5.2 数/模转换器及其接口电路

D/A 转换器是计算机与模拟量控制对象之间的接口,可将离散的数字信号转换成连续变化的模拟信号。在工程控制领域中,D/A 转换器是重要的组成部件。下面先简单介绍 D/A 转换的基本原理,然后介绍常用 D/A 转换芯片及其与微型计算机的接口电路。

1. D/A 转换的基本原理

实现 D/A 转换的基本方法是将数字量的每一位代码,按其权的大小转换为相应的模拟量,然后将代表各位的模拟量相加,所得的总和就是与数字量对应的成正比的模拟量,根据这个转换原理,可设计多种 D/A 转换器。

(1)权电阻网络 D/A 转换器

图 5-21 是一个 4 位权电阻 D/A 转换器,它包括参考电压 V_{REF}、电子开关、权电阻网络、运算放大器四个部分。电子开关 $S_3 \sim S_0$ 分别由 4 位二进制代码 $d_3 \sim d_0$ 控制,如 d_0 为 1 时,表示 S_3 与 V_{REF} 接通;d_0 为 0 时,表示 S_3 与地接通。

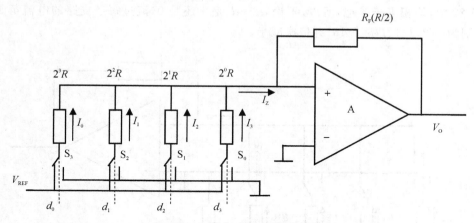

图 5-21　4 位权电阻 D/A 转换器

设运算放大器为理想运算放大器,则由图 5-21 可知:

$$V_o = -R_F I_Z = -R_F(I_3 + I_2 + I_1 + I_0) \tag{5.1}$$

其中,$I_3 = \dfrac{V_{REF}d_3}{2^0 R}$,$I_2 = \dfrac{V_{REF}d_2}{2^1 R}$,$I_1 = \dfrac{V_{REF}d_1}{2^2 R}$,$I_0 = \dfrac{V_{REF}d_0}{2^3 R}$。

当 $R_F = R/2$ 时

$$V_o = -\frac{V_{REF}}{2^4}(d_3 2^3 + d_2 2^2 + d_1 2^1 + d_0 2^0) \tag{5.2}$$

那么,对于 n 位的权电阻网络 D/A 转换器,输出电压可按下式计算:

$$V_o = -\frac{V_{REF}}{2^n}(d_{n-1} 2^{n-1} + d_{n-2} 2^{n-2} + \cdots + d_1 2^1 + d_0 2^0) = -\frac{V_{REF}}{2^n} D_n \tag{5.3}$$

由上式可见,输出模拟量 V_o 与输入数字量 D_n 成正比,从而实现了数字量到模拟量的转换。

当 $D_n = 0$ 时,$V_o = 0$;当 $d_{n-1}, d_{n-2}, \cdots, d_1, d_0$ 均为 1 时,即

$$D_n = 2^{n-1} + 2^{n-2} + \cdots + 2^1 + 2^0 = 2^n - 1 \tag{5.4}$$

则可得

$$V_o = -\frac{2^n - 1}{2^n} V_{REF} \tag{5.5}$$

即输出电压 V_o 的变化范围为 $0 \sim -\dfrac{2^n - 1}{2^n} V_{REF}$。$V_{REF}$ 为正电压时,V_o 为负值;V_{REF} 为负电压时,V_o 为正值。

权电阻网络 D/A 转换器的转换精度与基准电压、权电阻的精度和数字量的位数有关。位数越多,转换精度就越高,但同时权电阻的种类就越多。由于在集成电路中制作高阻值的精密电阻比较困难,所以,常用 T 型网络来代替权电阻网络。

(2)T 型电阻网络 D/A 转换器

图 5-22 是 4 位 T 型电阻网络 D/A 转换器的电路图,该电路在集成电路中易实现,精度

也容易保证,因此得到广泛的应用。由 4 位二进制代码 $d_3 \sim d_0$ 分别控制电子开关 $S_3 \sim S_0$,接运算放大器的反相输入端或接地端。例如,d_3 为 1 时,表示 S_3 与运算放大器的反相输入端接通;d_3 为 0 时,表示 S_3 与地端接通。因为理想运算放大器的同相端与反相端是虚短的,在图 5-22 中,均相当于接地,所以,不论 $d_3 \sim d_0$ 是 1 还是 0,流过每条支路的电流都是不变的,分别为 $I/2$、$I/4$、$I/8$、$I/16$,并依次减半。

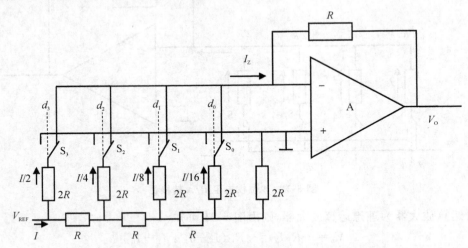

图 5-22 4 位 T 型电阻网络 D/A 转换器

从参考电压端输出的总电流是固定的,大小为

$$I = \frac{V_{REF}}{R} \tag{5.6}$$

但电流 I_z 的大小取决于二进制代码 $d_3 \sim d_0$ 是 1 还是 0,大小为

$$I_z = \frac{I}{2}d_3 + \frac{I}{4}d_2 + \frac{I}{8}d_1 + \frac{I}{16}d_0 \tag{5.7}$$

输出电压 V_o 的值为

$$V_o = -I_z R = -IR\left(\frac{1}{2}d_3 + \frac{1}{4}d_2 + \frac{1}{8}d_1 + \frac{1}{16}d_0\right) = -\frac{V_{REF}}{2^4}(2^3 d_3 + 2^2 d_2 + 2^1 d_1 + 2^0 d_0) \tag{5.8}$$

2. D/A 转换器的主要技术指标

D/A 转换器的性能指标是选用 DAC 芯片型号的依据,也是衡量芯片性能的重要参数。DAC 性能指标主要有以下四个:

(1)分辨率(resolution)。分辨率是指 D/A 转换器能分辨的最小输出模拟量,取决于输入数字量的二进制位数,通常用数字量的位数来表示,如 8 位、10 位等。一个 n 位的 DAC 芯片所能分辨的最小电压增量定义为满量程值的 $1/2^n$ 位。例如,满量程为 10 V 的 8 位 DAC 芯片的分辨率为 $10 \times (1/2^8) = 39$ mV,一个同样量程的 16 位 DAC 芯片的分辨率约为 $10 \times (1/2^{16}) = 153$ μV。

(2)转换精度(conversion accuracy)。转换精度和分辨率是两个不同概念。转换精度是指满量程时 DAC 的实际模拟输出值和理论值的接近程度。该误差是由 D/A 增益误差、零点误差和噪声等引起的。对于 T 型电阻网络 DAC,其转换精度与参考电压 V_{REF}、电阻值和电子开关的误差有关。例如,满量程时理论输出值为 10 V,实际输出值是在 9.99～10.01 V 之间,其转换精度为 0.01 V。通常,DAC 的转换精度为分辨率的一半,即为 LSB/2。LSB 是指最低一位数字量变化引起输出电压幅度的变化量。

(3)偏移量误差(offset error)。偏移量误差是指输入数字量为 0 时,输出模拟量对 0 的偏离值。这种误差通常可以通过 DAC 外接 V_{REF} 和电位计加以调整。

(4)线性度(linearity)。线性度是指 DAC 实际转换特性曲线和理想直线之间的最大偏差。通常,线性度不应超出 $\pm$LSB/2。

除了上述指标外,转换速度(conversion rate)和温度灵敏度(temperature sensitivity)等也是 DAC 的重要技术参数,根据 DAC 芯片实际用途也必须加以考虑。

3. 典型 D/A 转换器芯片

集成 D/A 芯片类型很多,按其转换方式不同可以分为并行和串行两大类,串行的转换速度较慢,并行的转换速度较快。按生产工艺分为 TTL、MOS 型等,它们的精度和速度各不相同。按字长可分为 8 位、10 位、12 位等。按输出形式又可分为电压型和电流型两类。各种类型的 D/A 芯片中,只有带使能端和控制端的方可和计算机直接相连接。下面介绍在模拟通道中常用的集成 D/A 芯片 DAC0832 和 DAC1210。

(1)8 位数模转换器 DAC0832

①DAC0832 的结构

DAC0832 是具有 20 条引线的双列直插式 CMOS 器件,内部具有两级数据寄存器,完成 8 位电流 D/A 转换。其结构框图如图 5-23 所示。

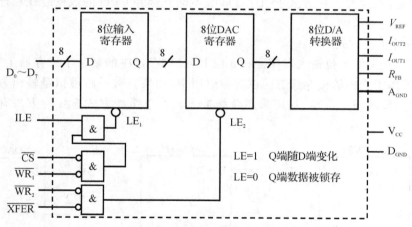

图 5-23 DAC0832 的内部结构

$D_0 \sim D_7$:D/A 转换器的 8 位数据输入线。

$\overline{CS}$:片选输入信号,低电平有效。

$\overline{WR_1}$:D/A 转换器的数据写入信号 1,低电平有效。

ILE(Input Latch Enable):输入寄存器的允许信号,高电平有效。ILE 信号与 $\overline{CS}$、$\overline{WR_1}$ 共同控制选通输入寄存器。当 $\overline{CS}$、$\overline{WR_1}$ 都为低电平,ILE 为高电平时,LE_1 为高电平,输入数据被选通到 8 位输入寄存器,即输入寄存器处于直通状态,输入的数据会立即送到寄存器的输出端。当 ILE 为低电平时,LE_1 下跳为低电平,输入寄存器锁存,其输出端不再随输入端变化。

$\overline{\text{XFER}}$：从输入寄存器向 DAC 寄存器传送 D/A 转换数据的控制信号，低电平有效。

$\overline{\text{WR}_2}$：DAC 寄存器的选通信号，低电平有效。当 $\overline{\text{XFER}}$、$\overline{\text{WR}_2}$ 同时有效时，输入寄存器的数据被装入 DAC 寄存器，并同时启动一次 D/A 转换。

V_{CC}：芯片电源，其值可在 $+5 \sim +15$ V 之间选定，典型值为 $+15$ V。

A_{GND}：模拟信号地。

G_{GND}：数字信号地。

R_{FB}：内部反馈电阻引脚，用来外接 D/A 转换器输出增益调整电位器。

V_{REF}：D/A 转换器的基准电压，其范围可在 $-10 \sim +10$ V 之间选定。

I_{OUT1}：D/A 转换器输出电流 1，当输入数字为全"1"时，其值最大，约为 $255V_{\text{REF}}/256R_{\text{FB}}$；当输入数字为全"0"时，其值最小，即为 0。

I_{OUT2}：D/A 转换器输出电流 2，它与 I_{OUT1} 关系为：$I_{\text{OUT1}} + I_{\text{OUT2}} =$ 常数。

②DAC0832 的工作方式

根据 DAC0832 的 5 个控制信号的不同连接方式，DAC0832 有直通、单缓冲和双缓冲三种工作方式。

a. 直通工作方式

将 $\overline{\text{WR}_1}$、$\overline{\text{WR}_2}$、$\overline{\text{XFER}}$ 和 $\overline{\text{CS}}$ 引脚直接与数字地连接，ILE 接高电平时，芯片即处于直通状态。此时，8 位数字量一旦到达 $D_0 \sim D_7$ 输入端，就立即进行 D/A 转换而输出。在这种工作方式下，两个寄存器跟随输入的数字量变化而变化，所以，常用于连续反馈控制的环路中。值得注意的是，在这种工作方式下，DAC0832 不能直接和 CPU 的数据总线相连接，故很少采用。

b. 单缓冲工作方式

此工作方式是使 8 位输入寄存器和 8 位 DAC 寄存器中的某一个寄存器工作在直通状态，另一个工作于受控的锁存状态。在实际应用中，如果只有一路模拟量输出，或虽有几路模拟量但并不要求同步输出，就可采用单缓冲方式。单缓冲方式连接的方法有三种，如图5-24所示。

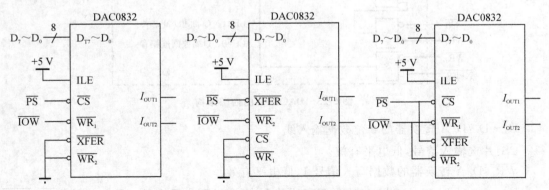

图 5-24　DAC0832 单缓冲工作方式控制信号连接

第一种方法为使 DAC 寄存器处于直通方式，即把 $\overline{\text{WR}_2}$ 和 $\overline{\text{XFER}}$ 都接数字地；第二种方法是使输入寄存器处于直通方式，即把 $\overline{\text{WR}_1}$ 和 $\overline{\text{CS}}$ 连接数字地；第三种方法是使输入寄存器和 DAC 寄存器同时处于受控的锁存器状态,即把 $\overline{WR_1}$ 和 $\overline{WR_2}$ 连接在一起并接到 CPU 的 $\overline{IOW}$,XFER 和 CS 连接在一起并和端口地址译码信号引脚连接。

c. 双缓冲工作方式

图 5-25 为 DAC0832 与微型计算机接口的双缓冲方式连接电路。这时,输入寄存器和 DAC 寄存器分别控制,故占用两个端口地址 200H 和 204H。200H 选通输入寄存器,204H 选通 DAC 寄存器。在双缓冲方式下,CPU 要对 DAC 芯片进行两步写操作:先将数据写入输入寄存器,再将输入寄存器的内容写入 DAC 寄存器。其连接方式是:ILE 固定接高电平,$\overline{WR_1}$、$\overline{WR_2}$ 均接 CPU 的 $\overline{IOW}$,而 XFER 和 CS 分别接两个端口的地址译码信号引脚。

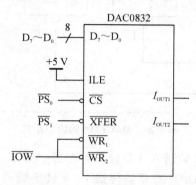

图 5-25　DAC0832 的双缓冲连接方式

(2)DAC1210

DAC1210 是美国国家半导体公司生产的 12 位 D/A 转换器芯片,是智能化仪表中常用的一种高性能的 D/A 转换器。

①主要特性

DAC1210 是一个 12 位的 D/A 转换器芯片,24 脚双列直插式封装,输入端与 TTL 兼容,其主要特性为:

a. 数据通道有双寄存器,可对输入数据进行两级缓冲,输入信号与 TTL 兼容。

b. 分辨率为 12 位,建立时间为 1 μs。

c. 外接 ± 10 V 的基准电压,工作电源为 $+5\sim+15$ V,功耗约为 200 mW。

d. 它是电流输出型 D/A 转换器。

②内部结构及引脚

DAC1210 内部逻辑结构如图 5-26 所示。DAC1210 的内部结构与 DAC0832 非常相似,所不同的是 DAC1210 具有 12 位的数据输入端,且其 12 位数据输入寄存器由一个 8 位的输入寄存器和一个 4 位的输入寄存器组成。两个输入寄存器的输入允许控制都要求 $\overline{WR_1}$ 和 CS 为低电平,但 8 位输入寄存器的数据输入还要求 B_1/B_2 端为高电平。

$DI_0\sim DI_{11}$:D/A 转换器的 12 位数据输入引脚。

$\overline{CS}$:片选输入信号,低电平有效。

$\overline{WR_1}$:D/A 转换器的数据写入信号 1,低电平有效。此信号为高电平时,两个输入寄存器都不接收新数据。当此信号有效时,与 $B_1/\overline{B_2}$ 配合起控制作用。

$B_1/\overline{B_2}$:字节控制。此端为高电平时,12 位数字量同时送入输入寄存器。此端为低电平

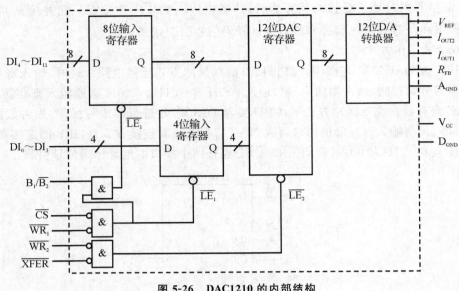

图 5-26   DAC1210 的内部结构

时,只将 12 位数字量中的低 4 位送入 4 位输入寄存器中。

$\overline{\text{XFER}}$:从输入寄存器向 DAC 寄存器传送 D/A 转换数据的控制信号,低电平有效,与 $\overline{\text{WR}_2}$ 配合使用。

$\overline{\text{WR}_2}$:DAC 寄存器的选通信号,低电平有效。当 $\overline{\text{XFER}}$、$\overline{\text{WR}_2}$ 同时有效时,输入寄存器的数据被装入 DAC 寄存器,并同时启动一次 D/A 转换。

V_{CC}:芯片电源,其值可在 $+5 \sim +15$ V 之间选定,典型值为 $+15$ V。

A_{GND}:模拟信号地。

G_{GND}:数字信号地。

R_{FB}:内部反馈电阻引脚,用来外接 D/A 转换器输出增益调整电位器。

V_{REF}:D/A 转换器的基准电压,其范围可在 $-10 \sim +10$ V 之间选定。

I_{OUT1}:D/A 转换器输出电流 1,当输入数字为全"1"时,其值最大;当输入数字为全"0"时,其值最小。

I_{OUT2}:D/A 转换器输出电流 2,它与 I_{OUT1} 关系为:$I_{OUT1} + I_{OUT2} = $ 常数。

4. D/A 转换器与 CPU 的接口

D/A 转换器与微处理器的连接包括三个部分,即数据线、控制线和地址线。正确的接口应使微处理器能够控制 D/A 转换器工作,微处理器向 D/A 转换器执行一条输出指令,就可获得一个给定的电流或电压输出。

D/A 转换器与微处理器的接口中,一个重要问题是数据锁存问题。微处理器输出数据到 D/A 转换器是通过数据总线进行的。数据总线上的数据总是不断变化,输出到 D/A 转换器的数据只是在执行输出指令的几微秒中出现在数据总线上,而 D/A 转换器要求在转换期间数据输入保持稳定,以便得到稳定的模拟输出。因此,微处理器数据总线上输出的数据必须用锁存器锁存,直至转换结束。事实上,不少 D/A 转换器,其内部已有数据锁存器,所以,在微处理器与 D/A 转换器之间无需数据锁存器。对于内部无数据锁存器的 D/A 转换器,则必须外加数据锁存器,如 74LS273、8282 等。D/A 转换器内部或外部的数据锁存器都受地址译码和输入/输出端口写信号的控制。

(1)DAC0832 与 CPU 的接口

①单缓冲方式接口与应用

缓冲方式工作时一般将 $\overline{\text{XFER}}$ 和 $\overline{\text{WR}_2}$ 端接数字地,使 8 位 DAC 寄存器处于直通状态。输入寄存器受微处理器的地址译码及 I/O 写信号控制。如图 5-27 所示。

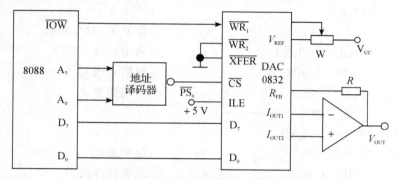

图 5-27　DAC0832 与微处理器接口电路框图

在这种单缓冲方式接口中,8088 CPU 执行 OUT PORT,AL 指令,将在 $\overline{\text{CS}}$ 和 $\overline{\text{WR}_1}$ 上产生低电平信号,使 DAC0832 接收 8088 CPU 送来的数字量。在本书中,端口地址 PORT 采用图 5-9 地址译码电路中的 $\overline{\text{PS}}$。

DAC0832 单缓冲方式接口应用举例:

例 5.20　根据图 5-27 接线,编写产生正弦波信号的程序。

对于正弦波,可以把一个周期等分成若干个点,每个点分配适当的数据,那么,这些数据分别送 DAC0832 转换,经集成运算放大器实现电流/电压变换,集成运放的输出信号经低通滤波器后就可输出正弦波。程序如下,本程序中 DAC0832 的端口地址选择 $\overline{\text{PS}_0}$,即端口地址为 200H。

```
STACK1    SEGMENT STACK 'STACK'
          DW   100 DUP(0)
STACK1    ENDS
DATA      SEGMENT
TAB_1     DB   7FH,8BH,96H,0A1H,0ABH,0B6H,0C0H,0C9H,0D2H
          DB   0DAH,0E2H,0E8H,0EEH,0F4H,0F8H,0FBH,0FEH,0FFH,0FFH
          DB   0FFH,0FEH,0FBH,0F8H,0F4H,0EEH,0E8H,0E2H,0DAH
          DB   0D2H,0C9H,0C0H,0B6H,0ABH,0A1H,096H,08BH,07FH
          DB   74H,69H,5EH,54H,49H,40H,36H,2DH,25H,1DH,17H,11H
          DB   0BH,7,4,2,0,0,0,2,4,7,0BH,11H,17H,1DH
          DB   25H,2DH,36H,40H,49H,54H,5EH,69H,74H
DATA      ENDS
CODE      SEGMENT
          ASSUME  CS:CODE,DS:DATA,SS:STACK1
```

```
START:   MOV   AX,DATA
         MOV   DS,AX
         NOP
         MOV   DX,200H              ;DAC 端口地址送 DX
LOP1:    LEA   SI,TAB_1             ;数据区首址送 SI
         MOV   CX,72               ;共 72 个数据
LOP2:    LODSB                     ;[DS:SI]→AL
         OUT   DX,AL               ;数据送 DAC 转换
         CALL  DELAY               ;调用延时子程序
         LOOP  LOP2                ;数据未送完转 LOP2
         JMP   LOP1                ;周期性重复
;————  延时子程序 ————
DELAY    PROC  NEAR
         PUSH  CX                  ;保护现场
         MOV   CX,30               ;设置循环次数
         LOOP  $                   ;CX≠0,重复执行本指令
         POP   CX                  ;恢复现场
         RET
DELAY    ENDP
CODE     ENDS
         END   START
```

例 5.21 根据单缓冲方式下的 DAC0832 与 CPU 的连接图 5-27,编写产生锯齿波、三角波和方波的程序。

对于图 5-27,运算放大器输出端 V_{OUT} 通过电阻 R 反馈到 R_{FB} 引脚,故这种接线产生的模拟输出电压是单极性的。

a. 锯齿波程序

```
STACK1   SEGMENT STACK 'STACK'
         DW   100 DUP(0)
STACK1   ENDS
CODE     SEGMENT
         ASSUME  CS:CODE,SS:STACK1
START:   MOV  AL,0                 ;AL←0
         MOV  DX,200H              ;端口地址 200H
LOP:OUT  DX,AL                     ;启动 DAC 转换
         INC  AL                   ;AL←AL+1
         PUSH AX                   ;保护 AL 的内容
         MOV  AH,11                ;11 号功能调用
         INT  21H
         CMP  AL,0                 ;有键入 AL=FFH,无键入 AL=0
```

```
        POP   AX                    ;恢复 AL 的内容
        JE  LOP                     ;无键入继续
        MOV  AH,4CH                 ;有键入,返回 DOS
        INT  21H
CODE    ENDS
END     START
```

由于运算放大器的反相作用,锯齿波是负极性的,而且可以从宏观上看到它从 0 V 线性下降到负的最大值。但是,实际上它分成 256 个小台阶,每个小台阶延时时间为执行一遍程序所需的时间,因此,在上面程序体中插入 NOP 指令或延时程序,就可以改变锯齿波的频率。

b. 三角波程序

三角波由线性下降部分和线性上升部分组成,相应的程序为:

```
STACK1   SEGMENT STACK 'STACK'
         DW   100 DUP(0)
STACK1   ENDS
CODE     SEGMENT
         ASSUME  CS:CODE,SS:STACK1
START:   MOV  AL,0;AL←0
         MOV  DX,200H                ;端口地址 200H
UP:      OUT  DX,AL                  ;启动 DAC 转换
         INC  AL                     ;上升部分
         JNZ  UP
         MOV  AL,0FEH                ;下降部分
DOWN:    OUT  DX,AL
         DEC  AL
         JNZ  DOWN
         PUSH  AX                    ;保护 AL 的内容
         MOV  AH,11                  ;11 号功能调用
         INT  21H
         CMP  AL,0                   ;有键入 AL=FFH,无键入 AL=0
         POP  AX                     ;恢复 AL 的内容
         JE  UP                      ;无键入,转 UP
         MOV  AH,4CH                 ;有键入,返回 DOS
         INT  21H
CODE     ENDS
         END  START
```

在三角波程序中,在上升部分和下降部分程序体中,如果插入 NOP 指令或延时程序,可以改变三角波的频率。如果上升部分和下降部分程序体的延时时间不同,不仅可以改变三角波的频率,还可改变三角波的波形。

c. 方波程序

方波包括高电平和低电平两个部分,高、低电平时间相同,则为方波,在本例题中,可以通过改变延时子程序中 CX 寄存器的值来实现。如果让高电平延时时间和低电平延时时间不同,则波形就变为矩形波。

```
STACK1    SEGMENT STACK 'STACK'
          DW   100 DUP(0)
STACK1    ENDS
CODE      SEGMENT
ASSUME CS:CODE,SS:STACK1
START:    MOV   DX,200H          ;端口地址 200H
AGAIN:    MOV   AL,0             ;AL←0
          OUT   DX,AL            ;启动 DAC 转换
          CALL  DELAY            ;低电平时间
          MOV   AL,0FFH
          OUT   DX,AL
          CALL  DELAY            ;高电平时间
          MOV   AH,11            ;11 号功能调用
          INT   21H
          CMP   AL,0             ;有键入 AL=FFH,无键入 AL=0
          JE  AGAIN              ;无键入继续
          MOV   AH,4CH           ;有键入,返回 DOS
          INT   21H
;———    延时子程序 ———
DELAY     PROC  NEAR
          MOV   CX,30            ;设置循环次数
          LOOP   $               ;CX≠0,重复执行本指令
          RET
DELAY     ENDP
CODE      ENDS
          END   START
```

②双缓冲方式接口与应用

两个寄存器都处于受控方式。为了实现两个寄存器的可控,应当给它们各分配一个端口地址,以便能按端口地址进行操作。D/A 转换采用两步写操作来完成。可在 DAC 转换输出前一个数据的同时,将下一个数据送到输入寄存器,以提高 D/A 转换速度。还可用于多路 D/A 转换系统,以实现多路模拟信号同步输出的目的。

例 5. 23　图 5-28 为 DAC0832 与微处理器接口的双缓冲方式连接电路。这时,输入寄存器和 DAC 寄存器分别控制,每个 DAC 芯片占用两个端口地址。在控制绘图仪中,使用两片 DAC0832 芯片,分别用于 X 轴和 Y 轴的驱动控制。

X-Y 绘图仪由 X、Y 两个方向的电机驱动,其中一个电机控制绘图笔沿 X 方向运动,另

一个电机控制绘图笔沿 Y 方向运动,从而绘出图形。因此,对 X-Y 绘图仪的控制有两点基本要求:一是需要两路 D/A 转换器分别给 X 通道和 Y 通道提供模拟信号;二是两路模拟量要同步输出。

两路模拟量输出是为了使绘图笔能沿 X-Y 轴做平面运动,而模拟量同步输出则是为了使绘制的曲线光滑,否则绘制出的曲线就是台阶状的。为此就要使用两片 DAC0832,并采用双缓冲方式连接。

两片 DAC0832 占用 3 个端口地址,其中两片 DAC0832 的输入寄存器各占一个地址,而两片 DAC0832 的 DAC 寄存器则合用一个地址。X 方向 DAC0832 输入寄存器的端口地址为 200H,Y 方向 DAC0832 输入寄存器的端口地址为 204H,两个 DAC 寄存器共用的端口地址为 208H。

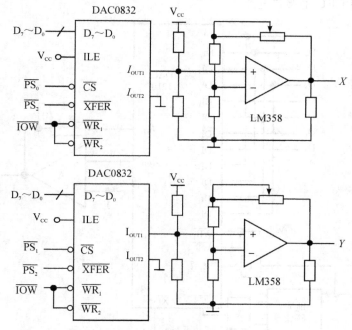

图 5-28　DAC0832 控制绘图仪的接口电路

程序算法是:首先使用一条输出指令把 X 坐标数据送到 X 方向 DAC 芯片的输入寄存器,然后又用一条输出指令把 Y 坐标数据送到 Y 方向 DAC 芯片的输入寄存器,最后用一条输出指令把送到 X 和 Y 方向 DAC 芯片输入寄存器的数据送入各自 DAC 寄存器,进行 D/A 转换并输出。

设 X 轴数据和 Y 轴数据存放于 AX 寄存器,则绘图仪的驱动子程序为:

```
HTY   PROC
      PUSH   CX
      PUSH   DX
      MOV   DX,200H          ;X轴输入寄存器地址
      OUT   DX,AL            ;输出X轴数据
      MOV   DX,204H          ;Y轴输入寄存器地址
```

```
        XCHG  AH,AL
        OUT  DX,AL              ;输出 Y 轴数据
        MOV  DX,208H            ;X 和 Y 轴 DAC 寄存器地址
        OUT  DX,AL              ;X、Y 送 DAC 寄存器
        POP  DX
        POP  CX
HTY  ENDP
```

(2)DAC1210 与 CPU 接口

下面以 DAC1210 与 8088 CPU 的接口为例。由于 DAC1210 内部具有数据锁存器,所以,它与 CPU 接口时,可以不需要外加数据锁存器,这样可以简化接口电路。图 5-29 是 DAC1210 与 8088 CPU 的接口电路。

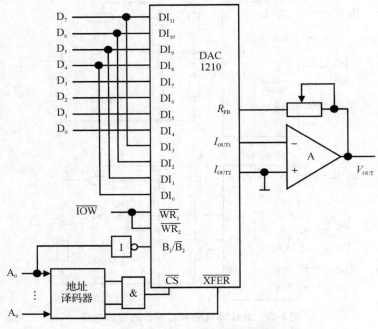

图 5-29 DAC1210 与 8 位微处理器接口

DAC1210 的 12 位数据线 $DI_{11} \sim DI_0$ 与 CPU 的 8 位数据总线 $D_7 \sim D_0$ 相连时,可将 DAC1210 输入数据线的高 8 位 $DI_{11} \sim DI_4$ 与 CPU 数据总线 $D_7 \sim D_0$ 相连,而其低 4 位 $DI_3 \sim DI_0$ 也接至 CPU 的数据总线 $D_7 \sim D_4$ 上,12 位的数据输入应由两次写入操作完成。设 DAC1210 占用了 200H~202H 三个端口地址,两次数据输入端口地址是先偶地址(200H)后奇地址(201H),将 A_0 地址线经反相器后接至 $B_1 / \overline{B_2}$ 端。最后,写入数据寄存器的数据输入 DAC 寄存器,完成 D/A 转换,其端口地址为 202H。

由于 DAC1210 中的 4 位输入寄存器的 $\overline{LE_1}$ 端只受 $\overline{CS}$ 和 $\overline{WR_1}$ 控制,而其 8 位输入寄存器也受 $\overline{CS}$ 和 $\overline{WR_1}$ 控制,故两次写入操作均使 4 位寄存器的内容更新。因此,正确的操作步骤是:先使 DAC1210 的 $B_1 / \overline{B_2}$ 端为高电平,写入高 8 位寄存器;再使 $B_1 / \overline{B_2}$ 端为低电平,以保护 8 位输入寄存器已写入的内容,同时进行第二次写入操作。虽然第一次写入操作时,4 位输

入寄存器中也写入某个数据,但第二次写入操作后,此数据便被更新为新的数据。

下面是实现一次转换输出的程序段,设 BX 寄存器中低 12 位为待转换的数字量。

```
START:MOV  DX,200H          ;数据输入寄存器偶地址
      MOV  CL,4
      SHL  BX,CL            ;BX 中数据左移 4 位
      MOV  AL,BH            ;高 8 位送 AL
      OUT  DX,AL            ;写入高 8 位数
      INC  DX               ;数据输入寄存器奇地址
      MOV  AL,BL            ;低 4 位送 AL
      OUT  DX,AL            ;写入低 4 位数
      INC  DX               ;DAC 寄存器端口地址
      OUT  DX,AL            ;启动 D/A 转换
      HLT
```

5.5.3 模/数转换器及其接口电路

A/D 转换器是模拟信号与计算机之间联系的桥梁,其功能是将连续变化的模拟信号转换为数字信号,以便计算机进行处理。根据 A/D 转换器的原理可将 A/D 转换器分成两大类,一类是直接型 A/D 转换器,另一类是间接型 A/D 转换器。尽管 A/D 转换器的种类很多,但目前应用较广泛的主要有三种类型:逐次逼近式 A/D 转换器、双积分式 A/D 转换器和 V/F 变换式 A/D 转换器。本节简要介绍前两种 A/D 转换器的基本原理。

1. A/D 转换器的基本的原理

(1)逐次逼近式 A/D 转换器原理

图 5-30 是逐次逼近式 A/D 转换器的电路原理图。其主要原理为:将一待转换的模拟输入信号 V_i 与一个推测信号 V_o 相比较,根据推测信号大于还是小于输入信号来决定增大还是减小推测信号,以便向模拟输入信号逼近。推测信号由 D/A 转换器的输出获得,当推测信号与模拟信号相等时,向 D/A 转换器输入的数字就是对应模拟输入量的数字量。

其推测值的算法如下:使二进制计数器中(输出锁存器)的每一位从最高位起依次置 1,每置位一位时,都要进行测试。若模拟输入信号 V_i 小于推测信号 V_o,则比较器输出为 0,并使该位清 0;若模拟输入信号 V_i 大于推测信号 V_o,比较器输出为 1,并使该位保持为 1。无论哪种情况,均应继续比较下一位,直到最末位为止。此时,D/A 转换器的数字输入即为对应模拟输入信号的数字量,将此数字量输出就完成了 A/D 转换过程。

(2)双积分式 A/D 转换器的原理

图 5-31 是双积分式 A/D 转换器的工作原理图。它是将未知电压 V_i 转换成时间值来间接测量的,所以,双积分式 A/D 转换器也称为 T-V 型 A/D 转换器。双积分式 A/D 转换器由电子开关、积分器、比较器和控制逻辑等组成。

具体工作过程如下:转换开始后,首先使积分电容完全放电,并将计数器清 0。然后使开关 K 先接通输入电压 V_i 端,积分器对 V_i 定时积分,当定时 T_o 到时,控制逻辑使开关 K 合向基准电压 V_{REF} 端,并让计数器开始计数,此时积分电容反向积分(放电),输出电压为 0 时,比较器翻转,控制计数器停止计数。图 5-31(b)为两次积分的波形图,可以看出,正向积

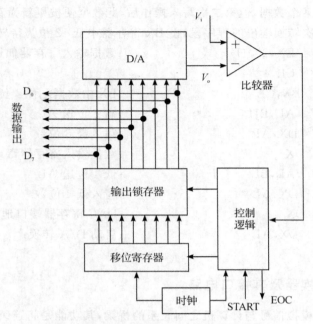

图 5-30　逐次逼近式 A/D 转换器原理图

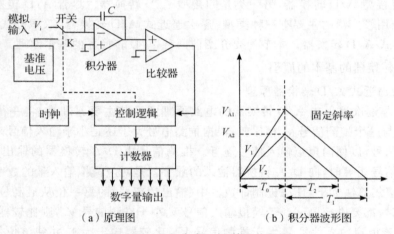

（a）原理图　　　　　　　（b）积分器波形图

图 5-31　双积分式 A/D 的工作原理

分时间 T_0 固定的情况下，V_i（图中的 V_1 和 V_2）越大，积分器的输出电压 V_{Ai} 越大。反相积分时积分器的斜率是固定的，反向积分时间 T_i（图中的 T_1 和 T_2）正比于输入电压 V_i，所以，反相积分时间越长。T_i 的数值可由计数器得到，计数器在反相积分时间内所计的数值就是输入电压 V_i 在时间 T 内的平均值对应的数字量。

2.A/D 转换器的主要技术指标

无论是分析还是设计 A/D 转换器接口电路，都会涉及有关 ADC 转换器的技术指标。

（1）分辨率（resolution）。分辨率反映 A/D 转换器对输入微小变化响应的能力，通常用数字量的最小有效位（LSB）所对应的模拟输入的电平值表示。例如，具有 8 位分辨率的 ADC 转换器能够分辨出满刻度的 $1/2^8$ 或满刻度的 0.39%。一个 10 V 满刻度的 12 位 ADC

能够分辨输入电压变化的最小值为 2.4 mV。

（2）精度（accuracy）。精度有绝对精度（absolute accuracy）和相对精度（relative accuracy）两种。

①绝对精度：在一个转换器中，任何数字量所对应的实际模拟电压与其理想的电压值之差并非是一个常数，把这个差的最大值定义为绝对精度。通常用数字量的最小有效位（LSB）的分数值来表示，如 ±1 LSB、±1/2 LSB 等，它包括量化误差和其他所有误差。

②相对精度：与绝对精度相似，所不同的是把这个最大偏差表示为满刻度模拟电压的百分数，或者用二进制分数来表示相对应的数字量。如满刻度为 10 V，8 位 A/D 芯片，若其绝对精度为 ±1/2 LSB，则其最小有效位的量化单位 $\Delta = 39.1$ mV，其绝对精度为 $\Delta/2 = 19.5$ mV，其相对精度为 19.5 mV/10 V = 0.195%。

（3）转换时间（conversion time）。转换时间是完成一次 A/D 转换所需的时间，即由发出启动转换命令信号到转换结束信号开始有效的时间间隔。转换时间的倒数称为转换速率，即每秒转换的次数。如 AD570 的转换时间为 25 μs，其转换速率为 40 kHz。

（4）量程。量程是指所能转换的模拟输入电压范围，分单极性、双极性两种类型。如，单极性的量程 0～+5 V，0～+15 V 等，双极性的量程 -5～+5 V，-10～+10 V 等。

（5）工作温度范围。由于温度会对比较器、运算放大器、电阻网络等产生影响，故只在一定的温度内才能保证额定精度指标。一般 A/D 转换器的工作温度范围为 0～70 ℃，一些工作环境较恶劣的场合，要求 A/D 转换器的工作温度范围为 -55～+125 ℃。

3. 典型 A/D 转换芯片

A/D 转换器集成芯片类型很多，下面仅介绍应用最广泛的两种芯片

（1）8 位逐次逼近式 A/D 转换器 ADC0808/0809

ADC0808 系列包括 ADC0808 和 ADC0809 两种型号的芯片，它们是 CMOS 工艺制作的 8 通道的 8 位逐次逼近式 A/D 转换器。片内有 8 路模拟通道选择开关及地址锁存与译码电路、8 位 A/D 转换和三态输出锁存缓冲器，如图 5-32 所示。

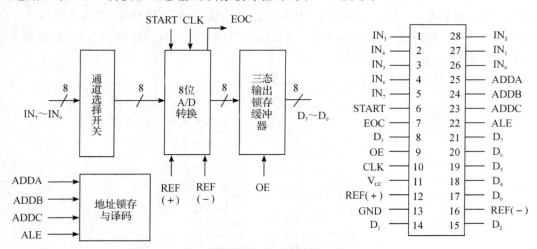

图 5-32　ADC0808/0809 的内部结构框图和引脚图

$IN_0 \sim IN_7$：8 路模拟输入信号。

ADDA、ADDB、ADDC:片内地址选择信号,用于地址译码来选择 IN$_0$～IN$_7$ 共 8 路模拟量中的一路。选择关系如表 5-7 所示。

表 5-7　ADC0808/0809 通道选择

ADDA	ADDB	ADDC	模拟通道	ADDA	ADDB	ADDC	模拟通道
0	0	0	IN$_0$	1	0	0	IN$_4$
0	0	1	IN$_1$	1	0	1	IN$_5$
0	1	0	IN$_2$	1	1	0	IN$_6$
0	1	1	IN$_3$	1	1	1	IN$_7$

ALE:地址锁存允许信号,有效时将 ADDA、ADDB 和 ADDC 地址信号锁存。

START:启动 A/D 转换控制输入信号。其上升沿使内部逐次逼近寄存器复位,其下降沿启动 A/D 转换。

EOC:A/D 转换结束输出信号,高电平有效。在 START 信号上升沿之后不久,EOC 变为低电平。当 A/D 转换结束时,EOC 立即输出一正阶跃信号,可用来作为 A/D 转换结束的查询信号或中断请求信号。

OE:三态缓冲器数字量输出允许信号,高电平有效。该信号有效时,三态输出锁存器将 A/D 转换结果输出到数字量输出端 D$_0$～D$_7$。

D$_0$～D$_7$:8 位数字量输出端。

CLK:时钟输入端。允许范围为 10～1280 kHz,典型值为 640 kHz,可由 CPU 时钟分频得到。

REF(+)和 REF(−):参考电压输入信号。一般地,REF(+)与主电源 V$_{CC}$相连,REF(−)与模拟地 GND 相连。

(2)12 位逐次逼近式 A/D 转换芯片 AD574A

A/D574A 是 12 位逐次逼近式 A/D 芯片,适用于高精度、快速采样系统中。它的内部有模拟和数字两种电路,模拟电路为 12 位 A/D 转换器,数字电路则包括性能比较器、逐次比较寄存器、时钟电路、逻辑控制电路和数据三态输出缓冲器,可进行 12 位或 8 位转换。12 位的输出可一次完成(适合与 8086 CPU 的数据总线相连),也可先输出高 8 位,后输出低 4 位,分两次完成。AD574A 引脚见图 5-33。

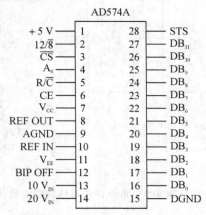

图 5-33　AD574A 引脚图

①各引脚的含义

＋5 V:数字逻辑部分供电电源。

$12/\overline{8}$:数据输出方式选择。高电平时双字节输出,即输出为 12 位;低电平时单字节输出,分两次输出高 8 位和低 4 位。

$\overline{CS}$:片选信号。低电平有效。

A_0:转换数据长度选择。在启动转换的情况下,A_0 为高电平时进行 8 位转换,为低电平时进行 12 位转换。

$R/\overline{C}$:读数据/转换控制信号。高电平时可将转换后的数据读出,低电平时启动转换。

CE:芯片允许信号。用来控制转换或读操作。

以上各控制信号的操作功能如表 5-8 所示。

表 5-8　AD574A 操作功能表

CE	$\overline{CS}$	$R/\overline{C}$	$12/\overline{8}$	A_0	操　作
1	0	0	×	0	启动 12 位 A/D 转换
1	0	0	×	1	启动 8 位 A/D 转换
1	0	1	1	×	12 位数字量输出
1	0	1	0	0	高 8 位数字量输出
1	0	1	0	1	低 4 位数字量输出
0	×	×	×	×	无操作
×	1	×	×	×	无操作

V_{CC} 和 V_{EE}:模拟部分供电的正电源和负电源,其范围为 ±12 V 或 ±15 V。

REF OUT:＋10 V 内部参考电压输出端,具有 1.5 mA 的带负载能力。

AGND:模拟信号公共地。AD574A 的内部参考点,必须与系统的模拟参考点相连。

REF IN:参考电压输入,与 REF OUT 相连可自己提供参考电压。

10 V_{IN}:模拟信号输入端。输入电压范围为,单极性工作时输入 0～10 V,双极性工作时输入 −5～＋5 V。

20 V_{IN}:模拟信号输入端。输入电压范围为,单极性工作时输入 0～20 V,双极性工作时输入 −10～＋10 V。

DGND:数字信号公共地。

DB_{11}～DB_0:数字量输出。

STS:转换状态输出。转换开始时及整个转换过程中,STS 一直保持高电平;转换结束时,STS 立即返回低电平。可用查询方式检测此电位的变化,来判断转换是否结束,也可利用它的下降沿向 CPU 发出中断请求,通知 CPU A/D 转换已经完成,可以读取转换结果。

②单极性和双极性的输入方式

AD574A 有单极性和双极性两种模拟输入方式,单极性输入电压范围为 0～10 V 或 0～20 V,双极性输入电压范围为 −5～＋5 V 或 −10～＋10 V。这些方式都必须按规定采用与之对应的接线方式才能实现。单极性和双极性输入时的接线方式如图 5-34 所示。它允许输入模拟电压的范围由输入引脚 10 V_{IN} 和 20 V_{IN} 决定。

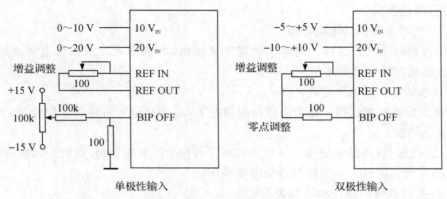

图 5-34　AD574A 输入接线图

4. A/D 转换器与 CPU 接口

各种型号的 ADC 芯片都具有如下的信号线：数据输出线，启动 A/D 转换的控制信号与转换结束信号，供 CPU 查询或向 CPU 发出中断请求信号。

ADC 芯片与 CPU 的接口就是要正确处理上述三种信号与 CPU 的连接问题。ADC 芯片的数据输出端的连接要视其内部是锁存器还是三态输出锁存缓冲器。若是三态输出锁存缓冲器，则可直接与 CPU 的数据总线相连；若是锁存器，则应将其数据输出端通过三态缓冲器与 CPU 的数据总线相连。

（1）ADC0809 与 CPU 的接口

由于 ADC0809 芯片内部集成了数据锁存三态缓冲器，其数据输出线可以直接与 CPU 的数据总线相连，所以，设计 ADC0809 与 CPU 的接口，主要是对模拟通道的选择、转换启动的控制和读取转换结果的控制等方面的设计。

例 5.24　用 ADC0809 作为 A/D 转换器，采用查询方式工作，对 8 路模拟信号进行循环采集，各采集 100 个数据，并将采样结果存入数据段 BUFFER 开始的数据区中。其接口电路如图 5-35 所示。

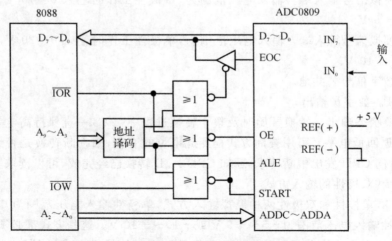

图 5-35　ADC0809 工作于查询方式下的连接

ADDC～ADDA 与地址总线的 A_2～A_0 相连,用于选通 8 路模拟输入通道中的一路。设 8 路模拟输入通道的 I/O 端口地址为 300H～307H。由于 ADC0809 无片选信号,因此,需由地址译码器的输出与 $\overline{IOW}$ 经过或非门控制 ADC0809 的启动信号 START 和地址锁存信号 ALE,使得它锁存模拟输入通道地址同时启动 A/D 转换。地址译码器的另一输出与 $\overline{IOR}$ 信号经或非门控制 ADC0809 输出允许 OE。因为转换结束时,在 EOC 引脚输出一个由低变高的转换结束信号,故采用查询方式时,该信号为转换结束状态标志。设状态标志端口地址为 308H,此引脚经过三态门与 D_0 相连,因此,启动转换后,只要不断查询 D_0 位是否为 1,即可知道转换是否结束。

用查询方式实现数据采集的程序如下:

```
STACK1  SEGMENT  STACK  'STACK'
        DW  32 DUP(0)
STACK1  ENDS
DATA    SEGMENT
COUNT   EQU  100
BUFFER  DB  COUNT×8 DUP(0)
DATA    ENDS
CODE    SEGMENT
        ASSUME  SS:STACK1,CS:CODE,DS:DATA
START:  MOV  AX,DATA
        MOV  DS,AX
        MOV  BX,OFFSET BUFFER
        MOV  CX,COUNT
OUTLP:  PUSH  BX
        MOV  DX,300H            ;指向 0 通道地址
INLOP:  OUT  DX,AL              ;启动转换,锁存模拟通道地址
        PUSH  DX                ;保存通道地址
        MOV  DX,308H            ;指向状态口地址
LOP1:   IN  AL,DX               ;读取 EOC 状态
        TEST  AL,01H            ;转换是否开始
        JNZ  LOP1               ;若未开始,等待
LOP2:   IN  AL,DX               ;再读 EOC 状态
        TEST  AL,01H            ;转换是否结束
        JZ  LOP2                ;若未结束,等待
        POP  DX                 ;转换结束,恢复通道地址
        IN  AL,DX               ;读取转换数据
        MOV  [BX],AL            ;转换结果送缓冲区
        ADD  BX,COUNT           ;指向下一通道的存放地址
        INC  DX                 ;指向下一通道的地址
        CMP  DX,308H            ;8 个通道都采集?
```

```
        JB    INLOP                ;未完成,继续
        POP   BX                   ;0 通道存放地址弹出
        INC   BX                   ;指向 0 通道的下一存放地址
        LOOP  OUTLP                ;未采集 100 个数据,继续
        MOV   AH,4CH               ;采集完成,返回 DOS
        INT   21H
CODE    ENDS
        END   START
```

（2）AD574A 与 8088 CPU 的接口

要求利用 AD574 进行 12 位转换,转换结果分两次输出,以左对齐方式存放在首地址为 BUFFER 的数据区,共采集 100 个数据,AD574A 芯片与 CPU 之间采用查询方式交换数据。下面以 AD574A 与 8088 CPU 的接口为例实现这个任务。

因 AD574A 内部有三态输出锁存器,故数据输出线可直接与 CPU 数据总线相连,将 AD574A 的 12 条输出数据线的高 8 位接到数据总线的 $D_7 \sim D_0$,而把低 4 位接到数据总线的高 4 位,低 4 位补 0,以实现左对齐。转换结束状态信号 STS 通过三态门 74LS125 接到数据总线的 D_7 上。要求分两次传送,故将 12/$\overline{8}$ 接数字地。AD574A 与 8088 CPU 的连接如图 5-36 所示。图中 I/O 端口地址译码输出 3 个端口地址:$\overline{Y_0}=200H$,为状态端口;$\overline{Y_1}=201H$,为数据端口（低 4 位）;$\overline{Y_2}=202H$,为转换启动控制端口/数据端口（高 8 位）。这样安排,实际是考虑了 A_0 的控制作用。例如,转换启动端口设置为 202H,其中包含 $A_0=0$,以实现 12 位转换。读数据端口设置了两个,一个是 202H,包含 $A_0=0$,读高字节;一个是 201H,包含 $A_0=1$,读低字节。

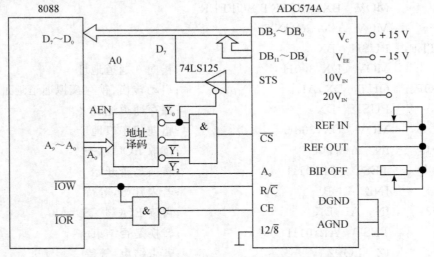

图 5-36　AD574A 与 CPU 的连接原理图

实现以上任务的程序如下:

```
        MOV   CX,64H               ;采集 100 个数据
        MOV   SI,0100H             ;数据区首地址
START： MOV   DX,202H              ;A₀=0
        OUT   DX,AL                ;启动 12 位 A/D 转换
```

```
        MOV   DX,200H          ;读状态,Y̅₀=0,打开三态门
LOP:    IN    AL,DX
        AND   AL,80H           ;检查 STS 是否为 0
        JNZ   LOP              ;非 0,则转换未完成,继续查询
        MOV   DX,201H          ;为 0,转换完成,先读低 4 位
        IN    AL,DX
        AND   AL,0F0H          ;清零 AL 低 4 位
        MOV   [SI],AL          ;读入数据存入数据区
        INC   SI               ;修改地址
        MOV   DX,212H          ;读入高 8 位
        IN    AL,DX
        MOV   [SI],AL          ;读入数据存入数据区
        INC   SI               ;修改地址
        LOOP  START            ;未完成 100 次采集,继续
        MOV   AH,4CH           ;已完成,返回 DOS
        INT   21H
```

思考与练习

1. I/O 接口是什么样的电路？典型的 I/O 接口包括哪几个部分？各部分的作用是什么？

2. 微机系统中,I/O 端口有哪两种寻址方式？各有什么特点？

3. 设某端口要求端口地址的范围为 2A0H～2BFH,试仅用 74LS138 译码器设计端口译码电路,并写出各输出端的地址。

4. 用查询方式实现 CPU 与外设的数据通信。设 I/O 接口中状态寄存器地址为 25H,其中 $D_7=1$ 表示外设已经准备好数据的输入,数据寄存器地址为 26H。试编写一程序段,实现从外设中读入 100 个字节数据并存入内存中 BUF 数据区。

5. 用查询方式实现 CPU 与外设的数据通信。设 I/O 接口中状态寄存器地址为 76H,其中 $D_7=1$ 表示外设已经准备好接收数据,数据寄存器地址为 75H。试编写一程序段,实现 CPU 向外设输出 100 个字节数据。

6. 设计接口电路和编制程序,用 8 个理想开关输入二进制数,8 只发光二极管显示二进制数。设输入的二进制数为原码,输出的二进制数为补码。

7. 设计一 64 个按键的键盘及其接口。画出该接口电路的原理图,并编写用查询方式扫描键盘得到某一按下键的行和列值的程序。

8. 利用 DAC0832 输出周期性的方波、三角波、正弦波,画出原理图并写出控制程序。

9. 画出 DAC1210 与 8 位数据线的接口电路图,写出输出周期性锯齿波的程序。

10. 试用 ADC0809 芯片设计一个 4 路的数据采用电路,要求间隔 10 s 采集一个数据,并将采集的数据存入内存中以 BUF 开始的数据区中,每路各采集 50 个数据后结束。画出接口电路并编写实现该功能的程序。

第6章 中断技术与可编程中断控制器

6.1 中断技术概述

中断技术是用以提高计算机工作效率、增强计算机功能的一项重要技术,是为使处理器具有对外界发生事件的处理能力而设置的。最初的中断全部是对外部设备而言的,后来被用于 CPU 外部及内部紧急事件的处理、机器故障的处理以及实时控制等多个方面,并产生了用软件方法进入中断处理的概念。现在,中断系统已成为计算机系统的一个极其重要的组成部分。

6.1.1 中断的基本概念

1. 中断

所谓中断,是指计算机在正常执行程序的过程中,由于种种原因,使 CPU 暂时停止当前程序的执行,而转去处理临时发生的事件,处理完毕后,再返回去继续执行暂停的程序。也就是说,在程序执行过程中,插入另外一段程序运行。对于外设何时产生中断,CPU 预先是不知道的,因此,中断具有随机性。中断的优点表现在以下三方面:一是分时操作。使用中断技术,使得外部设备与 CPU 不再是串行工作,而是分时操作,从而消除 CPU 的等待时间,大大提高了计算机的效率。另外,CPU 可同时管理多个外部设备的工作,提高了输入/输出的数据量。二是实时处理。在实时控制系统中,现场定时或随机地产生各种参数、信息,要求 CPU 立即响应。利用中断技术,计算机就能实时地进行处理,特别是对紧急事件的处理。三是故障处理。计算机运行过程中,如果出现某些故障,如电源掉电、运算溢出等,计算机可以利用中断系统自行处理。所以,高效率的中断系统,能使计算机系统的性能达到最佳状态,它已成为现代计算机不可缺少的组成部分。

2. 中断源

中断源是指能发出中断请求的外设或引起中断的原因。目前,计算机中的中断源一般有以下几种:

(1)输入/输出设备请求中断。一般的输入/输出设备如键盘、打印机、磁盘驱动器等发出中断请求,要求 CPU 为它服务。

(2)定时时钟请求中断。例如定时/计数器等,先由 CPU 发出指令,让时钟电路开始计时工作,待规定的时间到来,时钟电路发出中断申请,CPU 转入中断服务程序进行中断处理。

(3)故障源的中断请求。当出现电源掉电、存储出错或溢出等故障时,发出中断请求,

CPU 转去执行故障处理程序,如启动备用电源、报警等。

(4)为调试程序而设置的中断源。一个新的程序编写后,必须经过反复调试才能可靠地工作。在程序调试时,为了检查中间结果,或为了寻找程序出错的位置,通常要在程序中设置断点或进行单步操作,它就是由中断系统来完成的。

6.1.2 中断系统的功能

为了满足微机系统的要求,中断系统应具有如下功能:

1. 实现中断及返回

当某一中断源发出中断申请时,CPU 能决定是否响应这个中断请求。当 CPU 在执行更紧急、更重要的工作时,可以暂不响应中断。若允许响应这个中断请求,CPU 在执行完当前指令后,把程序断点地址和现场信息压入堆栈进行保护(包括程序断点处的 IP 和 CS 值以及需要保护的寄存器的内容和标志寄存器的内容等)。当中断处理完后,能自动返回,并恢复中断前的状态继续原程序的执行。

2. 实现优先权排队

通常,在系统中有多个中断源,会出现两个或两个以上中断源同时提出中断请求的情况,这样就必须要求设计者事先根据轻重缓急给每个中断源确定优先权级别。当多个中断源同时发出中断申请时,CPU 能找到优先权级别最高的中断源,响应它的中断请求。在优先权级别高的中断源处理完了以后,再响应优先权级别较低的中断源。

3. 实现中断的嵌套

中断嵌套是指高级别的中断能中断较低级别的中断处理。当 CPU 响应某一中断请求,在进行中断处理时若有优先权级别更高的中断源发出中断申请,则 CPU 要能中断正在进行的中断服务程序,保留这个程序的断点和现场,响应高级别的中断,在高级中断处理完以后,再继续执行被中断的中断服务程序。在中断服务期间如有新的中断源发出中断请求,若中断申请的中断源的优先级别与正在处理的中断源同级或更低时,CPU 就先不响应这个中断申请,直至正在处理的中断服务程序执行完以后才去响应这个新的中断申请。

6.1.3 中断的响应过程

一个完整的中断处理过程包括中断请求、中断优先权判别、中断响应、中断服务和中断返回等步骤。

1. 中断请求

中断请求是中断源向 CPU 发出的中断请求信号。软件中断源是在 CPU 内部由中断指令或程序出错直接引发中断,外部中断源必须通过专门的电路将中断请求信号传送给 CPU。8086/8088 CPU 通过 INTR 引脚(可屏蔽中断请求)和 NMI(非屏蔽中断请求)引脚接收外部中断请求信号。一般外部设备发出的是可屏蔽中断请求。

2. 中断优先权判断

如果有多个中断源同时发出中断请求,就要判断各个中断源优先级别的高低,对优先级别最高的中断请求进行响应,中断服务完成后再响应优先级别较低一级的中断请求。如果在中断服务过程中又有新的中断请求发生,则应允许优先级别高的中断请求中断优先级别低的中断服务,实现中断嵌套。

3. 中断响应

CPU 在每条指令执行的最后一个机器周期的最后一个 T 状态检测 INTR 引脚,判断有无中断请求。若发现有中断请求,且此时 CPU 内部的中断允许标志 IF 为 1,则 CPU 在现行指令执行完后,发出 $\overline{\text{INTA}}$ 信号响应中断,转入中断响应周期。CPU 是否允许中断由标志寄存器的 IF 位确定,它可通过 STI 和 CLI 指令来实现开放中断或关闭中断。在 CPU 复位或响应中断后,CPU 就处于中断关闭状态,如果要允许中断或中断嵌套,必须用 STI 指令来开放中断。

4. 中断服务与返回

当 CPU 响应外设的中断请求后,要做以下几个工作。

(1)关中断。当 CPU 响应中断后,首先要进行关中断操作,对于 8086/8088 微处理器,CPU 在发出中断响应信号的同时,在内部自动完成关中断操作。

(2)保护现场。当 CPU 响应中断请求后,将停止下一条指令的执行,把中断服务程序要使用的寄存器的内容压入堆栈,在中断返回前再将它恢复。它是为了保护在主程序中使用的寄存器的内容,因为这些寄存器会在中断服务程序中被使用。

(3)开中断。在中断响应时已关中断,为了在中断服务程序中实现中断嵌套,使高级中断得到及时响应,应重新开放中断。

(4)中断服务。对于 8086/8088 CPU,由中断源给出的中断向量,形成中断服务程序的入口地址,转去执行相应的中断服务程序。中断服务结束时,8086/8088 CPU 要根据中断结束方式发出中断结束命令,以避免中断优先级紊乱。

(5)恢复现场。当 CPU 完成相应的中断服务后,利用中断服务程序,将原来保存的现场信息从堆栈弹出,恢复 CPU 内部各寄存器的内容。在恢复现场的过程中,要防止有中断嵌套发生而干扰恢复过程,应在恢复现场前关中断,恢复现场后再开中断。

(6)中断返回。从堆栈中得到断点地址从而返回主程序。

6.2　8086/8088 CPU 中断系统

8086/8088 CPU 中断系统能处理 256 种不同类型的中断,为了能识别每一类型的中断源,对这 256 种中断源给予编号,编号范围为 0~255,称为中断类型号。

8086/8088 CPU 的中断可分为两大类,分别为内部中断和外部中断。外部中断由外部硬件引起,也称为硬件中断,分为非屏蔽中断(NMI)和可屏蔽中断(INTR)两类;内部中断是由 CPU 内部事件及执行中断指令 INT n 所产生的中断请求,也称为软件中断。如图 6-1 所示。

6.2.1　外部中断

8086/8088 CPU 提供了两个引脚 NMI、INTR 以接收外部设备的中断请求信号。

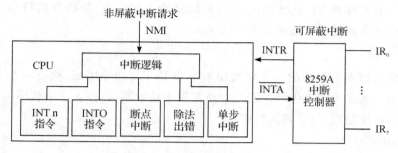

图 6-1　8086/8088 系统中断源分类

1. 非屏蔽中断

非屏蔽中断的中断类型号为 2，它不受 CPU 中断允许标志位 IF 的影响，一旦有中断请求，CPU 必须响应，所以称为非屏蔽中断。NMI 可用来处理微机系统的紧急状态，如用来处理存储器奇偶校验错和 I/O 通道奇偶校验错等事件。当 NMI 被响应后，CPU 清除 IF 标志位，禁止一切可屏蔽中断的请求；当在处理 NMI 的过程中又有 NMI 请求，则后一个 NMI 被锁存，直到前一个 NMI 处理完才被响应。

2. 可屏蔽中断

可屏蔽中断是从 INTR 引脚上引入的外部中断，它受中断允许标志位 IF 的控制。当 IF 位置"1"时，CPU 开放中断，才会响应 INTR 的中断请求；当 IF 位清 0 时，CPU 关闭中断，不再响应 INTR 的中断请求，即中断被屏蔽。CPU 外部中断的引脚 INTR 为电平触发，CPU 内部对于 INTR 引脚输入的信号不锁存，因此，要求在 CPU 响应前该信号应一直保持有效的高电平。

需特别注意的是，在系统复位、某一中断被响应或使用 CLI 指令后，IF 就被清 0，这就使得 CPU 关闭了中断。所以，为了使 CPU 能够再次响应 INTR 引脚引入的中断请求，必须使用 STI 指令使 IF 位置"1"以重新开放中断。

因 8086/8088 CPU 只有一个引脚 INTR 接收外部中断请求，为了管理多个外部中断源，微机系统中采用可编程中断控制器 8259A，首先对外部设备的中断请求进行优先权判断以及是否屏蔽等管理，然后再将中断请求信号送到 CPU 的 INTR 引脚。

6.2.2　内部中断

内部中断是指 CPU 内部事件及执行软件中断指令所产生的中断请求，共有五种。

1. 除法错误中断

除法错误中断是在执行除法指令时，若除数为 0 或商大于目的寄存器所能表达的范围，CPU 自动产生一个类型号为 0 的内部中断，从而转到除法错误的中断服务程序入口地址处执行。

2. 单步执行中断

单步中断是当单步中断标志 TF 置 1 时，在每条指令执行结束后，产生的一个中断类型号为 1 的内部中断。当 1 号中断发生时，CPU 在进入单步中断服务程序前，自动把标志寄存器 FLAGS 压入堆栈，然后把 TF 和 IF 清 0，以正常方式工作。中断过程结束时，从堆栈中自动弹出标志寄存器 FLAGS 的内容,TF 恢复为 1,在下一条指令执行后又引起中断。该中断实现程序调试过程中的单步跟踪调试。

3. 断点中断

断点中断是指令中断中的一个特殊的单字节 INT 3 指令中断,执行一个 INT 3 指令,产生一个类型号为 3 的内部中断。断点中断常用于设置断点,停止正常程序的执行,转去执行某种类型的特殊处理,用于调试程序。

4. 溢出中断

溢出中断是在执行溢出中断指令 INTO 时,若此时溢出标志 OF 为 1,则产生一个中断类型号为 4 的内部中断;若溢出标志 OF 为 0,则不会发生溢出中断。它为程序员提供一种处理算术运算出现溢出的方法,通常与带符号数的加、减法指令一起使用。

5. 软件指令中断

由执行中断指令 INT n 而产生的中断,n 为中断类型号。软件中断主要用来实现 BIOS中断、DOS 中断和用户自定义的中断。在 8086/8088 CPU 系统中,当中断类型号 n 为 0~7时,为专用中断,是不可屏蔽中断;当中断类型号为 08H~0FH 时,是由 INTR 引起的外中断;当中断类型号 n 为 10H~1AH 时,是 BIOS 中断;当中断类型号 n 为 20H~2FH 时,是DOS 系统功能调用中断;用户可自定义的中断类型号的范围通常为 60H~67H。

6.2.3 中断向量与中断向量表

当有中断发生时,CPU 要暂停当前程序转而执行中断服务程序。对于 CPU 来说,就必须要找到中断服务程序的入口地址,在 8086/8088 微处理器的中断系统中,CPU 是通过中断类型号 n 在中断向量表中查找中断服务程序的入口地址的。

1. 中断向量

中断服务程序入口地址称为中断向量,每个中断向量占用内存 4 个字节单元。其中低地址的两个单元存放中断服务程序入口地址的偏移量(IP),高地址的两个单元存放中断服务程序入口地址的段地址(CS)。

由于有 256 个中断类型号,对应着 256 个中断向量,每个中断类型号都对应着一个中断服务程序。由于每个中断向量占用 4 个字节,所以,256 个中断向量需要的存储空间为 1024字节。微机系统中,通常将 256 个中断向量集中存放在内存的一个连续区域内,该区域称为中断向量表。

2. 中断向量表

8086/8088 系统所有的中断服务程序的入口地址都存放在中断向量表中,中断向量表放在内存的最低地址开始的 1024 字节空间,其地址为 00000H~003FFH,中断向量按中断类型号从小到大的顺序排列在中断向量表中,如图 6-2 所示。

中断向量表中类型 0~4 为内部专用中断。类型 5~31 是 27 个系统保留的中断,不允许用户自行定义,它又分为两个部分:类型 8~15 是 8259A 中断控制器的 8 个硬件中断,由外设硬件产生;类型 16~31 是由 ROM-BIOS 调用的软件中断及参数表,例如"INT 17H"为打印机功能调用。类型 32~255 是 224 个用户自定义中断,这些中断类型号可供软件中断

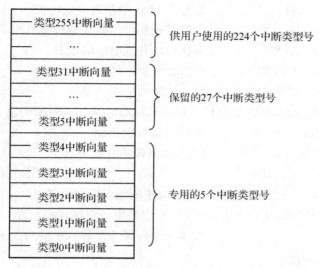

图 6-2　中断向量表

(INT n)或可屏蔽中断(INTR)使用,其中类型 32～47 是由 DOS 调用的软件中断,可以在程序中安排调用,如 INT 21H 就是 DOS 系统功能调用。当使用的是用户自定义中断时,中断服务程序入口地址要通过程序的方式装入中断向量表。

3. 中断向量的装入

中断向量是在开机上电时,由系统程序装入内存指定区域的。BIOS 程序负责类型 0～31 共 32 个中断向量的装入。用户若想使用自己设计的硬件、软件中断,则需自己将所用中断服务程序入口地址装入到中断向量表中由中断类型号所指定的位置。下面举例说明填写中断向量表所用的三种方式:

(1)用 MOV 指令填写中断向量表。如中断类型号为 50H,中断服务程序(程序名为 INTRP)的段基址是 SEG INTRP,偏移地址是 OFFSET INTRP(假设偏移地址为 0100H),则填写中断向量表的程序段为:

```
CLI                       ;IF＝0,关中断
CLD                       ;DF＝0,增地址
MOV   AX,0
MOV   ES,AX               ;中断向量表段基址
MOV   DI,4 * 50H          ;类型 50H 在中断向量表定位
MOV   AX,OFFSET INTRP     ;装入中断服务程序偏移地址
STOSW                     ;AX→[DI][DI＋1],DI＋2→DI
MOV   AX,SEG INTRP        ;装入中断服务程序段基址
STOSW                     ;AX→[DI][DI＋1],DI＋2→DI
STI                       ;IF＝1,开中断
```

(2)将中断服务程序的入口地址直接写入中断向量表,其程序段为:

```
MOV   AX,0
MOV   ES,AX               ;中断向量表段基址
```

```
MOV    BX,4 * 50H              ;类型 50H 在中断向量表定位
MOV    AX,0100H                ;中断服务程序的偏移地址送 AX
MOV    ES:[BX],AX              ;偏移地址装入中断向量表
MOV    AX,SEG INTRP            ;中断服务程序的段基址送 AX
MOV    ES:[BX+2],AX            ;段基址装入中断向量表
```

(3)采用 DOS 功能调用 INT 21H 中的 AH＝25H 来装入中断向量,其程序段为:

```
MOV    AL,50H                  ;中断类型号送 AL
MOV    AH,25H                  ;DOS 功能调用号送 AH
MOV    DX,SEG INTRP
MOV    DS,DX                   ;DS 指向中断服务程序段基址
MOV    DX,OFFSET INTRP         ;DX 指向中断服务程序偏移地址
INT    21H                     ;段基址及偏移地址装入中断向量表
```

4. 中断向量的定位

有了中断向量和中断向量表的概念,就可以解决 CPU 是如何由当前程序转到中断服务程序的问题。由于中断向量在中断向量表中是按中断类型号 n 的顺序存放的,而每个中断向量占 4 个字节,根据此规律可定位中断类型号 n 的中断服务程序入口地址在中断向量表中的位置。

中断类型号 n 在中断向量表中的地址＝中断类型号 n×4

CPU 响应中断时,把中断类型号 n 乘以 4,得到该类型中断服务程序入口地址所占 4 个单元的第一个单元的地址,然后把由此地址开始的两个低字节单元(4n,4n＋1)的内容装入 IP 寄存器,再把两个高字节单元(4n＋2,4n＋3)的内容装入 CS 寄存器,于是 CPU 转去执行中断类型号为 n 的中断服务程序。

6.3 可编程中断控制器 8259A

可编程中断控制器 8259A 具有 8 级优先权控制,通过级联可扩展至 64 级优先权控制。每一级中断都可以屏蔽或允许。在中断响应周期,8259A 可提供相应的中断向量,从而能迅速地转至中断服务程序。

6.3.1 8259A 的内部结构及外部特性

1. 8259A 的内部结构

8259A 的内部如图 6-3 所示。内部结构中各部分功能如下:

(1)中断请求寄存器 IRR(Interrupt Request Register)

8259A 有 8 个外部中断请求输入信号线 $IR_7 \sim IR_0$,每一条请求线上有一个相应的触发器来保存请求信号,它们构成了中断请求寄存器 IRR。IRR 可编程设定两种中断请求方式:一种是边沿触发方式,它利用脉冲上升沿的跳变,并一直保持高电平直到中断被响应为止;另一种是电平触发方式,它通过输入并保持高电平来实现中断请求。

（2）中断屏蔽寄存器 IMR(Interrupt Mask Register)

中断屏蔽寄存器 IMR 是一个 8 位寄存器，与 $IR_7 \sim IR_0$ 对应，用来存放屏蔽信息。当 IMR 寄存器的某位为 1 时，表示相应的 IR_i 引脚上中断请求被屏蔽，不能参与优先级判别；为 0 时则表示对应引脚没有被屏蔽，可以进入优先级判别电路进行判优。这些可以通过设定操作命令字 OCW_1（中断屏蔽字）来实现。

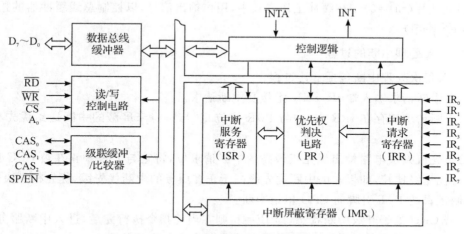

图 6-3　8259A 的内部结构框图

（3）中断服务寄存器 ISR(Interrupt Service Register)

中断服务寄存器 ISR 也是一个 8 位寄存器，与 IRR 相对应，用来存放当前正在被服务的所有中断。ISR 中相应位的置位是在中断响应的 $\overline{INTA}$ 脉冲期间，由优先权判决电路根据 IRR 中各请求位的优先权级别和 IMR 中屏蔽位的状态，将中断的最高优先级请求位选通到 ISR 中，使 ISR 的对应位为 1（表示该中断请求正在被服务）；中断处理结束时，对应位清 0。

（4）优先权判决电路

优先权判决电路是对 IRR 中未被屏蔽的中断和 ISR 中正在服务的中断进行优先级判别，根据在初始化时设定的优先级方式来确定出优先级最高的中断。如果选出的优先级最高者是 IRR 中某个未被屏蔽的中断，则通过控制电路向 CPU 发出中断请求信号 INT；如果选出的优先级最高者是正在被服务的中断，则不向 CPU 发中断请求信号。

（5）控制逻辑

控制逻辑根据优先权判决电路的判定，如果有新的最高优先级中断，则通过控制逻辑向 CPU 发出中断请求 INT，向 CPU 申请中断。当 CPU 允许中断时，发出中断响应信号 $\overline{INTA}$。控制逻辑电路中还有一组初始化命令字寄存器 ICW 和一组操作命令字寄存器 OCW，可利用它们通过编程设置方式来管理 8259A 的工作方式。

（6）数据总线缓冲器

这是 8 位双向三态缓冲器，用作 8259A 与数据总线的接口，传输命令控制字、状态字和中断向量。

（7）读/写控制电路

该电路接收来自 CPU 的读/写命令，实现对 8259A 的读/写操作。

（8）级联缓冲器/比较器

级联线 $CAS_0 \sim CAS_2$ 是 8259A 相互间连接用的专用总线,用来构成 8259A 的主—从式级联控制结构。当 8259A 作为主设备时,$CAS_0 \sim CAS_2$ 是输出信号;当 8259A 作为从设备时,它们是输入线。一片 8259A 可接收 8 级中断,多片级联可扩展中断到 64 级。

主从/允许缓冲线 $\overline{SP}/\overline{EN}$。在非缓冲工作方式中,用作输入信号,表示该 8259A 是主片（$\overline{SP}=1$）或从片（$\overline{SP}=0$）。在缓冲工作方式中,用作输出信号,以控制总线缓冲器的接收/发送（即起 $\overline{EN}$ 作用）。

2.8259A 处理中断的过程

8259A 每次处理中断包括下述过程:

（1）在中断请求输入端 $IR_7 \sim IR_0$ 上接受中断请求。

（2）中断请求锁存在 IRR 中,并与 IMR 按位相"与",将未屏蔽的中断送给优先权判决电路。

（3）优先权判决电路检出优先级最高的中断请求位,将它与 ISR 中正在被 CPU 服务的中断进行优先级比较,如果它的中断优先级高于正在服务的中断优先级,优先权判决电路就通过控制逻辑的 INT 引脚向 CPU 申请中断。

（4）若 CPU 处于开放中断状态,即 IF=1,则在当前指令执行完后,进入中断服务程序,并用占用两个中断响应周期的 $\overline{INTA}$ 信号作为中断响应的应答信号。

（5）8259A 接收到 $\overline{INTA}$ 的第一个总线周期后,使中断服务寄存器 ISR 相应位置 1,使中断请求寄存器 IRR 的相应位置 0,以避免该中断源再次发生中断请求。如果是级联方式,则主片 8259A 送出级联地址 $CAS_0 \sim CAS_2$,加载到从片 8259A 上。

（6）CPU 启动另一个中断响应周期,输出第二个 $\overline{INTA}$ 脉冲。这时 8259A 通过数据总线向 CPU 输出当前优先级最高的中断类型号 n,CPU 从数据总线上获取中断类型号 n,转移到相应的中断服务程序。

（7）中断结束时,通过在中断服务程序中向 8259A 发送一条 EOI（中断结束）命令,使 ISR 相应位复位。在中断服务过程中,在 EOI 命令使 ISR 复位之前,不再接受由 ISR 置位的中断请求。若 8259A 工作在 AEOI 模式,则在第二个 $\overline{INTA}$ 脉冲结束时,会使中断服务寄存器 ISR 中的相应位自动清 0。

3.8259A 的外部特性

8259A 是双列直插式芯片,其外围引脚排列如图 6-4 所示。

$D_7 \sim D_0$:双向、三态数据线,与系统数据总线的 $D_7 \sim D_0$ 连接,用来传送控制字、状态字和中断类型号 n 等。

$\overline{WR}$:写信号,输入,低电平有效,通知 8259A 接收数据总线上送来的命令字。

$\overline{RD}$:读信号,输入,低电平有效,将 8259A 内部寄存器的内容（如 IMR、ISR 或 IRR）读到数据总线上。

$\overline{CS}$:片选信号,输入,低电平有效。只有该信号有效时,CPU 才能对 8259A 进行读/写操作。它一般接到 I/O 端口地址译码器电路的输出端。

A_0:地址输入信号,用于对 8259A 内部寄存器端口的寻址。每片 8259A 占有两个端口地址,一个为偶地址,一个为奇地址,且偶地址小于奇地址。

8259A

$\overline{\text{CS}}$	1		28	V_{cc}
$\overline{\text{WR}}$	2		27	A_0
$\overline{\text{RD}}$	3		26	$\overline{\text{INTA}}$
D_7	4		25	IR_7
D_6	5		24	IR_6
D_5	6		23	IR_5
D_4	7		22	IR_4
D_3	8		21	IR_3
D_2	9		20	IR_2
D_1	10		19	IR_1
D_0	11		18	IR_0
CAS_0	12		17	INT
CAS_1	13		16	$\overline{\text{SP/EN}}$
GND	14		15	CAS_2

图 6-4　8259A 引脚图

$IR_7 \sim IR_0$：中断请求信号，输入，从 I/O 接口或其他 8259A（从控制器）上接收中断请求信号。触发方式可为边沿触发或电平触发。若为边沿触发方式，则 IR（中断请求）输入应由低到高，此后保持为高，直到被响应。若为电平触发方式，则 IR 输入应保持高电平。

INT：8259A 向 CPU 发出的中断请求信号，输出，高电平有效。主片的 INT 接 CPU 的 INTR 引脚，从片的 INT 接主片的 IR_i 引脚。

$\overline{\text{INTA}}$：中断响应信号，输入，接收 CPU 发来的中断响应脉冲以通知 8259A 中断请求已被响应，使其将中断类型号 n 送到数据总线上。中断响应周期如图 6-5 所示。$\overline{\text{INTA}}$ 响应信号占用两个总线周期。第一个 $\overline{\text{INTA}}$ 脉冲到时，8259A 完成 3 个动作，即 IRR 锁存功能失效，禁止接收新的中断请求信号；当前中断信号进入 ISR，相应位置 1；清除 IRR 相应位。第二个 $\overline{\text{INTA}}$ 脉冲到时，8259A 完成 3 个动作，即使 IRR 锁存功能恢复；将中断类型号 n 送 $D_7 \sim D_0$；若为自动中断结束方式（AEOI），则将第一个 $\overline{\text{INTA}}$ 时的相应的 ISR 位清 0。

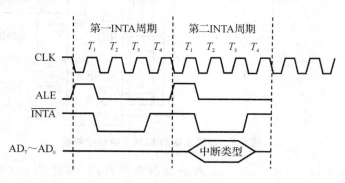

图 6-5　中断响应周期

$CAS_0 \sim CAS_2$：级联总线，输入或输出。8259A 作为主片时，该总线为输出；作为从片时，为输入。级联时，主 8259A 的 3 条级联线 $CAS_0 \sim CAS_2$ 连至每个从 8259A 的 $CAS_0 \sim CAS_2$。

$\overline{\text{SP/EN}}$：从片/允许缓冲信号，双向。该引脚有两个功能。当作为输入时，用来决定是主片还是从片:当$\overline{SP}/\overline{EN}=1$时,8259A 是主片;当$\overline{SP}/\overline{EN}=0$时,8259A 是从片。当作为输出时,$\overline{SP}/\overline{EN}$作为系统数据总线驱动器的启动信号。$\overline{SP}/\overline{EN}$是输入还是输出取决于 8259A 是否采用缓冲方式。如果采用缓冲方式,$\overline{SP}/\overline{EN}$作为输出引脚;如果采用非缓冲方式,$\overline{SP}/\overline{EN}$作为输入引脚。

   4. 8259A 的级联

   8259A 单片使用,如图 6-6 所示,在 $IR_7 \sim IR_0$ 上输入中断请求,INT 与 CPU 相连接。这时,中断请求输入有 $IR_0 \sim IR_7$,共 8 个级别。

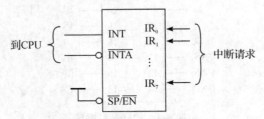

图 6-6　8259A 单独使用情况

8259A 可以进行级联连接,图 6-7 为 8259A 的级联连接方法。

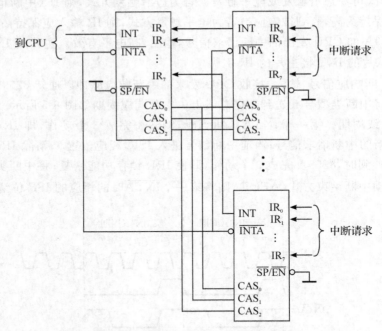

图 6-7　级联连接的 8259A 中断控制器

   在级联连接中,把一片 8259A 作为主控制器芯片,该芯片的 IR_i 端连到从属控制器 8259A 的 INT 端。主控制器的 3 条级联线 CAS_2、CAS_1、CAS_0 与从属控制器的对应端连接,用来选择从属 8259A。一个主控制器最多可以连接 8 个从属控制器,中断请求输入端最多可为 64 个。如果某一从属 8259A 的中断请求被 CPU 响应,在中断响应周期里,主控 8259A 将其对应的 IR 输入端的编码作为对从属 8259A 进行识别的地址,送到 CAS_2、CAS_1、CAS_0 级联线上,被选中的从属 8259A 将接收$\overline{INTA}$信号,并把其中断类型号 n 送上数据总线。没有连接从属控制器的主控制器的 IR_i 输入端，可以直接作为中断请求输入端使用。

6.3.2　8259A 的工作方式

8259A 对中断的管理涉及多个方面，因此它有多种工作方式，如中断触发方式、优先级管理方式、中断屏蔽方式、中断结束方式、系统连接方式和查询方式等。由于 8259A 是一个可编程的芯片，所以，这些方式都可以通过编程方法来设置。

1. 中断触发方式

中断触发方式由初始化命令字 ICW_1 的 D_3 来设置，其中 $D_3 = 0$ 为上升沿触发方式，$D_3 = 1$ 为电平触发方式。

中断请求输入端 IR_i 出现由低电平到高电平跳变时为有效的触发信号称为上升沿触发方式。在这种触发方式中，中断请求有效只发生在 IR_i 上升沿，可以提高请求输入端的抗干扰能力。

中断请求输入端 IR_i 出现高电平时为有效的触发信号称为电平触发方式。使用该方式时应注意，在 CPU 响应中断请求后，中断服务寄存器 ISR 相应位置 1，同时必须撤销 IR_i 上的高电平，否则会发生第二次中断请求。

2. 优先级管理方式

8259A 的中断方式下的优先级管理方式有四种。

(1) 固定优先级方式。该方式也称普通全嵌套方式，是 8259A 最常用的方式。8259A 初始化后未设置其他优先级方式，就按该方式工作。在固定优先级方式下，$IR_7 \sim IR_0$ 优先级由低到高按序排列，允许高级中断源中断低级的中断服务程序。

(2) 特殊屏蔽方式。和固定优先级相比，不同点在于执行中断服务程序时不但要响应比本级别高的中断源的中断请求，还要响应同级别的中断源的中断请求。

它适用于 8259A 级联工作时的主片，主片采用特殊屏蔽工作方式，从片采用固定优先级方式可实现从片各级的中断嵌套。

在特殊屏蔽方式中，对主片的中断结束操作，应检查是否是从片的唯一中断，否则，不能给主片发 EOI 命令，以便从片能实现嵌套工作，只有从片中断服务全部结束后，才能给主片发 EOI 命令。

通过操作命令字 OCW_3 可将 8259A 的工作方式由固定优先级设置为特殊屏蔽方式。

(3) 优先权自动循环方式。在给定初始化优先顺序 $IR_7 \sim IR_0$ 由低到高排列后，某一中断请求得到响应后，其优先级降到最低，比它低一级的中断源优先级最高，其余按序循环。如 IR_5 得到服务，其优先级变成最低，IR_6 的优先级最高，其余按序循环。

通过操作命令字 OCW_2 可将 8259A 的工作方式由固定优先级设置为自动循环方式。

(4) 指定最低优先级方式。通过编程指定初始最低优先级中断源，使初始优先级顺序按循环方式重新排列。如指定 IR_4 优先级最低，则 IR_5 优先级最高，初始优先级顺序由低到高排列为 IR_4、IR_3、IR_2、IR_1、IR_0、IR_7、IR_6、IR_5。

通过操作命令字 OCW_2 可将 8259A 的工作方式由固定优先级设置为指定最低优先级方式。

3. 中断屏蔽方式

8259A 对中断请求信号有两种屏蔽方式:普通屏蔽方式和特殊屏蔽方式。

(1)普通屏蔽方式。将中断屏蔽寄存器 IMR 的某一位或某几位置 1,则对应的中断请求被屏蔽,该中断不能由 8259A 送到 CPU 的 INTR 端;如果 IMR 的对应位为 0,则取消屏蔽,开放该中断。在普通屏蔽方式下,当一个中断请求被响应时,8259A 将禁止同级和较低级的中断请求。

(2)特殊屏蔽方式。系统在执行一个中断服务时,不仅允许响应较高级的中断请求,也可响应较低级的中断请求的屏蔽方式。和普通屏蔽方式区别在于特殊屏蔽方式允许低级中断嵌套高级中断。

对特殊屏蔽方式的设定是在中断服务程序中完成的。采用特殊屏蔽方式时,在用操作命令字 OCW_1 对 IMR 中的某一位置 1 时,同时使 ISR 对应位清 0,这样只屏蔽了正在执行的中断请求,开放了其他未被屏蔽的中断,包括低优先级的中断。

特殊屏蔽方式通过操作命令字 OCW_3 来设置,OCW_3 中的 $D_6D_5=11$ 时进入特殊屏蔽方式,要开放所有未被屏蔽的中断,需要接下来将屏蔽字 OCW_1 设置为对本级中断源屏蔽。

若要退出特殊屏蔽方式,则要通过在中断服务程序中将操作命令字 OCW_3 的 D_6D_5 设置为 10 来实现。

4. 中断结束处理方式

当中断服务结束时,必须对 8259A 的 ISR 相应位清 0,表示该中断源的中断服务已结束,使 ISR 相应位清 0 的操作称为中断结束处理。

中断结束处理方式有两种:自动结束方式(AEOI)和非自动结束方式(EOI),而非自动结束方式又分为一般中断结束方式和特殊中断结束方式。

(1)自动结束方式(AEOI)。该方式是最简单的一种中断结束处理方式,适应于没有中断嵌套的系统。当某级中断被 CPU 响应后,8259A 在第二个中断响应周期的 $\overline{INTA}$ 信号结束后,自动将 ISR 中的对应位清 0。

该方式通过初始化命令字 ICW_4 的 D_1 位置 1 来设置。

(2)一般中断结束方式。该方式通过在中断服务程序中设置 EOI 命令,使 ISR 中的优先级最高的那一位清 0。适用于固定优先级方式,因为该方式 ISR 中的级别最高的那一位就是当前正在处理的中断源的对应位。

该方式通过初始化命令字 ICW_4 的 D_1 位清 0,同时将 OCW_2 的 $D_7D_6D_5$ 设置为 001 来实现。

(3)特殊中断结束方式。该方式适合于非完全嵌套方式,与一般的中断结束方式相比,其不同点在于发中断结束命令的同时,还需要在命令中指出结束中断的中断源是哪一级的,使 ISR 的相应位清 0。

该方式通过初始化命令字 ICW_4 的 D_1 位清 0,同时将 OCW_2 的 $D_7D_6D_5$ 设置为 011 来实现,OCW_2 的 $D_2D_1D_0$ 位给出结束中断处理的中断源序号。

6.3.3　8259A 控制字和初始化编程

8259A 的控制字分为两类,分别为初始化命令字($ICW_1 \sim ICW_4$)和操作命令字(OCW_1

～OCW₃)，分别用来对 8259A 进行初始化设置和工作方式设置。相应地，对 8259A 的编程也分为两类，分别为初始化编程和工作方式编程。初始化编程必须在系统上电时完成，以使 8259A 准备好进入工作状态；而工作方式编程可由操作命令字 OCW 来设定，可在 8259A 初始化后的任何时间写入。

1. 初始化命令字

初始化命令字 ICW 包括 ICW₁～ICW₄ 四个命令字，用于设定 8259A 的工作方式、中断类型号 n 等。对于 8086/8088 CPU，ICW 命令字设置流程如图 6-8 所示。无论 8259A 处于什么状态，只要命令字的 D₄ 位为"1"，地址输入信号 A₀ 为"0"，就是 ICW₁ 命令字，启动了 8259A 初始化过程，其下面的 3 个字节就被认为是 ICW₂～ICW₄，从而完成初始化设定操作。

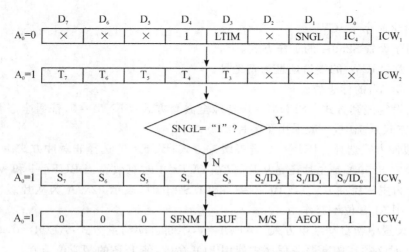

图 6-8　8259A 初始化命令字 ICW 设置流程

(1) 初始化命令字 ICW₁

A₀＝0，表示 ICW₁ 的端口地址为偶地址。

D₄ 位是特征位，在 ICW₁ 中需为 1，用来区分操作命令字 OCW₂ 和 OCW₃。

IC₄：用于控制是否在初始化流程中写入 ICW₄，IC₄＝1，要写入 ICW₄；IC₄＝0，不要写入 ICW₄。对于 8086/8088 CPU 系统，必须设置 ICW₄，所以，IC₄ 为 1。

SNGL：用于控制是否在初始化流程中写入 ICW₃，SNGL＝1，不要写 ICW₃，表示系统中仅使用一片 8259A；SNGL＝0，必须设置 ICW₃，表示系统中使用了多片 8259A 级联。

LTIM：用于控制中断触发方式，LTIM＝0，选择上升沿触发方式；LTIM＝1，选择电平触发方式。

(2) 初始化命令字 ICW₂

用来设置中断类型号 n 的基值，即中断请求输入端 IR₀ 的类型号。在写入 8259A 的中断类型号时，IR₀～IR₇ 的类型号依次加 1。

A₀＝1，表示 ICW₂ 的端口地址为奇地址。

T₇～T₃：由用户根据需要来设置中断类型号的高 5 位。

T₂～T₀：通常其值为 0，其实际内容由 8259A 根据中断请求来自 IR₀～IR₇ 的哪一个输入端,自动填充为000~111中的某一编码,与高5位一同构成8位中断类型号。

(3)初始化命令字ICW$_3$

ICW$_3$用于8259A的级联,若系统中只有一片8259A,则不需设置ICW$_3$;若8259A工作于级联方式,则需要用ICW$_3$设置8259A的状态。是否需要设置ICW$_3$,由ICW$_1$中的SNGL位状态确定。

A$_0$=1,表示ICW$_3$的端口地址为奇地址。

主片的ICW$_3$指明了IR$_0$~IR$_7$各引脚连接从片的情况,例如S$_7$S$_6$S$_5$S$_4$S$_3$S$_2$S$_1$S$_0$设置为00000110B时,表示主片IR$_1$、IR$_2$上接有从片。

从片的ICW$_3$仅用低3位ID$_2$、ID$_1$、ID$_0$,高5位不用,可以置为0。ID$_2$、ID$_1$、ID$_0$表示与主片的对应引脚连接,如某从片的ICW$_3$设置为02H,表示该从片的INT引脚与主片的IR$_2$相连。

(4)初始化命令字ICW$_4$

ICW$_4$用于设置8259A的工作方式。

A$_0$=1,表示ICW$_4$的端口地址为奇地址。

D$_7$~D$_5$:ICW$_4$的标志位。

SFNM:设定嵌套方式。SFNM=1,特殊全嵌套方式;SFNM=0,普通全嵌套方式。在特殊全嵌套方式系统中,一般采用了多片8259A。

BUF:缓冲方式选择。BUF=1,选择缓冲方式;BUF=0,选择非缓冲方式。

M/S:决定8259A是主片还是从片,仅在BUF=1时有效。当BUF=1和M/S=1时,表示8259A为主片缓冲方式;当BUF=1和M/S=0时,表示8259A为从片缓冲方式。如果BUF=0,则M/S位不起作用。

AEOI:设置中断自动结束方式。AEOI=1,中断自动结束方式;AEOI=0,非中断自动结束方式,此时必须在中断服务程序中使用EOI命令,使ISR的相应位清0。

D$_0$=1,表示采用8086/8088 CPU系统。

例6.1 试按照如下要求对8259A设置初始化命令字:系统中仅用一片8259A,中断请求信号采用上升沿触发方式;中断类型码为08H~0FH;用全嵌套、缓冲、非自动结束中断方式。设8259A的端口地址为20H和21H。

该片8259A的初始化设置的程序段如下:

```
MOV   AL,13H          ;ICW₁:边沿触发,单片,设置IC4
OUT   20H,AL
MOV   AL,8            ;ICW₂:中断类型码为8~FH
OUT   21H,AL
MOV   AL,0DH          ;ICW₄:全嵌套、缓冲、非自动结束中断方式
OUT   21H,AL
```

例6.2 试对一个级联方式8259A进行初始化命令字的设置。从片的INT与主片的IR$_2$相连。从片的中断类型码为70H~77H,端口地址为A0H和A1H;主片的中断类型码为08H~0FH,端口地址为20H和21H。中断请求信号采用上升沿触发,采用全嵌套、缓冲、非自动结束中断方式。

主片初始化程序段:

```
MOV    AL,11H                    ;写入 ICW₁
OUT    20H,AL
MOV    AL,08H                    ;写入 ICW₂,中断类型码基值
OUT    21H,AL
MOV    AL,04H                    ;写入 ICW₃,IR₂上连接从片
OUT    21H,AL
MOV    AL,0DH                    ;写入 ICW₄
OUT    21H,AL
```

从片初始化程序段:

```
MOV    AL,11H                    ;写入 ICW₁
OUT    0A0H,AL
MOV    AL,70H                    ;写入 ICW₂,中断类型码基值
OUT    0A1H,AL
MOV    AL,02H                    ;写入 ICW₃,从片连接主片的 IR₂
OUT    0A1H,AL
MOV    AL,09H                    ;写入 ICW₄
OUT    0A1H,AL
```

2. 操作命令字

系统初始化完成以后,8259A 就处于操作就绪状态,接受外设的中断请求。此外,CPU还可通过操作命令字(OCW)对 8259A 进行动态地控制,以选择或改变初始化时设定的工作方式。操作命令字有 3 个,分别为 OCW₁、OCW₂ 和 OCW₃,写入时没有顺序要求,可单独使用。

(1)操作命令字 OCW₁

OCW₁用来设置 8259A 的屏蔽字,使 IMR 中的对应位置 1 或清 0。如图 6-9 所示。

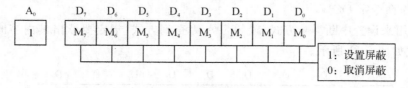

图 6-9　OCW₁ 控制字

$A_0 = 1$,表示 OCW₁ 写入奇地址端口。OCW₁ 的每一位对应中断屏蔽寄存器 IMR 的相应位,用 OCW₁ 命令实现对 IMR 的置位和复位。如果 $M_i = 1$,表示屏蔽对应的 IR_i 中断请示;如果 $M_i = 0$,则表示 IR_i 的中断请求被允许。例如,要使中断源 IR₃、IR₆ 开放,其余均被屏蔽,则操作命令字 OCW₁ 的值应为 10110111B(B7H)。设 8259A 的端口地址为 20H 和 21H,则写 IMR 的程序段为:

```
MOV    AL,0B7H                   ;OCW₁内容
OUT    21H,AL                    ;写入 A₀=1 端口
```

(2)操作命令字 OCW₂

OCW₂用于设置优先级循环方式和中断结束方式,其命令字格式如图 6-10 所示。

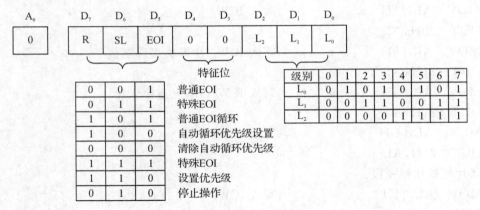

图 6-10 OCW₂ 命令字

$A_0 = 0$，表示 OCW₂ 的端口地址为偶地址。

$D_4 D_3 = 00$，为 OCW₂ 的特征位。

R：优先级循环标志。R=1 表示优先级采用循环方式，R=0 表示优先级不采用循环方式。

SL：优先级设定标志。SL=1 表示 $L_2 L_1 L_0$ 的优先级选择有效，SL=0 表示 $L_2 L_1 L_0$ 的优先级选择无效，IR₀ 仍是最高级，IR₇ 仍为最低级。

EOI：中断结束标志。EOI=1 表示操作命令字 OCW₂ 的作用是作为中断结束命令字，EOI=0 则不执行中断结束操作。

$L_2 \sim L_0$：只有 SL 位为 1 时，这三位才有意义。$L_2 \sim L_0$ 位有三个作用：一是当 OCW₂ 给出特殊中断结束命令时，L_2、L_1 和 L_0 三位的编码指出了要清除中断服务寄存器 ISR 中的哪一位；二是当 OCW₂ 给出优先级特殊循环命令时，由 L_2、L_1 和 L_0 三位的编码指定循环开始的最低优先级；三是当 OCW₂ 给出结束中断且指定新的最低优先级命令时，将 ISR 中与 L_2、L_1 和 L_0 编码值对应的位清 0，并将当前系统最低优先级设为 L_2、L_1 和 L_0 指定的值。

（3）操作命令字 OCW₃

OCW₃ 用来设置中断屏蔽方式，置 8259A 为查询方式，规定要读出其内容的寄存器，其命令字格式如图 6-11 所示。

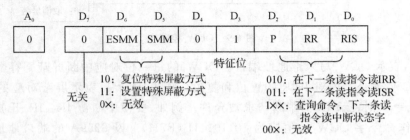

图 6-11 OCW₃ 命令字

$A_0 = 0$，表示 OCW₃ 写入偶地址端口。

$D_4 D_3 = 01$，为 OCW₃ 的特征位。

ESMM：允许特殊屏蔽方式位。该位为 1 时 SMM 位才有意义。

SMM:特殊屏蔽方式位。SMM＝1,设置特殊屏蔽方式;SMM＝0,清除特殊屏蔽方式。

P:查询命令位。P＝1,表示 OCW₃ 用作查询命令;P＝0,非查询方式。查询方式的具体操作是:先发查询命令字,紧跟一条读指令以得到优先级最高的中断请求 IR 引脚值。查询状态字的格式如图 6-12 所示。

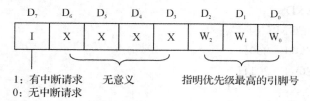

图 6-12　8259A 查询状态字

RR:读寄存器命令位。RR＝1 时允许读 IRR 或 ISR,RR＝0 时禁止读这两个寄存器。

RIS:读 IRR 或 ISR 选择位。在 RR＝1,RIS＝0 时,下一条读指令读出 IRR 寄存器的内容;在 RR＝1,RIS＝1 时,下一条读指令读出 ISR 寄存器的内容。

6.3.4　8259A 的应用举例

在这一小节,通过举例子来说明 8259A 的实际应用。

例 6.3　编制程序,拨动单脉冲开关产生一个脉冲信号"⎍",把它送给 8259A 的 IR₀,其上升沿作为中断请求信号,IR₀ 的中断类型号为 8。8088 CPU 计数中断次数,当中断次数达 20 次时,返回 DOS。

在本例中,8259A 单片使用,其电路如图 6-13 所示。设 8259A 偶地址端口为 200H,奇地址端口为 201H。中断请求信号加到 IR₀ 输入端,上升沿触发,全嵌套、缓冲、非自动结束中断方式。

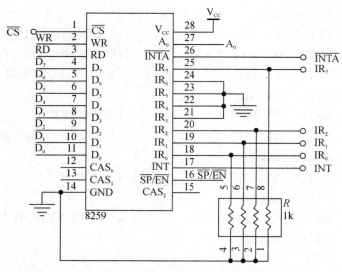

图 6-13　8259A 中断控制器应用电路

在本例子中,中断服务程序的入口地址通过编程装入中断向量表,程序包括对 8259A

的初始化、中断向量写入中断向量表、中断服务程序和 8259A 的操作控制等。具体程序如下：

```
STACK1      SEGMENT  STACK  'STACK'
            DW  100 DUP(0)
STACK1      ENDS
DATA        SEGMENT
IO8259A_0   EQU  200H
IO8259A_1   EQU  201H
COUNT       DB  ?
FLAG        DB  0
DATA        ENDS
CODE        SEGMENT
            ASSUME  CS:CODE,SS:STACK1,DS:DATA
START:      MOV  AX,DATA
            MOV  DS,AX
            MOV  ES,AX              ;ES=DS
            NOP                     ;空操作
            CALL  Init8259A         ;调用 8259A 初始化子程序
            CALL  WriIntver         ;调用中断向量写入向量表子程序
            MOV  COUNT,0            ;计数值清 0
            MOV  FLAG,0             ;中断标志设置
            STI                     ;CPU 开放中断
START1:     CMP  FLAG,0
            JZ  START1
Init8259A   PROC  NEAR             ;8259A 初始化子程序
            MOV  DX,IO8259A_0       ;偶地址端口
            MOV  AL,13H             ;写 ICW₁,边沿触发,单片,设置 IC₄
            OUT  DX,AL
            MOV  DX,IO8259A_1       ;奇地址端口
            MOV  AL,08H             ;写入 ICW₂,IR₀中断类型码 8
            OUT  DX,AL
            MOV  AL,09H             ;写入 ICW₄
            OUT  DX,AL
            MOV  AL,0FEH            ;写入 OCW₁,开放 IR₀
            OUT  DX,AL
            RET
Init8259A   ENDP
WriIntver   PROC  NEAR             ;中断向量写入向量表子程序
            PUSH  ES                ;保护 ES
```

```
              MOV   AX,0
              MOV   ES,AX              ;中断向量存放地址 0000H:0020H
              MOV   DI,20H             ;表中偏移地址 8×4=20H
              LEA   AX,INT_0           ;装入中断服务程序偏移地址
              STOSW
              MOV   AX,CS              ;装入中断服务程序段基址
              STOSW
              POP   ES                 ;恢复 ES
              RET
WriIntver     ENDP
;————    中断服务程序 ————
INT_0:        PUSH  DX                 ;保护现场
              PUSH  AX
              MOV   AL,COUNT           ;中断次数送 AL
              ADD   AL,1               ;中断次数加 1
              DAA                      ;压缩 BCD 调整
              MOV   COUNT,AL           ;存中断次数
              MOV   FLAG,0             ;产生中断,标志置 0
              MOV   DX,IO8259A_0       ;偶地址端口
              MOV   AL,20H             ;写 OCW₂,普通 EOI
              OUT   DX,AL
              CMP   AL,20              ;中断次数达 20 次吗?
              JNZ   NEXT               ;不是,转中断返回
              MOV   DX,IO8259A_1       ;否则,读入 IRR 寄存器内容
              IN    AL,DX
              OR    AL,01H             ;屏蔽 IR₀中断请求
              OUT   DX,AL
              STI                      ;CPU 开放中断
              POP   AX                 ;恢复现场
              POP   DX
              MOV   AH,4CH             ;返回 DOS
              INT   21H
NEXT:         IRET
CODE          ENDS
              END   START
```

例 6.4　由 PC/XT 机外部产生中断请求的简单中断程序。系统将 8259A 的中断输入线 $IR_0 \sim IR_7$ 初始化为由低变高的边沿触发,通过一开关(单稳、防抖)将中断请求信号接到 PC/XT 总线的引脚 B4,即 IRQ2 上。该开关先输出低电平,运行程序显示提示信息"WAIT INTERRUPT"后再将开关输出高电平,使 IR_2 的电平由低变高,于是向 8259A 的中断输入

线发出了中断请求信号,成功后再将开关返回到低电平。该程序可以用到任何可以产生中断请求信号的外设接口的电路上。如前所述,PC/XT 机已对 8259A 进行了初始化操作,故只需进行操作命令字的设定,8259A 的端口地址为 20H 和 21H。要使用的命令字有屏蔽字 OCW_1 和中断结束命令字 OCW_2。IR_0~IR_7 中断向量类型码为 08H~0FH。

程序中用 JMP $ 指令来等待中断,若程序中不改变中断屏蔽字开放 IR_2 中断,则扳动开关后,程序总处于等待状态,不进入中断。

因为 JMP $ 指令执行之后才响应中断,所以响应中断时进入堆栈保护的断点地址仍是 JMP $ 指令的地址。故中断返回前应修改返回地址,以便返回后跳过该指令,执行 JMP $ 指令的下一条指令。

JMP $ 指令是近跳转的 2 字节指令(指令的机器码为 EBFEH),故修改返回地址是将返回地址加 2。

其程序如下:

```
STACK1      SEGMENT  STACK  'STACK'
            DW   32 DUP(0)
STACK1      ENDS
DATA        SEGMENT
DA1         DB   'WAIT INTERRUPT',0AH,0DH,'$'
DA2         DB   'INTERRUPT PROCESSING',0AH,0DH,'$'
DA3         DB   'PROGRAM TERMINATED NORMALLY',0AH,0DH,'$'
DATA        ENDS
CODE        SEGMENT
BEGIN       PROC  FAR
            ASSUME  SS:STACK1,CS:CODE,DS:DATA
            PUSH  DS
            SUB  AX,AX
            PUSH  AX
            MOV   AX,SEG IRQ2IS        ;中断程序入口地址送中断
            MOV  DS,AX                 ;向量表
            MOV  DX,OFFSET IRQ2IS      ;IR₂的类型码 0AH
            MOV  AX,250AH              ;DOS 功能号 25H
            INT  21H
            MOV  AX,DATA
            MOV  DS,AX
            MOV  DX,OFFSET DA1         ;显示等待中断提示
            MOV  AH,9
            INT  21H
            IN  AL,21H                 ;读入 IMR 屏蔽字
            AND  AL,0FBH               ;改变屏蔽字,允许 IR₂中断
            OUT  21H,AL
```

```
        JMP   $                        ;等待中断 JMP $＝HERE
        MOV   DX,OFFSET DA3            ;提示中断处理正常
        MOV   AH,9
        INT   21H
        RET
IRQ2IS：  MOV   DX,OFFSET DA2            ;提示执行中断服务程序
        MOV   AH,9
        INT   21H
        MOV   AL,20H                   ;一般中断结束命令
        OUT   20H,AL
        IN    AL,21H                   ;恢复屏蔽字,禁止 IR₂ 中断
        OR    AL,04H
        OUT   21H,AL
        POP   AX                       ;修改返址
        INC   AX
        INC   AX
        PUSH  AX
        IRET
BEGIN   ENDP
CODE    ENDS
        END   BEGIN
```

思考与练习

1. 为什么要引入中断系统？什么是中断源？一般有几类中断源？

2. 简述可屏蔽中断处理过程。

3. 叙述中断向量、中断向量表和中断服务程序入口地址三者的关系。

4. 中断类型号 20H 的中断向量位于存储器的哪些单元？当用户程序使用 INT 25H 调用时,如何将中断服务程序入口地址装入中断向量表？

5. 已知中断向量表中,00120H 中存放 2200H,00122H 中存放 3050H,则其中断类型号是多少？中断服务程序的入口地址是多少？分别用逻辑地址和物理地址表示。

6. 对于不同的中断源,8088 CPU 是如何获得中断类型码的？

7. 8259A 中断屏蔽寄存器 IMR 和 8088 CPU 的中断允许标志 IF 功能上有何区别？

8. 8259A 初始化命令字有哪些？初始化编程有何要求？

9. 8259A 芯片仅有两个端口地址,如何识别 4 个 ICW 初始化命令字和 3 个 OCW 操作命令字？

10. 8259A 有哪些寄存器可以被 CPU 读出？怎样读出？

11. CPU 响应 8259A 的中断请求后,发送的 INTA 应答信号占几个总线周期？分别完

成哪些操作？

12. 某系统采用单片 8259A，设中断由 IR$_2$ 引入，电平触发、普通全嵌套、普通 EOI 结束方式，中断类型码为 54H，端口地址为 200H 和 201H，画出 8259A 和 8088 CPU 的电路连接图，编写初始化程序。

13. 8088 CPU 系统采用级联方式，主 8259A 的中断类型码为 40H，端口地址为 60H、61H。从 8259A 的 INT 引脚接主 8259A 的 IR$_4$，从 8259A 的端口地址为 70H、71H。主、从片均采用边沿触发、非缓冲、固定优先权方式。试编写初始化程序。

第7章　可编程并行接口和串行接口芯片

7.1　概述

在计算机系统中,有两种基本的数据传送方式,即串行数据传送方式和并行数据传送方式。在数据通信系统中则称为并行通信和串行通信。

7.1.1　并行通信

1. 并行输入/输出接口

并行通信由并行接口来完成。在并行数据传输中,并行接口是连接 CPU 与并行外设的通道,并行接口中各位数据都是并行传输的,并行通信以同步方式传输。其特点是:传输速度快,硬件开销大,只适合近距离传输。一个并行接口信息包括状态信息、控制信息和数据信息。

(1)状态信息。状态信息表示外设当前所处的工作状态。例如,准备好信号 READY＝1 表示输入接口已经准备好,可以和 CPU 交换数据;忙信号 BUSY＝1 表示接口正在传输信息,CPU 需要等待。

(2)控制信息。控制信息是由 CPU 发出的,用于控制外设接口的工作方式以及外设的启动和复位等。

(3)数据信息。CPU 与并行外设数据交换的内容。

状态信息、控制信息和数据信息通过总线传送,这些信息在外设接口中分别存放在不同端口的寄存器中。接口电路需要几个端口相互配合,才能协调外设的工作。图 7-1 是典型的并行接口与 CPU、外设的连接图。

并行接口有两个通道,可以同时连接两台外部设备,分别实现输入/输出功能。接口内部主要组成部分有控制寄存器、状态寄存器、输入缓冲寄存器和输出缓冲寄存器。CPU 向控制寄存器发送对接口和外部设备的控制命令,通过状态寄存器查询接口与外部设备的各种状态,以输入、输出缓冲寄存器作为数据传送的缓冲器。

接口作为一个中介部件,在其两侧分别与 CPU 和外部设备相连。并行 I/O 接口与 CPU 之间的连接信号主要有双向数据总线、读/写控制信号、复位信号、中断请求和地址选通信号等。并行接口与外部设备之间同样要有双向数据传送信号线,同时还要有应答信号,负责对数据传输进行定时和协调。应答信号体现收发双方的互动,一般总是成对出现。例如,输入设备准备好数据后,可以向并行接口发送"准备好"信号即数据输入选通信号,而并行接口此后会向输入设备发回"输入应答"信号即数据输入应答信号。

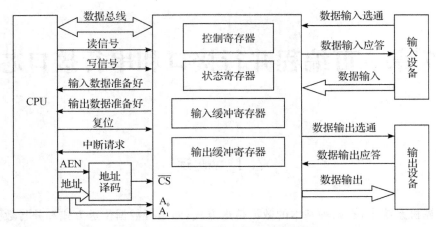

图 7-1　并行接口与 CPU 及外设的连接

2. 并行接口的基本输入/输出过程

(1)数据输入过程

当外设将数据通过数据输入线送给接口时,先使"数据输入准备好"状态选通信号有效,该选通信号使数据输入到接口的输入数据缓冲寄存器内。当数据写入输入数据缓冲寄存器后,接口使"数据输入应答"信号有效,作为对外设输入的响应。外设收到此信号后,便撤销输入数据和"数据输入应答"信号。数据到达接口后,接口在状态寄存器中设置"输入准备好"状态位,以便 CPU 对其进行查询。接口向 CPU 发出一个中断请求信号,这样 CPU 就可以用软件查询方式,也可以用中断的方式将接口中的数据输入 CPU 中。CPU 在接收到数据后,将"准备好输入"的状态位自动清除,并使数据总线处于高阻状态,准备外设向 CPU输入下一个数据。

(2)数据输出过程

当外设从接口取走数据后,接口就会将状态寄存器中"输出准备好"状态位置 1,表示CPU 当前可以向接口输出数据,这个状态位可供 CPU 进行查询。接口此时也可以向 CPU发中断请求信号。当 CPU 将数据送到输出缓冲寄存器后,接口自动清除"输出准备好"状态位,并将数据送往外设的数据线上,同时,接口将给外设发送"启动信号"来启动外设接收数据。外设被启动后,开始接收数据,并向接口发"数据输出应答"信号。接口收到此信号,便将状态寄存器中的"输出准备好"状态位置 1,以便 CPU 输出下一个数据。

7.1.2　串行通信

1. 串行接口的组成

串行接口是通过系统总线和 CPU 相连,串行接口部件的典型结构如图 7-2 所示,主要由控制寄存器、状态寄存器、数据输入寄存器和数据输出寄存器四部分组成。

(1)控制寄存器

控制寄存器用来保存决定接口工作方式的控制信息。

(2)状态寄存器

状态寄存器中的每一状态位都可以用来标识传输过程中某一种错误或当前传输状态。

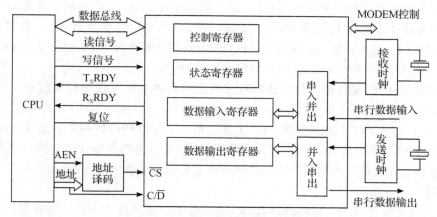

图 7-2 串行接口与 CPU 及外设的连接

(3) 数据输入寄存器

在输入过程中，串行数据逐位从传输线进入串行接口的移位寄存器，经过串入并出电路的转换，当接收完一个字符之后，数据就从移位寄存器传送到数据输入寄存器，等待 CPU 读取。

(4) 数据输出寄存器

在输出过程中，当 CPU 输出一个数据时，先送到数据输出寄存器，然后，数据由输出寄存器传送到移位寄存器，经过并入串出电路的转换，逐位通过输出传输线输出。

2. 串行通信中使用的术语

(1) 发送时钟和接收时钟

在通信中把要传送的二进制数据序列称为比特组，由发送器发送到传输线上，再由接收器从传输线上接收。二进制数据序列在传输线上以数字信号形式出现，每一位数据持续的时间是固定的，在发送时是以发送时钟作为数据位的划分界限，在接收时是以接收时钟作为数据位的划分界限。

① 发送时钟：控制串行数据的发送，把并行数据序列送入移位寄存器，然后由发送时钟触发进行移位输出，数据位的时间间隔可由发送时钟周期来划分。

② 接收时钟：检测串行数据的接收，传输线上送来的串行数据序列由接收时钟作为移位寄存器的触发脉冲，逐位传入移位寄存器。

③ 波特率和比特率

在串行通信中，衡量通信传输速率的指标有两个：波特率和比特率。

波特率是指数字信号对载波的调制速率，它用每秒钟内载波调制状态改变次数来表示，其单位为波特 (Baud)。

比特率是指数字信号的传输速率，它用每秒钟内传输的二进制代码的有效位 (bit) 数来表示，其单位为每秒比特数 bit/s(bps)、每秒千比特数 (kbps) 或每秒兆比特数 (Mbps) 来表示 (此处 k 和 M 分别为 1000 和 1000000，而不是涉及计算机存储器容量时的 1024 和 1048576)。

波特率与比特率的关系为：比特率＝波特率×单个调制状态对应的二进制位数。

比特率可以大于或等于波特率。假定用正脉冲表示"1"，负脉冲表示"0"，即所谓的两相调制 (单个调制状态对应 1 位二进制位)，此时比特率等于波特率，如每秒钟要传输 10 个调制状态,则波特率和比特率都为 10 波特。假定采用四相调制,即单个调制状态对应 2 位二进制位,如每秒钟要传输 10 个调制状态,则波特率为 10,而比特率为 20 bps。如果每秒钟传输 10 个调制状态,每个调制状态对应 10 位二进制位,则波特率为 10,而比特率为 100 bps。

发送时钟与波特率的关系是:时钟频率$=n×$波特率

n 是波特率因子,是传输 1 位二进制数时所用的时钟周期。在串行通信中 n 一般为 1、16、32、64 等。

波特率是表明传输速度的标准,国际上规定的一个标准的波特率系列是 110、300、600、1200、1800、2400、4800、9600、19200。大多数的 CRT 显示终端能在 110～9600 波特率下工作,异步通信允许发送方和接收方的时钟误差或波特率误差在 4%～5%。

(2)DTE 和 DCE

①数据终端设备(Data Terminal Equipment,DTE)是对属于用户的所有联网设备和工作站的统称,它们是数据的源或目的地址,或者既是源又是目的,如数据输入/输出设备、通信处理机等。DTE 可以根据协议来控制通信的功能。

②数据通信设备(Data Communication Equipment 或 Data Circuit Terminating Equipment,DCE)也称为数据电路终端设备。DCE 是对网络设备的统称,为用户设备提供入网连接点,自动呼叫/应答设备、调制解调器 Modem 和其他一些中间设备均属于数据通信设备。

(3)串行通信中的工作方式

串行通信中的工作方式分为单工通信方式、半双工通信方式和全双工通信方式。

①单工通信方式

这种通信方式下,传输的线路用一根线连接,通信的一端连接发送器,另一端连接接收器,即形成单向连接,只允许数据按照一个固定的方向传送,如图 7-3(a)所示。数据只能从 A 站点传送到 B 站点,而不能由 B 站点传送到 A 站点。

②半双工通信方式

通信双方使用一根线连接,某一时刻,某一方只能进行发送或接收。由于使用一根线连接,发送和接收不可能同时进行,这种传输方式称为半双工通信方式,如图 7-3(b)所示。某一时刻 A 站点发送 B 站点接收,另一时刻 B 站点发送 A 站点接收,双方不能同时进行发送和接收。

③全双工通信方式

对于相互通信的双方,都可以是接收器,也都可以是发送器。分别用两根独立的传输线(一般是双绞线或同轴电缆)来连接发送信号和接收信号,这样发送方和接收方可同时进行工作,称为全双工的通信方式,如图 7-3(c)所示。

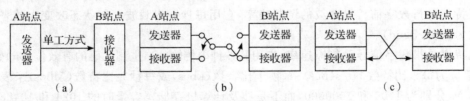

图 7-3 串行通信工作方式

3. 同步通信和异步通信

串行通信分为两种类型：一种是同步通信方式，另一种是异步通信方式。

（1）同步通信方式

同步通信方式的特点是：由一个统一的时钟控制发送方和接收方，若干字符组成一个信息组，字符要一个接着一个传送，没有字符时，也要发送专用的"空闲"字符或者同步字符。同步传输时，要求必须连接传送字符，每个字符的位数要相同，中间不允许有间隔。同步传输的特征是：在每组信息的开始（常称为帧头）要加上 1～2 个同步字符，后面跟着 8 位的字符数据。同步通信的数据格式如图 7-4 所示。

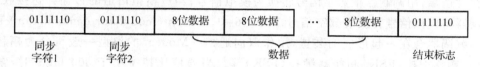

| 01111110 | 01111110 | 8位数据 | 8位数据 | ⋯ | 8位数据 | 01111110 |

同步字符1　　同步字符2　　　　　　数据　　　　　　结束标志

图 7-4　同步通信的数据格式

在同步通信数据格式中，如果需要做奇、偶校验，可由初始化设置同步方式字决定。

（2）异步通信方式

异步通信的特点是：字符是一帧一帧地传送，每一帧字符的传送靠起始位来同步。在数据传输过程中，传输线上允许有空字符。所谓异步通信，是指通信中两个字符的时间间隔是不固定的，而在同一字符中的两个相邻代码间的时间间隔是固定的通信。异步通信中发送方和接收方的时钟频率也不要求完全一样，但不能超过一定的允许范围，异步传输时的数据格式如图 7-5 所示。

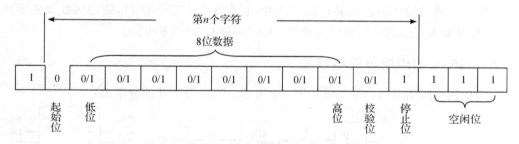

图 7-5　异步通信的数据格式

由图 7-5 可见，异步通信方式中的每个字符由起始位、数据位、奇偶校验位及停止位四个部分组成。首先是起始位，为逻辑 0，占 1 位，接着是传送的 5～8 位数据位，1 位奇偶校验位和停止位，其中停止位可以是 1 位、1 位半或两位。一个字符由起始位开始，停止位结束，两个字符之间为空闲位。是否需要奇、偶校验位和停止位设定的位数是 1 位、1.5 位或 2 位都由初始化时设置异步通信方式字来决定。

4. 信号的调制与解调

计算机对数字信号的通信，要求传输的频带很宽，但在实际的长距离传输中，通常是利用电话线来传输，传送话音基带信号的频率一般为 0～4 kHz，25～138 kHz 的频带用于传送上行或下行的低速数据或控制信息，138～1100 kHz 的频带用于传送下行的高速数据。可以看到电话线的频带比较窄，它会使传输的信号发生畸变而产生错误。为了保护信息传输的正确，普遍采用调制解调器（Modem）来实现远距离的信息传输，如图 7-6 所示。

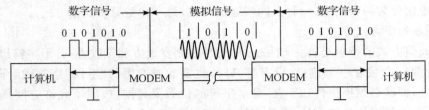

图 7-6 调制与解调过程

在发送端，用调制器把数字信号转换为模拟信号；经过模拟信道的传输到达接收端后，用解调器将模拟信号转换成数字信号。图 7-6 中，Modem（modulator demodulator）是由调制器和解调器合在一起形成的装置，用作双向通信。Modem 的类型一般可分为幅移键控（ASK）、频移键控（FSK）和相移键控（PSK）等。当通信比特率小于 300 bit/s 时，常采用 FSK 调制方式，其基本原理是将数字信号中的"1"和"0"分别调制成不同频率的音频信号，例如将"1"转换成 2400 Hz 的音频信号，而将"0"转换成 1200 Hz 的音频信号。当到达接收端后，解调器通过鉴频电路，将 2400 Hz 和 1200 Hz 的音频信号再还原为数字信号"1"和"0"。

7.2 可编程并行接口芯片 8255A

8255A 是通用的可编程的并行接口芯片，它有 3 个并行 I/O 口，通过编程设置多种工作方式，价格低廉，使用方便，可以直接与 8086/8088 CPU 连接使用。

7.2.1 8255A 的组成与引脚信号

8255A 的引脚信号与内部组成如图 7-8 所示。它由以下几部分组成：

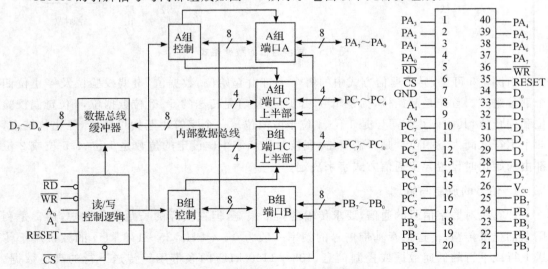

图 7-8 8255A 的内部结构和引脚图

1. 端口 A、端口 B 和端口 C

端口 A、端口 B 和端口 C 都是 8 位的端口,都可以选择作为输入或输出,但它们的结构和功能有所区别。

①端口 A 对应一个 8 位数据输入锁存器和一个 8 位的数据输出锁存器及缓冲器,适合用在双向的数据传输场合。

②端口 B 包括一个 8 位数据输入缓冲器和一个 8 位的数据输出锁存器/缓冲器。用端口 B 作为输出口时,其数据能得到锁存。作为输入口时,则不具有锁存能力。因此外设输入数据必须维持到被 CPU 读取为止。

③端口 C 同端口 B 一样也包括一个 8 位数据输入缓冲器和一个 8 位的数据输出锁存器/缓冲器。所以,它可以作为独立的 8 位 I/O 端口使用,也可以将端口 C 的高 4 位和低 4 位分开使用,分别作为输入和输出。当端口 A 和端口 B 作为选通输入或输出的数据端口时,端口 C 的指定位与端口 A 和端口 B 配合使用,用作控制信号或状态信号。

2. A 组和 B 组控制电路

这是两组根据 CPU 的工作方式命令字控制 8255A 工作方式的电路。它们的控制寄存器接收 CPU 输出的工作方式命令字,由该命令字决定两组(3 个端口)的工作方式,也可根据 CPU 的命令对端口 C 的每一位实现按位复位或置位。

A 组控制电路控制端口 A 和端口 C 的上半部($PC_7 \sim PC_4$)。

B 组控制电路控制端口 B 和端口 C 的下半部($PC_3 \sim PC_0$)。

3. 数据总线缓冲器

这是一个三态双向的 8 位缓冲器,可直接和系统数据总线连接。它是 8255A 与系统数据总线的接口,输入/输出的数据以及 CPU 发出的命令控制字和外设的状态信息,都是通过这个缓冲器传送的。

4. 读/写控制逻辑

它与 CPU 的地址总线中的 A_1、A_0 以及有关的控制信号($\overline{WR}$、$\overline{RD}$、RESET)和地址译码输出的片选信号 $\overline{CS}$ 相连,由这些信号形成对端口的读写控制,并通过 A 组控制和 B 组控制电路实现对数据、状态和控制信息的传送。这些控制信号如下:

(1)A_1、A_0:端口地址选择信号。用来选择 8255A 的 A、B、C 三个数据端口和一个控制字寄存器。通常,它们与微机的地址线 A_1 和 A_0 相连。

(2)$\overline{CS}$:片选信号,低电平有效。由它启动 CPU 与 8255A 之间的通信。通常,它与 PC 微机地址线的译码电路的输出线相连,并由该译码电路的输出线来确定 8255A 的端口地址。

(3)$\overline{RD}$:读信号,低电平有效。它控制 8255A 送出数据或状态信息至系统数据总线。通常,它与 PC 微机的 $\overline{IOR}$ 相连。

(4)$\overline{WR}$:写信号,低电平有效。它控制把 CPU 输出到系统数据总线上的数据或命令写到 8255A。通常,它与 PC 微机的 $\overline{IOW}$ 相连。

(5)RESET:复位信号,高电平有效。它清除控制寄存器,并置端口 A、B、C 三个端口为输入方式。通常,它与微机的复位信号相连,与微机同时复位;也可以接一个独立的复位信号,必要时即可复位 8255A。图 7-9 的复位电路是实验中常用的复位信号产生电路。

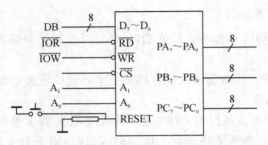

图 7-9 8255A 与 PC 微机的连接

A_1、A_0、$\overline{RD}$、$\overline{WR}$、$\overline{CS}$信号组合所实现的各种端口操作见表 7-1。

表 7-1 8255A 的内部操作与选择表

$\overline{CS}$	$\overline{RD}$	$\overline{WR}$	A_1	A_0	操 作
0	1	0	0	0	写端口 A
0	1	0	0	1	写端口 B
0	1	0	1	0	写端口 C
0	1	0	1	1	写控制字寄存器
0	0	1	0	0	读端口 A
0	0	1	0	1	读端口 B
0	0	1	1	0	读端口 C
0	0	1	1	1	无操作

7.2.2 8255A 的控制字和初始化编程

8255A 有三种工作方式,由工作方式选择控制字来选用:

方式 0(Mode 0):基本输入/输出方式。

方式 1(Mode 1):选通输入/输出方式(应答方式)。

方式 2(Mode 2):双向传送方式。

1. 工作方式选择控制字

8255A 的工作方式,可由 CPU 写一个工作方式选择控制字到 8255A 的控制字寄存器来选择。控制字的格式如图 7-10 所示,可以分别选择端口 A、端口 B 和端口 C 上、下两部分的工作方式。端口 A 有方式 0、方式 1 和方式 2 三种工作方式,端口 B 只能工作于方式 0 和1,端口 C 仅工作于方式 0。

例 7.1 设某一 8255A 的控制字端口的地址为 200H,现要求将其 3 个数据端口均设置为基本 I/O 方式,其中端口 A 的 8 位和端口 C 的低 4 位为输入,端口 B 的 8 位和端口 C 的高 4 位为输出。则初始化程序如下:

```
MOV   AL,91H                    ;8255A 的方式选择控制字
MOV   DX,203H                   ;控制寄存器地址
OUT   DX,AL
```

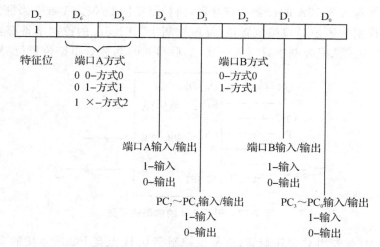

图 7-10 8255A 方式选择控制字的格式

2. 端口 C 按位置位/复位控制字

端口 C 的 8 位中的任一位,可用按位置位/复位控制字来置位或复位(其他位的状态不变),这个功能主要用于控制。能实现这个功能的控制字如图 7-11 所示。

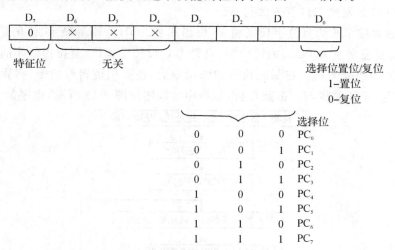

图 7-11 端口 C 按位置位/复位控制字

例如,若要使端口 C 的 PC_3 置位,按位置位/复位控制字为 00000111B(07H),而要使 PC_3 复位的控制字为 00000110B(06H)。

应注意的是,C 端口的按位置位/复位控制字需跟在工作方式选择控制字之后写入控制字寄存器。即使仅使用该功能,也应先送一个工作方式选择控制字。

例 7.2 将 8255A 端口 C 的 8 根 I/O 线 $PC_7 \sim PC_0$ 接 8 只发光二极管的正极(8 个负极均接地),用按位置位/复位控制字编写使这 8 只发光二极管依次亮、灭的程序。设 8255A 的端口地址为 200H~203H。

8255A 与 PC 微机的连接及 8255A 端口 C 与 8 只发光二极管的连接如图 7-12 所示。本程序要使用 8255A 的两个控制字,即工作方式选择控制字和 C 口按位置位/复位控制字。

这两个控制字都写入 8255A 的控制字寄存器,由控制字的 D_7 位为 1 或 0 来区别写入的字是工作方式选择控制字还是 C 口按位置位/复位控制字。8255A 的控制字寄存器的端口地址为 203H。工作方式选择控制字只写入一次,其后写入的都是 C 口按位置位/复位控制字。

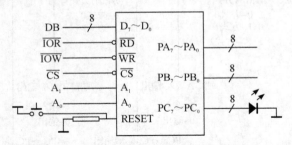

图 7-12 例题 7.2 的电路连接图

编程算法为:首先用 C 口按位置位/复位控制字 01H 点亮 PC_0 所连接的发光二极管,然后将 C 口按位置位/复位控制字 01H 改为复位字 00H,熄灭该发光二极管。再将复位字 00H 改为置位字 03H,点亮 PC_1 所连接的发光二极管,又将置位字 03H 改为复位字 02H,熄灭该发光二极管。置位字和复位字就这样交替变化:01H→00H→03H→02H→05H→04H →07H→06H→…→0FH→0EH→01H→…置位字和复位字周而复始地不断循环,即可使 8 只连接在端口 C 的发光二极管依次亮、灭。

每一位的置位字改为复位字仅需将 D_0 位由 1 变为 0,可用屏蔽 D_0 位的逻辑与指令完成。把 PC_i 的复位字改为 PC_{i+1} 的置位字,只要将 C 口按位置位/复位控制字的 $D_3 \sim D_0$ 位加 3,这可以用加法指令实现。在每次执行加法指令后,还要用逻辑与指令,将置位字的 $D_7 \sim D_4$ 位清 0,即与 0FH 逻辑与。据此分析,该程序的框图如图 7-13 所示,程序如下。

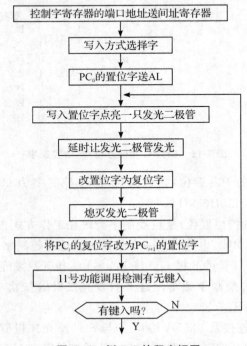

图 7-13 例 7.2 的程序框图

```
STACK1    SEGMENT   STACK 'STACK'
          DW   100 DUP(0)
STACK1    ENDS
CODE      SEGMENT
          ASSUME   SS:STACK1,CS:CODE
BEGIN：   MOV   DX,203H          ;控制字寄存器的端口地址
          MOV   AL,80H           ;方式选择控制字
          OUT   DX,AL
          MOV   AL,01H           ;PC₀的置位控制字
AGAIN：   OUT   DX,AL            ;点亮 PC₀连接的 LED
          LOOP  $                ;延时
          LOOP  $
          AND   AL,0FEH          ;置位字改为复位字
          OUT   DX,AL            ;熄灭点亮的发光二极管
          ADD   AL,3             ;PCᵢ→PCᵢ₊₁,下一位置位字
          AND   AL,0FH           ;屏蔽控制字高 4 位
          PUSH  AX
          MOV   AH,11            ;检查键盘有无输入
          INT   21H             ;无 0 送 AL,有－1 送 AL
          INC   AL              ;AL 内容加 1
          POP   AX
          JNZ   AGAIN            ;若为 0 则转 AGAIN
          MOV   AH,4CH          ;否则,返回 DOS
          INT   21H
CODE      ENDS
          END   BEGIN
```

7.2.3　8255A 的工作方式

1. 方式 0

这是一种基本的输入/输出方式。在这种工作方式下,端口 A、B、C 都可由程序选定作输入或输出。它们的输出是锁存的,输入是不锁存的。

方式 0 主要应用于主机与外设间的无条件输入/输出,不需要联络控制信号,也不需要查询状态。如果需要联络信号,可以通过软件编程将某些 I/O 线设置为联络控制线。

在这种工作方式下,可以由 CPU 用简单的输入或输出指令来进行读或写。因而当方式 0 用于无条件传送方式的接口电路时是十分简单的,这时不需要状态端口,3 个端口都可作为数据端口。

例 7.3　将 8255A 端口 C 的 8 根 I/O 线 $PC_7 \sim PC_0$ 接 8 只发光二极管的正极(8 个负极均接地),端口 C 工作方式 0 输出,编写使这 8 只发光二极管依次亮、灭的程序。设 8255A 的端口地址为 200H～203H。(注意与例 7.2 的区别)

在方式 0 下,让端口 C 的 8 根口线 PC$_7$～PC$_0$依次输出高电平"1",就可实现 8 只 LED 管依次亮、灭的功能。实现该功能的程序为:

```
STACK1 SEGMENT   STACK 'STACK'
        DW    100 DUP(0)
STACK1 ENDS
CODE    SEGMENT
        ASSUME  SS:STACK1,CS:CODE
BEGIN:MOV  DX,203H             ;控制寄存器端口地址
        MOV  AL,80H            ;端口 C 方式 0 输出
        OUT  DX,AL
        MOV  DX,202H           ;端口 C 地址送 DX
        MOV  AL,1              ;C 端口的输出值
AGAIN:OUT  DX,AL               ;LED 依次亮、灭
        LOOP  $                ;延时
        LOOP  $
        PUSH  AX               ;保护 AX 内容
        MOV  AH,11             ;检查键盘有无输入
        INT   21H              ;无 0 送 AL,有－1 送 AL
        INC  AL                ;AL 内容加 1
        POP  AX                ;恢复 AX 内容
        JZ  BACK               ;ZF＝1 转 BACK
        ROL  AL,1              ;否则,修改端口 C 的输出值
        JMP  AGAIN
BACK：MOV  AH,4CH              ;返回 DOS
        INT   21H
CODE    ENDS
        END  BEGIN
```

方式 0 也可作为查询式输入或输出的接口电路,此时端口 A 和 B 可分别作为一个数据端口,而取端口 C 的某些位作为这两个数据端口的控制和状态信息。

2. 方式 1

方式 1 称为选通输入/输出方式,也称作中断式的输入/输出方式。它将 3 个端口分为 A、B 两组,端口 A 和端口 C 中的 PC$_3$～PC$_5$或 PC$_3$、PC$_6$、PC$_7$为 A 组,端口 B 和端口 C 的 PC$_2$～PC$_0$为 B 组。端口 C 中余下的两位,仍可作为输入或输出用,由工作方式选择控制字中的 D$_3$来设定。端口 A 和 B 都可以由程序设定为输入或输出。此时端口 C 的某些位为控制状态信号,用于联络和中断,其各位的功能是固定的,不能用程序改变。

(1)方式 1 输入

方式 1 输入的状态控制信号及其时序关系如图 7-14 所示。各控制信号的作用及意义如下:

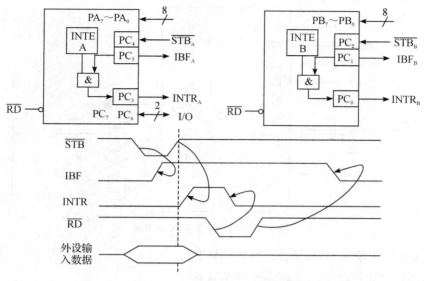

图 7-14　方式 1 输入端口信号及时序

①$\overline{STB}$(strobe)：选通信号，低电平有效。这是由外设发出的输入信号，信号的前沿（下降沿）把外设送来的数据送入输入缓冲器；信号的后沿（上升沿）使 INTR 有效（置 1）。

②IBF(input buffer full)：输入缓冲器满信号，高电平有效。这是 8255A 输出给外设的联络信号。外设将数据送至输入缓冲器后，该信号有效；信号的上升沿将数据送至数据线后，当读信号结束后，才使输入缓冲器满信号 IBF 变低（无效）。IBF 变低表明输入缓冲器已空，通知外设可以输入新的数据。

③INTR(interrupt request)：中断请求信号，高电平有效。这是 8255A 的一个输出信号，可用作向 CPU 申请中断的请求信号，以要求 CPU 服务。在 $\overline{STB}$ 后沿，当 IBF 为高和 INTE（中断允许）为高时，置 INTR 为高电平；它由 $\overline{RD}$ 的前沿（下降沿）清除为低电平。

④INTE(interrupt enable)：中断允许信号，端口 A 中断允许 $INTE_A$ 可由用户通过对 PC_4 的按位置位/复位来控制，而 $INTE_B$ 由 PC_2 的置位/复位控制。INTE 置位允许中断，INTE 复位禁止中断。此处 PC_4 和 PC_2 均有双重作用，其输出锁存器锁存了中断允许信号，输入缓冲器传送外设输入选通信号。由于端口 C 每位的输出锁存器和输入缓冲器在硬件上是相互隔离的，这种双重用法不会造成冲突。

⑤$\overline{RD}$(read)：读信号，低电平有效。当 CPU 响应中断后，执行读指令读取输入缓冲器的数据。先由读信号 $\overline{RD}$ 的下降沿（前沿）使 INTR 变为低电平以清除中断请求，再由读信号 $\overline{RD}$ 的上升沿（后沿）使 IBF 变为无效以通知外设可以发送新的数据，进而开始下一个输入过程。

例 7.4　用选通输入方式从 A 端口输入 100 个 8 位二进制数。实现该功能的原理图如图 7-15 所示。8255A 端口 A 输入缓冲器满，由 PC_3 输出中断请求信号，送到中断控制器 8259A 的 IR_1 端，经 8259A 向 CPU 发出中断申请。设 8255A 的端口地址为 200H～203H，中断控制器 8259A 的偶地址为 0A0H，奇地址为 0A1H。中断服务程序名为 IS8255A。

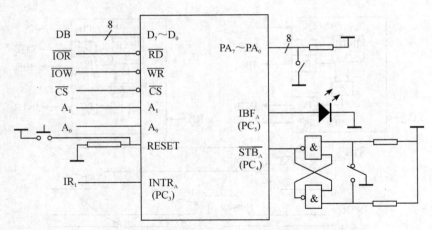

图 7-15 例 7.4 的电路原理图

端口 A 方式 1 输入,实现该要求的程序如下:

```
STACK1   SEGMENT   STACK 'STACK'
         DW   32 DUP(0)
STACK1   ENDS
DATA     SEGMENT
BUF      DB   100 DUP(?)
DATA     ENDS
CODE     SEGMENT
BEGIN    PROC   FOR
         ASSUME  CS:CODE,SS:STACK1,DS:DATA
         PUSH   DS
         SUB   AX,AX
         PUSH   AX
         MOV   ES,AX               ;AX=0,中断向量表段地址
         MOV   AX,DATA
         MOV   DS,AX
         MOV   DX,203H             ;控制寄存器地址
         MOV   AL,0B0H             ;端口 A 方式 1 输入
         OUT   DX,AL
         MOV   AL,9                ;PC₄ 置 1,允许 A 端口中断
         OUT   DX,AL
         MOV   AX,SEG IS8255A      ;中断程序入口地址送中断向量表
         MOV   ES:01C6H,AX
         MOV   AX,OFFSET IS8255A
         MOV   ES:01C4H,AX
         MOV   CX,100              ;100 个字节
         MOV   BX,0                ;设置地址指针
```

```
              MOV   DX,200H              ;端口 A 地址
              IN    AL,0A1H              ;读 8259A 屏蔽字
              AND   AL,0FDH             ;改变屏蔽字,允许 IR₁中断
              OUT   0A1H,AL
ROTT:         JMP   $                    ;等待中断
              LOOP  ROTT                 ;100 个字节未完成,继续
              IN    AL,0A1H              ;恢复屏蔽字,禁止 IR₁中断
              OR    AL,2
              OUT   0A1H,AL
              MOV   AH,4CH               ;返回 DOS
              INT   21H
              RET
;————— 中断服务程序 —————
IS8255A:      IN    AL,DX                ;从 A 端口输入数据
              MOV   BUF[BX],AL           ;保存到内存数据区
              INC   BX                   ;修改地址指针
              MOV   AL,61H               ;指定 ISR₁中断结束命令
              OUT   0A0H,AL
              POP   AX                   ;修改返址
              INC   AX
              INC   AX
              PUSH  AX
              IRET
BEGIN         ENDP
CODE          ENDS
              END   BEGIN
```

(2)方式 1 输出

方式 1 输出的状态控制信号及其时序关系如图 7-16 所示。各控制信号的作用及意义如下:

①$\overline{OBF}$(output buffer full):输出缓冲器满信号,低电平有效。这是 8255A 输出给外设的一个联络信号。CPU 把数据写入指定端口的输出锁存器后,该信号有效,通知外设可以把数据取走。它由$\overline{ACK}$的前沿(下降沿)清除,即外设取走数据后,使其恢复为高。

②$\overline{ACK}$(acknowledge):低电平有效。这是外设发出的响应信号,该信号的前沿取走数据并使$\overline{OBF}$无效,后沿使 INTR 有效。

③INTR (interrupt request)中断请求信号,高电平有效。当输出装置已经接受了 CPU 输出的数据后,它用来向 CPU 发出中断请求,要求 CPU 继续输出数据。$\overline{OBF}$为"1"(高电平)和 INTE 为"1"(高电平)时,由$\overline{ACK}$的后沿(上升沿)使其置位(高电平),$\overline{WR}$信号有效的下降沿出现后使其变为无效的电平(低电平)。

④INTE(interrupt enable):中断允许信号,高电平有效。中断允许信号 INTE 是用软

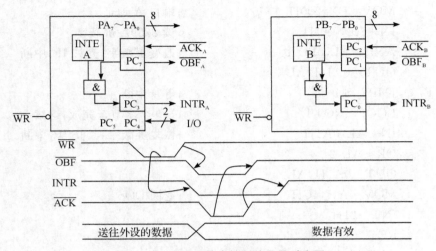

图 7-16　方式 1 输出控制信号及时序图

件通过对 C 端口按位置位/复位的控制字来设置的。当该信号为"1"时,允许中断;为"0"时,A 端口(B 端口)处于中断屏蔽状态,即不发出中断请求信号 INTR。当 PC_6 置位(为"1")时,A 端口允许中断,复位时,A 端口不允许中断;当 PC_2 置位时,B 端口允许中断,复位时,B 端口不允许中断。

例 7.5　用 8 只发光二极管及时反映 8 个监控量的状态,设计接口电路和控制程序。

用 8 个开关模拟 8 个监控量的状态。A 端口输入 8 个监控量的状态,B 端口接 8 只发光二极管,反映 8 个监控量的状态。A 端口基本输入,B 端口选通输出,用单稳电路来产生选通信号。当需要了解 8 个监控量的状态时发来选通信号,该信号使控制程序进入中断服务程序。在中断服务程序中,从 A 端口输入 8 个监控量的状态后立即从 B 端口输出。设 8255A 的端口地址为 200H～203H,中断控制器 8259A 的偶地址为 0A0H,奇地址为 0A1H。中断服务程序名为 IO8255A。实现的电路如图 7-17 所示,控制程序如下:

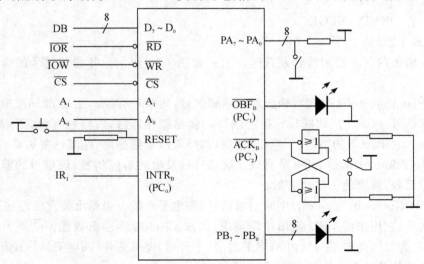

图 7-17　A 端口基本输入、B 端口选通输出

```
STACK1    SEGMENT   STACK 'STACK'
          DW   32 DUP(0)
STACK1    ENDS
DATA      SEGMENT
DA1       DB  'WAIT INTERRUPT',0DH,0AH,'$'
DATA      ENDS
CODE      SEGMENT
BEGIN     PROC  FAR
          ASSUME   SS:STACK1,CS:CODE,DS:DATA
          PUSH  DS
          SUB  AX,AX
          PUSH  AX
          MOV  ES,AX              ;AX＝0,中断向量表段地址
          MOV  AX,DATA
          MOV  DS,AX
          MOV  DX,203H            ;控制寄存器地址
          MOV  AL,94H             ;A 口方式 0 输入,B 口方式 1 输出
          OUT  DX,AL
          MOV  AL,5               ;PC₂ 置 1,允许 B 端口中断
          OUT  DX,AL
          MOV  AX,SEG IO8255A     ;中断程序入口地址送中断向量表
          MOV  ES:01C6H,AX
          MOV  AX,OFFSET IO8255A
          MOV  ES:01C4H,AX
          IN  AL,0A1H             ;读屏蔽字(8259A 初始化不在本程序中)
          AND  AL,0FDH            ;改变屏蔽字,允许 IR₁ 中断
          OUT  DX,AL
ROTT:     MOV  DX,OFFSET DA1      ;提示"等待中断"
          MOV  AH,9
          INT  21H
          JMP  $                  ;等待
          MOV  AH,11              ;键盘键入功能调用
          INT  21H
          CMP  AL,0               ;是否有键入
          JE  ROTT                ;无键入转 ROTT
          IN  AL,0A1H             ;恢复屏蔽字,禁止 IR₁ 中断
          OR  AL,2
          OUT  0A1H,AL
          MOV  AH,4CH             ;返回 DOS
```

```
                INT   21H
                RET
;————   中断服务程序  ————
IO8255A：MOV  DX,200H              ；A 端口地址
        IN  AL,DX                 ；A 端口读入
        INC  DX                   ；B 端口地址
        OUT  DX,AL                ；B 端口输出
        MOV  AL,61H               ；指定 ISR₁中断结束命令
        OUT  0A0H,AL
        POP  AX                   ；修改返址
        INC  AX
        INC  AX
        PUSH  AX
        IRET
BEGIN    ENDP
CODE     ENDS
        END  BEGIN
```

3. 方式 2

方式 2 是双向传送方式,只限 A 端口使用。在方式 2 下,外设可以在端口 A 的 8 位数据线上分时向 CPU 发送数据或从 CPU 接收数据,但不能同时进行。它用双向总线端口 A 和控制端口 C 中的 5 位进行操作,此时,端口 B 可用于方式 0 或方式 1。端口 C 的其他 3 位作 I/O 用或作端口 B 控制状态信号线用。

方式 2 状态控制信号如图 7-18 所示,各信号的作用及意义与方式 1 相同。

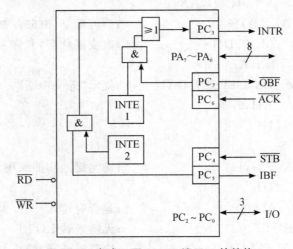

图 7-18 方式 2 下 8255A 端口 A 的结构

INTE1 是输出的中断允许信号,由 PC_6 的置位/复位控制。

INTE2 是输入的中断允许信号,由 PC_4 的置位/复位控制。

其他信号的作用及意义与方式 1 相同。8255A 方式 2 时的工作时序如图 7-19 所示。

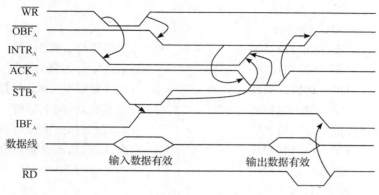

图 7-19　方式 2 下 A 端口时序

方式 2 的输出过程为：CPU 响应输出中断后，用输出指令向 8255A 的端口写入一个新的数据，写脉冲 $\overline{WR}$ 清除 8255A 中断请求信号 $INTR_A$，同时使端口 A 输出缓冲器满信号 $\overline{OBF_A}$ 变为有效低电平以通知外设取数。外设取走数据后送回 $\overline{ACK_A}$ 以清除 $\overline{OBF_A}$ 有效信号并置位 $INTR_A$，可向 CPU 再次申请中断，从而开始下一个数据的传送过程。

方式 2 的输入过程为：外设向 8255A 的端口 A 送来数据时，选通信号 $\overline{STB_A}$ 同时有效，使数据锁存入 8255A 的端口 A 输入锁存器中，并置输入缓冲器满信号 IBF_A 为有效高电平，以通知外设暂停送数，同时向 CPU 发出中断请求。CPU 响应中断进行读操作时，将 8255A 的端口 A 输入数据读入到 CPU 中，并利用 $\overline{RD}$ 信号使输入缓冲器满信号 IBF_A 变为无效低电平，同时复位中断请求信号 $INTR_A$。至此完成一次输入过程，然后等待新的中断请求。

7.2.4　8255A 的应用举例

8255A 初始化时，先要写入工作方式选择控制字，指定它的工作方式，然后才能通过编程，将总线上的数据从 8255A 输出给外设，或者将外设的数据通过 8255A 送到 CPU 中。

下面是一个通过 8255A 把 CPU 中的数据输出控制交通灯的例子，如图 7-20 所示。LED 指示灯模拟交通灯，采用共阳极接法，若端口 A 的某根口线输出高电平"1"，则对应的指示灯灭。端口 A 的 PA_7、PA_6、PA_5 模拟东西方向的绿、黄、红灯；端口 A 的 PA_3、PA_2、PA_1 模拟南北方向的绿、黄、红灯。而 PA_4 和 PA_0 输出高电平，所以 LED_4、LED_0 一直处于熄灭状态，用以分隔东西与南北方向。电路中的 $D_0 \sim D_7$ 与 CPU 的数据线连接；$\overline{CS}$ 与地址译码输出连接，CPU 地址线的低 2 位 A_1、A_0 与 8255A 的 A_1、A_0 连接，设 8255A 端口地址为 200H～203H。系统的 $\overline{IOW}$、$\overline{IOR}$ 线接到 8255A 的 $\overline{WR}$ 和 $\overline{RD}$ 引脚。编制实现交通灯功能的程序如下：

```
STACK1      SEGMENT   STACK 'STACK'
            DW   64 DUP (0)
STACK1      ENDS
DATA        SEGMENT   WORD PUBLIC 'DATA'
COM_ADD  EQU   203H
```

```
        PA_ADD      EQU   200H
        PB_ADD      EQU   201H
        PC_ADD      EQU   202H
        LED_Data    DB    01111101B                    ;东西绿灯,南北红灯
                    DB    11111101B                    ;东西绿灯闪烁,南北红灯
                    DB    10111101B                    ;东西黄灯亮,南北红灯
                    DB    11010111B                    ;东西红灯,南北绿灯
                    DB    11011111B                    ;东西红灯,南北绿灯闪烁
                    DB    11011011B                    ;东西红灯,南北黄灯亮
        DATA        ENDS
        CODE        SEGMENT
        START       PROCNEAR
                    ASSUME   CS:CODE,DS:DATA,SS:STACK1
                    MOV   AX,DATA
                    MOV   DS,AX
                    NOP
                    MOV   DX,COM_ADD
                    MOV   AL,80H                        ;PA、PB、PC 为基本输出方式
                    OUT   DX,AL
                    MOV   DX,PA_ADD                     ;灯全熄灭
                    MOV   AL,0FFH
                    OUT   DX,AL
                    LEA BX,LED_Data
        START1:     MOV   AL,0
                    XLAT                                ;查表
                    OUT   DX,AL                         ;东西绿灯,南北红灯
                    CALL  DL5S                          ;调延时 5 s 程序
                    MOV   CX,6
        START2:     MOV   AL,1
                    XLAT
                    OUT   DX,AL                         ;东西绿灯闪烁,南北红灯
                    CALL  DL500 ms                      ;闪烁 6 次,各延时 500 ms
                    MOV   AL,0
                    XLAT
                    OUT   DX,AL
                    CALL  DL500 ms
                    LOOP  START2
                    MOV   AL,2                          ;东西黄灯亮,南北红灯
                    XLAT
```

```
                    OUT    DX,AL
                    CALL   DL3S                    ;延时 3 s
                    MOV    AL,3                     ;东西红灯,南北绿灯
                    XLAT
                    OUT    DX,AL
                    CALL   DL5S
                    MOV    CX,6
    START3:         MOV    AL,4                     ;东西红灯,南北绿灯闪烁
                    XLAT
                    OUT    DX,AL
                    CALL   DL500 ms
                    MOV    AL,3
                    XLAT
                    OUT    DX,AL
                    CALL   DL500 ms
                    LOOP   START3
                    MOV    AL,5                     ;东西红灯,南北黄灯亮
                    XLAT
                    OUT    DX,AL
                    CALL   DL3S
                    JMPSTART1
;————   延时子程序 DL500 ms  ————
DL500 ms        PROC   NEAR
                    PUSH   CX
                    MOV    CX,60000
DL500 ms1：LOOP   DL500 ms1
                    POPCX
                    RET
DL500 ms        ENDP
;————   延时子程序 DL3S  ————
DL3S            PROC   NEAR
                    PUSH   CX
                    MOV    CX,6
DL3S1:          CALL   DL500 ms
                    LOOP   DL3S1
                    POPCX
                    RET
                    ENDP
;————   延时子程序 DL5S  ————
```

```
DL5S        PROC   NEAR
            PUSH   CX
            MOV    CX,10
DL5S1：      CALL   DL500 ms
            LOOP   DL5S1
            POPCX
            RET
            ENDP
START       ENDP
CODE        ENDS
            END    START
```

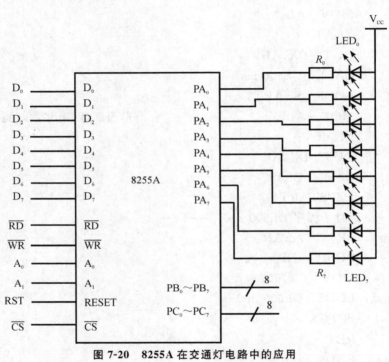

图 7-20　8255A 在交通灯电路中的应用

7.3　可编程串行接口芯片 8251A

串行接口电路的作用是将微型计算机输出的并行数据转换成串行(位串)数据发送出去,以及接收外部的串行数据,并将其转换成并行数据送入微型计算机。

7.3.1　常用的 RS-232 收发器及串行接口信号

1. 常用的 RS-232 收发器

可编程串行通信接口芯片 8251A 仅完成 TTL 电平的并串或串并转换。为了增大传输距离,可在串行接口电路与外部设备之间增加信号转换电路。目前常用的转换电路有 RS-232 收发器、RS-485 收发器和 Modem。RS-232 收发器将微型计算机的 TTL 电平转换为±15 V 电压进行传送,最大通信距离为 15 m。RS-485 收发器将微型计算机的 TTL 电平转换为差分信号进行传送,最大通信距离为 1.2 km(在 100 kb/s 传输速率以下)。Modem 将电平信号调制成频率信号送上电话网,如同音频信号一样在电话网中传送。

国际上有多家厂商生产 RS-232 收发器,如美国 MAXIM、TI 和 Motorola 等公司。MAXIM 公司生产的 RS-232 收发器处于领先地位。它在 1985 年首创的 RS-232 IC 只需使用+5 V 单电源。在由+5 V 单电源供电的 RS-232 收发器中,片内设有 2 个倍压充电泵,把+5 V 变成驱动器所需的±10 V 电源电压。双充电泵需用 4 个电容器,这些电容器一种是外加的,一种被集成在 IC 内部。MAXIM 的 RS-232 收发器共计有 70 多种型号,这里仅介绍两种常用的 RS-232 收发器。

(1)RS-232 发送器 1488 和 RS-232 接收器 1489

RS-232 是美国电子工业协会正式公布的串行总线标准,也是目前最常用的串行接口标准,用来实现计算机与计算机之间、计算机与外设之间的数据通信。RS-232 串行接口总线适用于设备之间的通信,距离不大于 15 m,传输速率最大为 20 kB/s。

一个完整的 RS-232 接口有 22 根线,采用标准的 25 芯插头座。RS-232 采用负逻辑,RS-232 标准对逻辑电平规定为:逻辑“1”为−5～−15 V,逻辑“0”为+5～+15 V。

构成 RS-232 标准接口的硬件有多种,如 8250A、8251A、Z80-SIO 等通信接口芯片。通过编程,可使其满足 RS-232 通信接口的要求。因 RS-232 规定了自己的电气标准,而此标准并不能满足 TTL 电平传送要求,因此当 RS-232 电平与 TTL 电平接口时,必须进行电平转换。目前,RS-232 与 TTL 的电平转换最常用的芯片是传输线发送器 MC1488 和传输线接收器 MC1489。其内部结构与引脚配置如图 7-21 所示,其作用除了电平转换外,还可实现正负逻辑电平的转换。

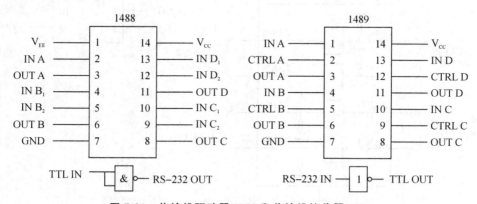

图 7-21　传输线驱动器 1488 和传输线接收器 1489

MC1488 内部有 3 个与非门和 1 个反相器,工作电压为±12 V,输入为 TTL 电平,输出为 RS-232 电平。

MC1489 内部有 4 个反相器,输入为 RS-232 电平,输出为 TTL 电平,工作电压为+5 V。MC1489 中每一个反相器都有一个控制端,高电平有效,可作为 RS-232 操作的控制端。TTL 与 RS-232 的电平接口电路如图 7-22 所示。

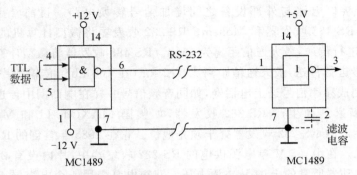

图 7-22   RS-232 接口电平转换电路

(2)MAX202 和 MAX203

MAX202 是使用＋5 V 单电源供电的 RS-232 收发器。片内包括 2 个驱动器和 2 个接收器以及 1 个将＋5 V 变换成 RS-232 所需的±10 V 输出电压的双充电泵电压变换器。仅需外加 4 只 0.1 μF 的小电容器,其外部引线和典型工作电路如图 7-23 所示。MAX203 也是使用＋5 V 单电源供电的 RS-232 收发器,片内也包括 2 个驱动器和 2 个接收器,与MAX202 的区别是不需要外接电容器。

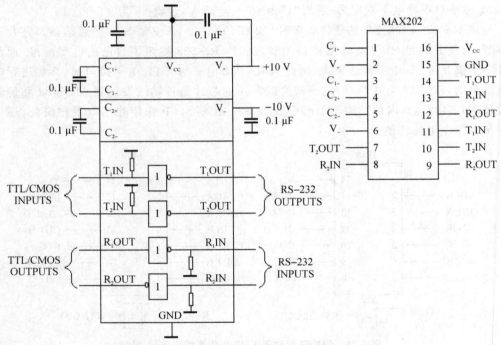

图 7-23   MAX202 的引脚排列和典型工作电路

2. 串口通信中的信号含义

PC 机通过 25 芯或 9 芯转插 D 型插座引出的 9 个常用的 RS-232 接口信号及其在 D 型插座中的引脚如表 7-2 所示。

表 7-2　RS-232 接口 25 芯针转换为 9 芯针

9 芯针	25 芯针	符号	功能
3	2	TXD	发送数据
2	3	RXD	接收数据
7	4	RTS	请求传送
8	5	CTS	允许传送
6	6	DSR	数据装置就绪
5	7	GND	信号地
1	8	DCD	数据载波检测
4	20	DTR	数据终端就绪
9	22	RI	响铃指示

串行通信信号引脚分为两类：一类为基本的数据传送信号引脚，另一类是用于Modem控制的信号引脚。

（1）基本的数据传送信号

基本的数据传送信号引脚有 TXD、RXD、GND 3 个。它们的含义如下：

TXD：数据发送引脚。数据由该引脚发出，送上通信线路，在不传送数据时，异步串行通信接口维持该引脚为逻辑 1。

RXD：数据接收引脚。来自通信线路的数据从该引脚进入，在无接收信号时，异步串行通信接口维持该引脚为逻辑 1。

GND：接地引脚。

在两台微机之间的串行通信中，只使用上述 3 个引脚，其中，接收、发送双端的 TXD 与 RXD 交错相连，收发端的 GND 相互连接即可。

（2）Modem 控制信号引脚

①从计算机到 Modem 的信号引脚有 DTR 和 RTS 两个，它们的含义如下：

DTR：数据终端准备好信号。用于通知 Modem，计算机已经准备好。

RTS：请求发送信号。用于通知 Modem，计算机请求发送数据。

②从 Modem 到计算机的信号引脚有 DSR、CTS、DCD 和 RI 4 个，它们的含义分别如下：

DSR：数据准备好。用于通知计算机，Modem 已经准备好。

CTS：允许发送。用于通知计算机，Modem 可以接收传送数据。

DCD：数据载波检测。用于通知计算机，Modem 已与电话线路连接好。

RI：响铃指示。用于通知计算机有来自电话网的信号。

7.3.2　串行通信接口芯片 8251A

8251A 是 Intel 公司生产的一种可编程串行通信接口芯片，＋5 V 电源供电，28 个引脚，双列直插式封装。具有如下特点：

①既可用于串行异步通信，也可用于串行同步通信。

②对于异步通信,可设定停止位为 1 位、1.5 位或 2 位,数据位可在 5～8 位之间选择。

③对于同步通信,可设为单同步、双同步或外同步,同步字符可由用户自行设定。

④异步通信的时钟频率可设定为波特率的 1 倍、16 倍或 64 倍。

⑤可以设定奇校验或偶校验,也可以不设校验。校验位的插入、检错及剔除都由芯片本身完成。

⑥异步通信时,波特率的可选范围为 0～9600 波特,同步通信时,波特率的可选范围为 0～56 k 波特。

⑦提供与外部设备特别是 Modem 的联络信号,便于直接和通信线路相连接。

⑧接收、发送数据分别有各自的缓冲器,可以进行全双工通信。

1. 8251A 的内部结构

8251A 的内部结构如图 7-24 所示。它由五个部分构成,分别为数据总线缓冲器、读/写控制逻辑电路、调制/解调控制电路、发送缓冲器与发送控制电路、接收缓冲器和接收控制电路。

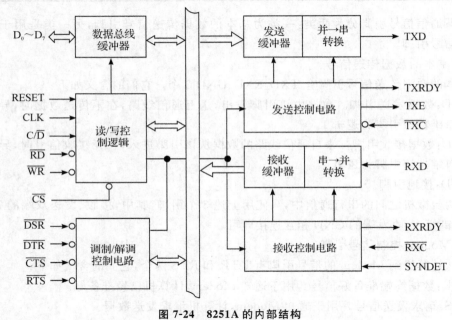

图 7-24　8251A 的内部结构

(1)数据总线缓冲器

这是三态双向的缓冲器,通过引脚 D_7～D_0 和 CPU 连接,用于和 CPU 传递命令/数据/状态信息。

(2)读/写控制逻辑电路

该模块功能是接收 CPU 的控制信号,控制数据传送方向。来自 CPU 的控制信号有片选信号 $\overline{CS}$、控制/数据信号 C/$\overline{D}$、读信号 $\overline{RD}$、写信号 $\overline{WR}$ 等,还有接收复位信号 RESET 和时钟信号 CLK。

(3)调制/解调控制电路

当计算机进行远程通信时,需要用到 Modem。该控制电路提供与调制解调器握手的信号,使 8251A 可直接与调制/解调器相连。

(4)发送缓冲器和发送控制电路

这个模块的功能是从 CPU 接收并行数据,自动地加上适当的成帧信号后转换成串行数据由 TXD 引脚发送出去。

(5)接收缓冲器和接收控制电路

接收缓冲器的功能是从 RXD 引脚接收串行数据,按指定的方式转换成并行数据。

2. 8251A 的外部引脚

8251A 的引脚如图 7-25 所示。

(1)与 CPU 连接的引脚

①$D_7 \sim D_0$:数据线。与系统数据总线相连。

②CLK:时钟信号。输入,用于产生 8251A 内部时序。CLK 的周期为 $0.42 \sim 1.35 \ \mu s$,CLK 的频率至少应是接收、发送时钟的 30 倍(对同步方式)或 4.5 倍(对异步方式)。

③RESET:复位信号。输入,高电平有效。复位后 8251A 内部寄存器和控制逻辑被清除,8251A 处于空闲状态直到被初始化编程。

④$\overline{CS}$:片选信号。输入,低电平有效。

⑤$C/\overline{D}$:控制/数据端口选择输入线。8251A 内部拥有两个端口地址,当 $C/\overline{D}$ 为"0"时选择数据端口,由 $\overline{RD}$、$\overline{WR}$ 决定读数据还是写数据;当 $C/\overline{D}$ 为"1"时选择控制端口,由 $\overline{RD}$、$\overline{WR}$ 决定读状态信息还是写控制字。在 8088 系统中,它通常和地址总线的 A_0 相连接,而在 8086 系统中,它和地址总线的 A_1 相连接。

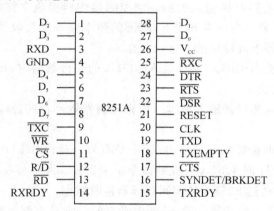

图 7-25　8251A 的外部引脚

⑥$\overline{RD}$:读选通信号。输入,低电平有效。

⑦$\overline{WR}$:写选通信号。输入,低电平有效。

8088 CPU 对 8251A 的具体操作见表 7-3 所示。

表 7-3　CPU 对 8251A 的读/写操作控制

$C/\overline{D}$	$\overline{RD}$	$\overline{WR}$	具体操作
0	0	1	CPU 从 8251A 读入数据
0	1	0	CPU 向 8251A 写入数据
1	0	1	CPU 读取 8251A 的状态信息
1	1	0	CPU 向 8251A 写入控制命令

⑧RXRDY：接收准备好状态。输入，高电平有效。此信号有效时，表示8251A已经从外设接收到一个字符，等待CPU取走。当字符被CPU读取后RXRDY变为低电平。在中断方式下，RXRDY可作为8251A向CPU发出的中断请求信号。在查询方式下，此信号可作为8251A的状态信号。

⑨SYNDET：同步检测信号。双向，高电平有效。该信号仅用于同步方式。输出时是同步状态信号，表示此时接收端、发送端已达到同步。当8251A工作在外同步方式时，输入的是外同步信号，用于指示8251A何时接收数据。

⑩TXRDY：发送准备好状态。输出，高电平有效。当发送寄存器空闲且允许发送（$\overline{CTS}$引脚为低电平，命令字中TXEN位为"1"）时，TXRDY为高电平。CPU给8251A写入一个字符后，TXRDY变为低电平。在中断方式下，TXRDY可作为8251A向CPU申请中断的请求信号。在查询方式下，此引脚可以作为8251A当前的状态，供CPU查询。

⑪TXE：发送缓冲器空闲状态。输出，高电平有效。TXE＝1表示发送器中并/串转换器已空。CPU将要发送的数据写入8251A后，TXE自动复位。TXE与TXRDY不同，TXRDY信号表示的是发送缓冲器的状态，而TXE表示的是并/串转换器的状态，TXRDY较TXE之前有效。

（2）与外设或调制解调器连接的引脚

①RXD：串行数据输入引脚。外设通过RXD引脚送来的串行数据，进入8251A内部后被转换为并行数据。

②$\overline{RXC}$：接收控制电路时钟输入引脚。它控制接收器接收字符的速率，在$\overline{RXC}$的上升沿采集串行数据输入引脚。在同步方式下，$\overline{RXC}$的频率应等于接收数据的波特率。在异步方式下，$\overline{RXC}$的频率应等于波特率的1倍、16倍、64倍。

③TXD：发送数据输出引脚。CPU送入8251A的并行数据，在8251A内部转换为串行数据，通过TXD引脚输出。

④$\overline{TXC}$：发送控制电路时钟输入引脚。用来控制发送字符的速度。对$\overline{TXC}$频率的要求同$\overline{RXC}$。

⑤$\overline{DTR}$：数据终端准备好状态。输出，低电平有效。是由8251A送出的一个通用的输出信号，初始化时由CPU向8251A写控制命令字来设置。此信号有效时，表示为接收数据做好了准备，CPU可以通过8251A从调制解调器接收数据。

⑥$\overline{DSR}$：数据设备准备好状态。输入，低电平有效。它是由调制解调器或外设向8251A送入的一个通用的输入信号，是$\overline{DTR}$的回答信号，CPU可以通过读取状态寄存器的方法来查询$\overline{DSR}$是否有效。

⑦$\overline{RTS}$：请求发送信号。输出，低电平有效。它是8251A向调制解调器或外设发送的控制信息，初始化时由CPU向8251A写控制命令字来设置。该信号有效时，表示CPU请求通过8251A向调制解调器发送数据。

⑧$\overline{CTS}$：允许发送信号。输入，低电平有效。它是由调制解调器或外设送给8251A的信号，是对$\overline{RTS}$的响应信号，只有当$\overline{CTS}$为低电平时，8251A才能执行发送操作。

以上发送数据和接收数据的联络信号，对于远距离串行通信要通过调制解调器连接，实际上是和调制解调器之间的连接信号。如果近距离传输时，可不用调制解调器，而直接通过MC1488和MC1489来连接，外设不要求有联络信号时，这些信号可以不用。一般应将

$\overline{\text{DSR}}$、$\overline{\text{CTS}}$引脚接地。

3.8251A 的工作过程

（1）接收器的工作过程

在异步方式中，当接收器接收到有效的起始位后，便接收数据位、奇偶校验位和停止位。然后将数据送入寄存器，此后 RXRDY 输出高电平，表示已收到一个字符，CPU 可以来读取。

在同步方式中，若程序设定 8251A 为外同步接收，则 SYNDET 引脚用于输入外同步信号，SYNDET 引脚上的电平正跳变启动接收数据。若程序设定 8251A 为内同步接收，则 8251A 先搜索同步字符（同步字符事先由程序装在同步字符寄存器中）。每当 RXD 引脚上收到一位信息就移入接收寄存器并和同步字符寄存器内容比较，若不等则再接收一位后比较，直到两者相等。此时 SYNDET 输出高电平，表示已搜索到同步字符。接下来便把接收到的数据逐个地装入接收数据寄存器。

（2）发送器的工作过程

在异步方式中，发送器在数据前加上起始位，并根据程序的设定在数据后加上校验位和停止位，然后作为一帧信息从 TXD 引脚逐位发送。

在同步方式中，发送器先发送同步字符，然后逐位地发送数据。若 CPU 没有及时把数据写入发送缓冲器，则 8251A 用同步字符填充，直至 CPU 写入新的数据。

4.8251A 控制字

8251A 是可编程的串行通信接口芯片，在应用时，必须对它进行初始化。初始化命令有方式选择控制字、操作命令控制字，在 8251A 工作期间，可通过读取状态寄存器的内容来了解 8251A 当前的工作状态。

（1）方式选择控制字

方式选择控制字用于决定 8251A 的工作方式，其格式如图 7-26 所示。

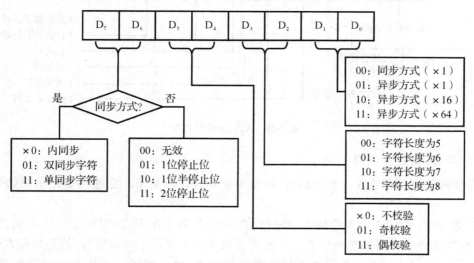

图 7-26　8251A 的方式选择控制字

（2）操作命令控制字

对 8251A 进行初始化时，按上面的方法写入了方式选择控制字后，接着要写入的是操作命令控制字,由操作命令控制字规定 8251A 的工作状态,才能启动串行通信开始工作或置位。方式选择控制字和操作命令控制字本身无特征标志,也没有独立的端口地址,8251A是根据写入的先后次序来区分,先写入的为方式选择控制字,后写入的为操作命令控制字。操作命令控制字格式如图 7-27 所示。

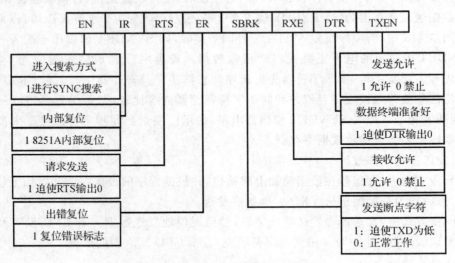

图 7-27　8251A 的操作命令控制字

(3)状态寄存器

状态寄存器是反映 8251A 内部工作状态的寄存器,只能读出,不能写入。CPU 可用 IN指令来读取状态寄存器的内容。状态寄存器的格式如图 7-28 所示。

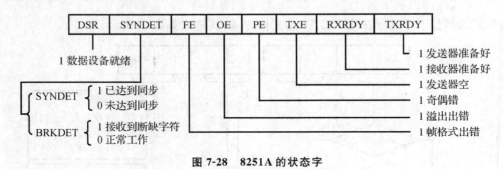

图 7-28　8251A 的状态字

5.8251A 初始化流程

与所有的可编程芯片一样,8251A 在使用前要进行初始化。它的初始化流程如图 7-29所示。

首先,执行 8251A 的复位操作,然后设置 8251A 的工作方式,以决定通信方式、数据位数、校验方式等。若是同步通信方式则紧接着输入一个或两个同步字符,若是异步方式则省去输入第二个同步字符。最后送入操作命令控制字,此后就可以开始发送或接收数据了。初始化过程的工作方式选择控制字和操作命令控制字都写入控制端口,特征是 C/$\overline{D}$=1,即地址线 A_0=1(8088 CPU 系统)(或 A_1=1,8086 CPU 系统)的地址。

由于这两个控制字没有特征位加以区别,所以,初始化时必须严格按照流程图的顺序写入,否则将会出错。

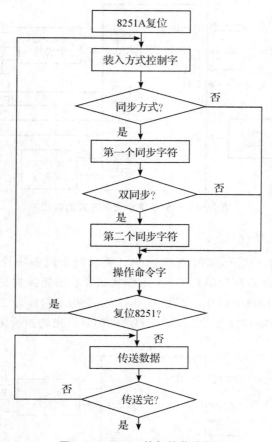

图 7-29　8251A 的初始化流程

7.3.3　8251A 应用举例

1. 异步方式下的初始化

8251A 工作在异步方式下,如图 7-30 所示,波特率因子为 16,7 个数据位,偶校验,1 位停止位,则其方式选择控制字为 01111010B。发送、接收允许,工作状态要求出错标志复位,控制字为 00110111B。设数据端口地址和控制端口地址分别为 200H 和 201H。完成初始化程序如下:

```
MOV   DX,201H                    ;控制端口地址
MOV   AL,40H
OUT   DX,AL                      ;系统复位
MOV   AL,01111010B
OUT   DX,AL                      ;设置方式选择控制字
MOV   AL,00110111B
OUT   DX,AL                      ;设置操作命令字
```

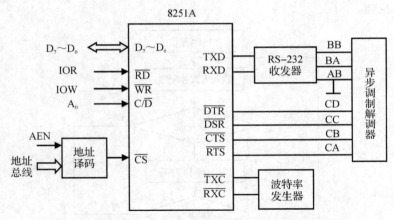

图 7-30   8251A 异步通信方式的连接

2. 同步方式下的初始化

8251A 工作在同步方式下,如图 7-31 所示。要求两个同步字符,外同步,奇校验,每个字符 8 位,方式选择控制字为 01011100B。工作状态要求出错标志复位,启动发送器和接收器,操作命令控制字为 10110111B。设第一个同步字符为 EFH,第二个同步字符为 7EH,并设数据端口地址和控制端口地址分别为 200H 和 201H。完成初始化程序如下:

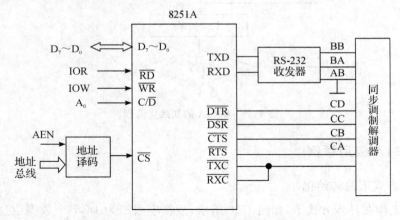

图 7-31   8251A 同步通信方式的连接

```
MOV   DX,201H            ;控制端口地址
MOV   AL,40H             ;系统复位
OUT   DX,AL
MOV   AL,5CH             ;方式选择控制字
OUT   DX,AL
MOV   AL,0EFH            ;第一个同步字符
OUT   DX,AL
MOV   AL,7EH             ;第二个同步字符
OUT   DX,AL
```

```
MOV    AL,0B7H                        ;操作命令字
OUT    DX,AL
```

3. 两台微机通过 8251A 实现数据通信

通过 8251A 实现两台微机之间的数据传送的系统连接图如图 7-32 所示。利用两片 8251A 通过标准串行接口 RS-232 实现两台 8088 微机之间的串行通信,可采用异步或同步工作方式实现单工、半双工或双工通信。

当采用查询方式、异步传送、双方实现半双工通信时,初始化程序由两部分组成。一部分是将一方定义为发送器,另一部分是将对方定义为接收器。发送端 CPU 每查询到 TXRDY 有效时,则向 8251A 并行输出一个字节数据;接收端 CPU 每查询到 RXRDY 有效时,则从 8251A 并行输入一个字节数据,一直到全部数据传送完毕。设发送端和接收端的数据端口地址和控制端口地址相同,分别为 200H 和 201H。将发送端 8251A 定义为异步方式,8 位数据,1 位停止位,偶校验,波特率为 64,允许发送。接收端 8251A 定义为异步方式,8 位数据,1 位停止位,偶校验,波特率为 64,允许接收。发送端 CPU 用查询方式将数据缓冲区中的字符串"HOW ARE YOU"通过 8251A 发送给接收端的 8251A;接收端的 CPU 也用查询方式通过 8251A 把发送端送来的字符接收进来,保存到数据缓冲区中。

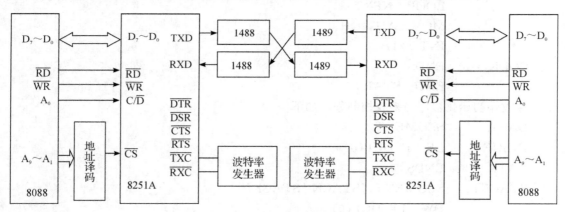

图 7-32　两台微机之间的通信

发送端初始化程序与发送控制程序如下:

```
DATA        SEGMENT
OUTBUF      DB  'HOW ARE YOU',0DH,0AH
COUNT       EQU   $-OUTBUF
DATA        ENDS
STACK1      SEGMENT   STACK 'STACK'
            DW   100 DUP(0)
STACK1      ENDS
CODE        SEGMENT
            ASSUME    SS:STACK1,DS:DATA,CS:CODE
START:      MOV   AX,DATA
            MOV   DS,AX
```

```
                MOV   DX,201H              ;控制端口地址
                MOV   AL,7FH               ;方式选择控制字
                OUT   DX,AL
                MOV   AL,11H               ;操作命令字
                OUT   DX,AL
                LEA   SI,OUTBUF            ;发送字符串首地址送 SI
                MOV   CX,COUNT             ;发送字符串长度送 CX
        NEXT:   MOV   DX,201H              ;查询 TXRDY 是否有效
                IN   AL,DX
                AND   AL,01H
                JZ   NEXT
                MOV   DX,200H              ;向 8251A 输出一个字符
                MOV   AL,[SI]
                OUT   DX,AL
                INC   SI                   ;修改地址
                LOOP   NEXT
                MOV   AH,4CH
                INT   21H
        CODE    ENDS
                END   START
```

接收端初始化程序与接收控制程序如下：

```
        DATA    SEGMENT
        INBUF   DB   13 DUP(0)
        DATA    ENDS
        STACK1  SEGMENT   STACK 'STACK'
                DW   100 DUP(0)
        STACK1  ENDS
        CODE    SEGMENT
                ASSUME   SS:STACK1,DS:DATA,CS:CODE
        START:  MOV   AX,DATA
                MOV   DS,AX
                MOV   DX,201H              ;控制端口地址
                MOV   AL,7FH               ;方式选择控制字
                OUT   DX,AL
                MOV   AL,04 H              ;操作命令字
                OUT   DX,AL
                LEA   SI,INBUF             ;接收数据区首地址送 SI
                MOV   CX,13                ;接收数据区长度送 CX
        NEXT:   MOV   DX,201H              ;查询 RXRDY 是否有效
```

```
            IN   AL,DX
            ROR  AL,1
            ROR  AL,1
            JNC  NEXT
            ROR  AL,1                    ;查询是否有奇偶校验错
            ROR  AL,1
            JC   NEXT
            MOV  DX,200H                 ;输入一个字符到接收数据区
            IN   AL,DX
            MOV  [SI],AL
            INC  SI
            LOOP NEXT
            MOV  AH,4CH
            INT  21H
CODE        ENDS
            END  START
```

思考与练习

1. 什么是并行通信和串行通信？试分析典型的并行接口电路与串行接口电路的区别。

2. 8255A 的工作方式选择控制字与 C 口按位置位/复位控制字的端口地址是否一样？8255A 如何区别这两种控制字？

3. 8255A 的 A 组和 B 组都定义为方式 1 输入，写出其方式选择控制字。

4. 编制一段程序，用 8255A 的 C 端口按位置位/复位控制字，将 PC_5 置"1"，PC_2 置"0"。设 8255A 的端口地址分别为 200H、201H、202H、203H。

5. 用 8255A 的 A 端口接 8 只理想开关输入二进制数，B 端口和 C 端口各接 8 只发光二极管显示二进制数。把读入开关数据送 B 端口、读入开关数据取反后送 C 端口用于驱动发光二极管，试编写程序实现。

6. 试编写程序，将从 8255A 的 A 端口输入的数据，随即向 B 端口输出，并对输入的数据进行判断，若大于 80H，置位 PC_7 和 PC_4，否则复位 PC_7 和 PC_4。

7. 试说明 8251A 的方式控制字、操作控制字和状态字各位的含义。在对 8251A 进行初始化编程时，应按什么顺序向它的控制端口写入控制字？

8. 某系统中可编程串行接口芯片 8251A 工作在异步方式，8 位数据，带校验，1 位停止位、波特率因子为 64，允许发送也允许接收。若已知其控制端口地址为 201H，试编写初始化程序。

9. 设 8251A 的控制端口和状态端口地址为 201H，数据输入/输出端口地址为 200H，输入 100 个字节数据，存放在 BUF 所定义的内存缓冲区中，试编写程序实现。

第8章　可编程定时/计数器 8253A

8.1　定时/计数技术概述

在控制系统中,常常要求有一些实时时钟以实现定时或延时控制,如定时中断、定时检测、定时扫描等,也往往要求有计数器能对外部事件计数。实际上,定时的本质也是计数,它是对周期性的事件进行计数,把若干个周期的时间单元累加起来,就可获得一段时间。目前,实现定时或延时控制的方法有三种:软件定时、不可编程的纯硬件定时和可编程的硬件定时器定时。

软件定时:CPU 执行每条指令都需要时间,运用软件编程,循环执行一个程序段就可实现软件定时。它很灵活,只要适当选择指令和循环次数就可实现不同的定时要求。这种方法要完全占用 CPU 时间,因而降低了 CPU 的利用率。

纯硬件定时:纯硬件定时可以采用如小规模集成电路器件 555 定时器、TTL 反相器或 CMOS 反相器,外接电阻、电容和石英晶体等构成多谐振荡器,它们输出的信号可用于定时时钟。这样的定时电路简单,而且通过改变电阻、电容或石英晶体等参数,可以使定时在一定的范围内改变。但是,这种定时电路在硬件连接好以后,定时值及定时范围不能改变,给使用带来不便。

可编程硬件定时:可编程计数器/定时器是为方便微型计算机系统的设计和应用而研制的,很容易和系统总线连接。它的定时值及范围可以很容易地由软件来确定和改变,能够满足各种不同的定时和计数要求。如在计算机系统中,定时中断、定时检测、定时扫描等都是用可编程定时器来完成定时控制的。

Intel 系列的 8253/8254 都是常用的可编程定时/计数器。8253A 具有 3 个独立的功能完全相同的 16 位计数器,每个计数器都有 6 种工作方式,这 6 种工作方式都可以由其控制字设定,因而能以 6 种不同的工作方式满足不同的接口要求。CPU 还可以随时更改它们的方式和计数值,并读取它们的计数状态。

8.2　可编程定时/计数器 8253A

8.2.1　8253A 的内部结构和外部引脚

8253A 是 24 条引线双列直插式封装的芯片。其内部结构和外部引脚如图 8-1 所示。

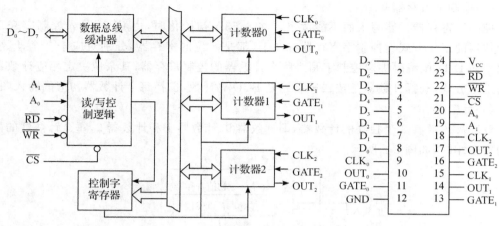

图 8-1　8253A 的内部结构和外部引脚

1. 8253A 的内部结构

（1）数据总线缓冲器

数据总线缓冲器是三态、双向、8 位的缓冲器，可直接挂在数据总线上。这个数据缓冲器具有下面三个基本功能。

①CPU 向 8253A 所写的控制字经数据总线缓冲器和 8253A 的内部数据总线传送给控制字寄存器寄存。

②CPU 向某计数器所写的计数初值经它和内部总线送到指定的计数器。

③CPU 读取某个计数器的现行值时，该现行值经内部总线和缓冲器传送到系统的数据总线上，被 CPU 读入。

（2）读/写控制逻辑

读/写控制逻辑接收来自 CPU 的控制信号，根据接收的 5 个控制信号产生对 8253A 各计数器的读/写控制。其中片选信号$\overline{CS}$接 I/O 端口译码电路，A_1、A_0接 CPU 地址总线低 2 位，进行片内 3 个计数通道和控制寄存器端口的选择，读/写控制逻辑的$\overline{RD}$、$\overline{WR}$信号端接 CPU 的$\overline{RD}$、$\overline{WR}$引脚。8253A 的读/写操作逻辑如表 8-1 所示。

表 8-1　8253A 的读/写操作逻辑

$\overline{CS}$	$\overline{RD}$	$\overline{WR}$	A_1	A_0	操作功能
0	1	0	0	0	计数初值装入计数器 0
0	1	0	0	1	计数初值装入计数器 1
0	1	0	1	0	计数初值装入计数器 2
0	1	0	1	1	写控制字寄存器
0	0	1	0	0	读计数器 0
0	0	1	0	1	读计数器 1
0	0	1	1	0	读计数器 2
0	0	1	1	1	无操作

（3）控制字寄存器

控制字寄存器只能写入而不能读出。在8253A初始化时，由CPU写入控制字来设置各计数器的工作方式。控制字寄存器有3个，都是8位的寄存器，分别对应于3个计数器。控制字的$D_7$$D_6$位编码决定控制字写入哪个计数器的控制寄存器，其余位决定相应计数器通道的工作方式，选择计数器是按二进制还是BCD码计数，选择每个计数器初值的写入顺序。

（4）计数器

8253A内部有3个独立的计数器，即计数器0、计数器1和计数器2，每个计数器的内部结构完全相同，如图8-2所示。

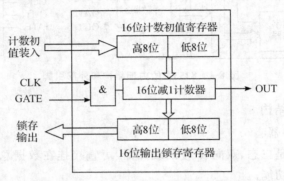

图8-2　计数器的内部结构

每个计数器都由1个16位的计数初值寄存器、1个16位的输出锁存寄存器和1个16位的减1计数器组成。每个16位寄存器都可以当作2个8位寄存器使用，并且它们都可以被CPU直接访问，由于计数初值寄存器只能写入，输出锁存寄存器只能读出，所以它们共用一个端口地址。

写入计数器的初始值保存在计数初值寄存器中，由CLK脉冲的一个上升沿和一个下降沿将其装入减1计数器。减1计数器在CLK脉冲（GATE允许）作用下进行递减计数，直至计数值为0，输出OUT信号。输出锁存寄存器的值跟随减1计数器变化，仅当写入锁存控制字时，它锁存减1计数器的当前计数值（减1计数器可继续计数），CPU读取后，它自动解除锁存状态，又跟随减1计数器变化。所以在计数过程中，CPU随时可以用指令读取任一计数器的当前计数值，这一操作对计数没有影响。

每个计数器都是对输入的CLK脉冲按二进制或十进制的预置值开始递减计数。若输入的CLK是频率精确的时钟脉冲，则计数器可作为定时器。在计数过程中，计数器受门控信号GATE的控制。计数器的输入CLK与输出OUT以及门控信号GATE之间的关系，取决于计数器的工作方式。

2. 8253A的外部引脚

（1）与CPU连接的引脚

①$D_7 \sim D_0$：三态双向数据线。和CPU数据总线连接，用于输送CPU与8253A之间的数据信息、控制字信息和状态信息。

②$\overline{CS}$：片选信号。输入，低电平有效。有效时表示8253A可以工作，允许CPU对其进行读/写操作。

③$\overline{WR}$:写信号。输入,低电平有效。8253A 初始化时需要写入控制字和计数初值。

④$\overline{RD}$:读信号。输入,低电平有效。用于读 8253A 计数器的计数状态。

⑤A_1、A_0:地址输入引脚。用来寻址 8253A 内部的 4 个端口,即 3 个计数器和 1 个控制字寄存器。

(2)与外设连接的引脚

①CLK:时钟脉冲输入引脚。用于输入定时脉冲或计数脉冲信号。定时脉冲是周期性的信号,而计数脉冲是非周期性信号。

②GATE:门控信号输入引脚。用于控制计数器的启动或停止。它的作用取决于8253A 的工作方式,可以是电平有效的,也可以是边沿有效的。

③OUT:计数输出引脚。当计数器从初值开始完成计数操作时,该引脚上输出相应的信号。

8.2.2　8253A 的控制字及工作方式

1.8253A 的控制字

与所有的可编程芯片相同,可编程定时/计数器 8253A 在工作之前,必须进行初始化,包括确定每个计数器的工作方式和预置计数初值。8253A 的控制字格式如图 8-3 所示。控制字分为四个部分:计数器选择、计数器读/写格式、设定工作方式和确定计数方式。

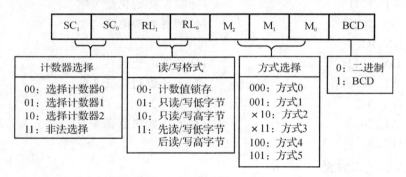

图 8-3　8253A 的命令字格式

(1)读/写格式选择中的读操作和写操作

①读操作:读取计数器当前的计数值有两种方法。一种是读之前先停止计数器计数,即在读取当前计数值之前,先用 GATE 信号停止计数器工作,然后用 IN 指令读取计数值。第二种是读数之前先送计数器锁存命令,首先用 OUT 指令写入锁存控制字到控制寄存器,然后用 IN 指令读取被锁存的计数值,这种方法不影响正在进行的计数,即计数器并没有停止工作。当 CPU 将锁存的数值读走后,锁存命令自动失效,锁存器又会跟随计数器变化。

②写操作:写计数初值时,若 $RL_1 RL_0 = 01$,则计数初值只有 8 位,送入计数初值寄存器的低 8 位,高 8 位自动清 0;若 $RL_1 RL_0 = 10$,则只需送入 8 位计数初值至计数初值寄存器的高 8 位,低 8 位自动清 0;若 $RL_1 RL_0 = 11$,则计数初值是 16 位,分两次写入计数初值寄存器,先写低 8 位,后写高 8 位。

(2)计数器的计数方式

对于 3 个独立的计数器,它们都可被设置为二进制计数或十进制计数。若设置为二进制数计数,则计数初值的范围为 0000H~FFFFH,其中,若写入计数初值为 0000H,由于是减计数,所以计数值最大,达到 65536。若设置为十进制计数,则计数范围为 0000～9999D,同样道理,若写入计数初值为 0000 时,计数值最大,达到 10000。

例 8.1 要求读出计数器 2 的当前计数值,保存到 BX 寄存器中。设计数器 2 在完成16 位的二进制数计数,8253A 的端口地址为 200H～203H。

实现题目要求的程序段如下:

```
MOV   AL,80H          ;计数器 2 锁存器
MOV   DX,203H         ;控制寄存器地址
OUT   DX,AL
DEC   DX              ;计数器 2 地址
IN   AL,DX            ;读取低字节
MOV   BL,AL
IN   AL,DX            ;读取高字节
MOV   BH,AL
```

例 8.2 对 8253A 进行初始化,要求选择计数器 1,工作在方式 3,计数初值为 2050,采用十进制计数,8253A 的端口地址为 200H～203H。

实现 8253A 初始化程序如下:

```
MOV   AL,77H          ;8253A 初始化命令字
MOV   DX,203H         ;控制寄存器地址
OUT   DX,AL
MOV   DX,201H         ;计数器 1 地址
MOV   AL,50           ;写入计数初值低 8 位
OUT   DX,AL
MOV   AL,20           ;写入计数初值高 8 位
OUT   DX,AL
```

2.8253A 的工作方式

8253A 定时/计数器的每一个通道都有 6 种可编程选择的工作方式。区分这 6 种工作方式的主要标志有三点:一是输出波形不同,二是启动计数器的触发方式不同,三是计数过程中门控信号 GATE 对计数操作的控制不同。下面结合时序图分别描述这些工作方式的操作过程。

(1)方式 0——计数结束产生中断

方式 0 的波形如图 8-4 所示。

①当写入计数初值后,计数器开始减 1 计数。在计数过程中 OUT 一直保持低电平,直到计数为 0 时,OUT 输出变为高电平。此信号可用于向 CPU 发出中断请求。

②GATE 是门控信号,GATE=1 时允许计数,GATE=0 时禁止计数。在计数过程中,如果 GATE=0 则计数暂停,当 GATE=1 后接着计数。

③在计数过程中可以改变计数值。若是 8 位计数,在写入新的计数值后,计数器将按新的计数值重新开始计数。如果是 16 位计数,在写入第一个字节后,计数器停止计数;在写入第二字节后,计数器按照新的计数值开始计数。

方式 0 计数器只计数一遍,当计数到 0 时,不恢复计数初值,不重新开始计数,且输出一

直保持高电平。只有写入新的计数值时，OUT 才变为低电平，并开始新的计数。

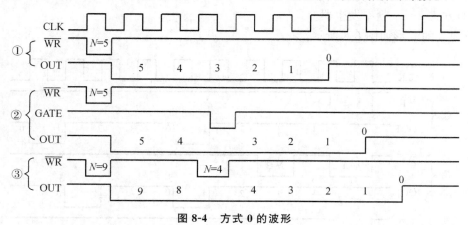

图 8-4　方式 0 的波形

（2）方式 1——可编程的单拍脉冲

方式 1 的波形如图 8-5 所示。

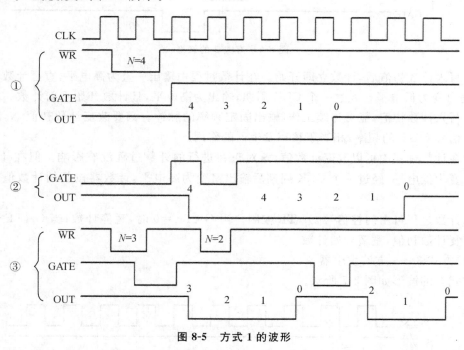

图 8-5　方式 1 的波形

①写入计数初值后，输出 OUT 为高电平，因为计数要由 GATE 启动，当 GATE 变为高电平时启动计数，OUT 变为低电平；当计数到 0 时，OUT 输出高电平，从而在 OUT 端输出一个负脉冲，负脉冲的宽度为 N 个（计数初值）CLK 的脉冲宽度。当计数到 0 后，不用送计数值，可再次由 GATE 启动，输出同样宽度的单拍负脉冲。

②在计数未到 0 时，如果 GATE 再次启动，则计数初值将重新装入计数器，并重新开始计数。

③在计数过程中，可改变计数初值，此时计数过程不受影响。如果 GATE 再次启动，则

计数器将按新输入的计数值计数。

（3）方式 2——频率发生器

方式 2 的波形如图 8-6 所示。

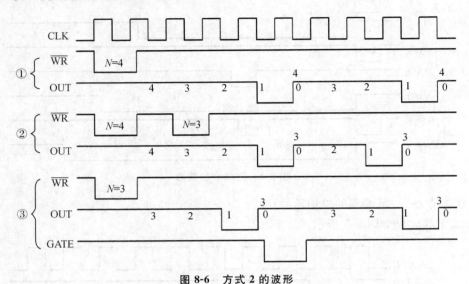

图 8-6　方式 2 的波形

①写入计数初值后，计数立即开始。在计数过程中输出一直为高电平，直至计数器减到 1 时，输出变为低电平。经过一个 CLK 周期，输出为高电平，且计数开始重新计数。它不需要重新写入计数初值，能够连续工作，输出固定频率的脉冲。只要改变计数初值 N，就可改变输出信号 OUT 的频率，相当于频率发生器的作用。

②在计数过程中可以改变计数值，这对正在进行的计数过程没有影响。但在计数到 1 时输出变为低电平，经过一个 CLK 周期后输出又变为高电平，计数器按新的计数值进行计数。

③计数过程可由门控信号 GATE 控制。当 GATE＝0 时，暂停计数；当 GATE＝1 时，自动恢复计数初值，重新开始计数。

（4）方式 3——方波发生器

方式 3 的波形如图 8-7 所示。

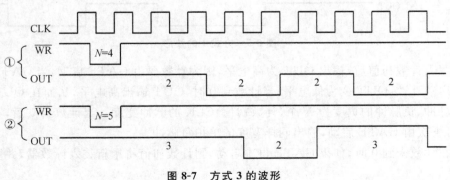

图 8-7　方式 3 的波形

　　①当写入计数初值后,就开始计数,输出保持为高电平;当计数到初值一半时,输出变为低电平,直至计数到 0,输出又变为高电平,重新开始计数。

　　②若计数值为偶数,则输出对称方波;如果计数值为奇数,则前$(N+1)/2$ 个 CLK 脉冲期间输出为高电平,后$(N-1)/2$ 个 CLK 脉冲期间输出为低电平。

　　方式 3 产生的方波的周期是 N 个 CLK 脉冲的宽度。另外,GATE 信号能使计数过程重新开始,GATE=1 时允许计数,GATE=0 时禁止计数。停止后 OUT 将立即变为高电平,当 GATE 再次变为高电平后,计数器将自动装入计数初值,重新开始计数。

　　(5)方式 4——软件触发选通

　　方式 4 的波形如图 8-8 所示。

　　①写入计数值后立即开始计数(相当于软件触发启动),当计数到 0 后,输出一个时钟周期的负脉冲,计数器停止计数。只有当输入新的计数值后,才能开始新的计数。

　　②门控信号 GATE 影响计数器工作,当 GATE=1 时,允许计数;而 GATE=0 时,禁止计数。只有当 GATE 由低电平变为高电平后,计数器在下一个时钟下降沿开始由计数值重新计数,计数到 0 后输出一个时钟周期的负脉冲。

　　③在计数过程中,如果改变计数值,则不影响当前的计数状态,仅当当前的计数值计数到 0,输出一个时钟周期负脉冲后,计数器才按新写入的计数值开始计数,一旦计数完毕,计数器将停止工作。

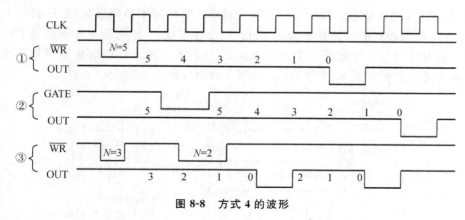

图 8-8　方式 4 的波形

　　(6)方式 5——硬件触发选通

　　方式 5 的波形如图 8-9 所示。

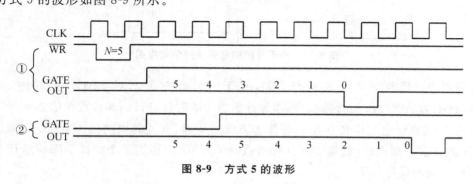

图 8-9　方式 5 的波形

①写入计数值后,计数器并不立即开始计数,而是由门控信号 GATE 的上升沿触发启动。当计数到 0 时,输出一个时钟周期负脉冲,并停止计数。如果要再次计数,必须再来一个 GATE 的上升沿触发启动。

②在计数过程中如果再次用门控信号触发,则使计数器重新开始计数,此时输出还保持高电平,直到计数为 0,才输出负脉冲。

要注意的是,如果在计数过程中改变计数值,只要没有门控信号的触发,就不影响计数过程。如果来了新的门控触发信号,不管计数器计数到什么地方,都要从新的计数初值开始计数。

8.3 8253A 的应用举例

8253A 应用在微机系统中,可构成各种计数器、定时器或脉冲信号发生器等。在不同的应用中,需要根据实际情况设计硬件电路并编写相应的初始化程序,使 8253A 按照要求工作。8253A 的 3 个计数通道是完全独立的,可同时工作于不同的工作方式。

8.3.1 用于分频器工作

使用 8253A 的计数器 0 和计数器 1 实现对输入时钟频率的两级分频,得到一个周期为 1 s 的方波。计数器 0 的时钟频率为 2 MHz,工作在方式 2,计数器 0 输出信号 OUT_0 作为计数器 1 的时钟信号。计数器 1 工作在方式 3,计数器 1 的 OUT_1 端输出周期为 1 s 的方波。电路连接示意图如图 8-10 所示,设 8253A 的端口地址为 200H～203H。

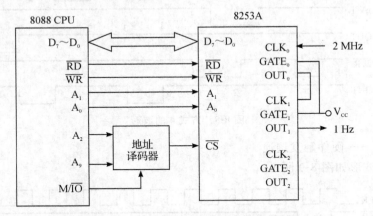

图 8-10 用于分频的电路连接示意框图

首先利用计数器 0 对 CLK_0 进行分频,使 T_0 工作在方式 2,对 2 MHz 的时钟 CLK_0 分频,得到频率为 2000 Hz 的时钟信号,作为计数器 1 的时钟,所以,其计数初值 $N=1000$。对于计数器 1,选择让它工作在方式 3,即作为方波发生器,方波的周期为 1 s(OUT_1 输出频率为 1 Hz 的方波),那么,计数器 1 的计数初值应该为 1000(因为每个时钟下降顺沿计数值减 2)。实现分频的程序如下:

DATA   SEGMENT

```
        COM_ADDR EQU  203H                    ;方式选择控制字地址
        T0_ADDR  EQU  200H                    ;T0 端口地址
        T1_ADDR  EQU  201H                    ;T1 端口地址
        T2_ADDR  EQU  202H                    ;T2 端口地址
        DATA     ENDS
        STACK1   SEGMENT  STACK 'STACK'
                 DW  32 DUP(0)
        STACK1   ENDS
        CODE     SEGMENT
                 ASSUME  CS:CODE,SS:STACK1,DS:DATA
        START:   MOV  AX,DATA
                 MOV  DS,AX
                 MOV  DX,COM_ADDR
                 MOV  AL,35H
                 OUT  DX,AL                    ;T0 设置在方式 2,BCD 码计数
                 MOV  DX,T0_ADDR
                 MOV  AL,00H
                 OUT  DX,AL
                 MOV  AL,10H
                 OUT  DX,AL                    ;预置 T0 计数初值
                 MOV  DX,COM_ADDR
                 MOV  AL,77H
                 OUT  DX,AL                    ;T1 设置在方式 3,BCD 码计数
                 MOV  DX,T1_ADDR
                 MOV  AL,00H
                 OUT  DX,AL
                 MOV  AL,10H
                 OUT  DX,AL                    ;预置 T1 计数初值
        LOP:     MOV  AH,11                    ;检查键盘是否有按键
                 INT  21H
                 INC  AL
                 JNZ  LOP                      ;无按键转 LOP,否则结束
        CODE     ENDS
                 END  START
```

8.3.2　对外部事件计数

计数电路如图 8-11 所示,由图可知,使用的是计数器 0。外部事件用单稳电路模拟输入,单稳态电路的输出接至 CLK_0,$GATE_0$ 接 +5 V。由于计数器的 CLK_0 接至单稳态电路,因而计数初值 N 写入计数器后要由外接的单稳态电路输入一个脉冲把计数初值装入减 1

计数器,才能对外部事件进行计数。所以,外部事件(即单稳态电路输入)要输入 $N+1$ 次。当计数初值 N 写入计数器 0 后,OUT_0 输出低电平,发光二极管 LED 亮,当外部事件次数计数满时,LED 灯灭。在本例子中,设计数外部事件为 20 次,8253A 的端口地址为 380H~383H。查询计数器的初值和最终值编制的程序如下:

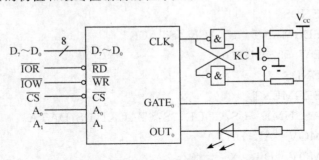

图 8-11   8253A 对外部事件的计数电路

```
STACK1      SEGMENT   STACK 'STACK'
            DW   32 (0)
STACK1      ENDS
DATA        SEGMENT
DA1         DB   'WAIT LOAD',0AH,0DH,'$'
DA2         DB   'PLEASE INPUT',0AH,0DH,'$'
DA3         DB   'PROGRAM TERMINATED NORMALLY',0AH,0DH,'$'
DATA        ENDS
CODE        SEGMENT
BEGIN       PROC   FAR
            ASSUME   SS:STACK1,CS:CODE,DS:DATA
            MOV   AX,DATA
            MOV   DS,AX
            MOV   DX,383H              ;8253A 计数器的方式 0,BCD 计数
            MOV   AL,11H
            OUT   DX,AL
            MOV   DX,380H              ;计数器 0 置计数初值 20 次
            MOV   AL,20H
            OUT   DX,AL
            MOV   DX,OFFSET DA1        ;提示装数
            MOV   AH,9
            INT   21H
            MOV   DX,380H
LOAD:       IN   AL,DX
            CMP   AL,20H               ;等待单稳输入脉冲,装入计数初值
            JNE   LOAD
```

```
            MOV   DX,OFFSET DA2      ;提示输入脉冲
            MOV   AH,9
            INT   21H
            MOV   DX,380H
CONTIN:     IN    AL,DX
            CMP   AL,0               ;等待单稳输入 20 个脉冲
            JNZ   CONTIN
            MOV   DX,OFFSET DA3      ;提示程序正确
            MOV   AH,9
            INT   21H
            MOV   AH,4CH             ;返回 DOS
            INT   21H
            RET
BEGIN       ENDP
CODE        ENDS
            END   BEGIN
```

8.3.3　在数据采集系统中的应用

　　某数据采集系统中,用 1 片 8255A 的端口 A 作为现场数据的输入口。要求以 2 s 为周期进行数据采集,使用 1 片 8253A 提供采样定时,其主要接线如图 8-12 所示。

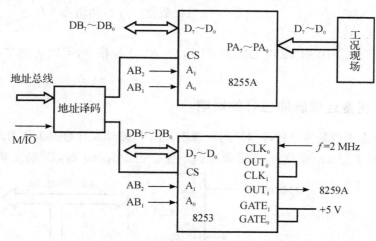

图 8-12　8253A 在数据采用系统中的应用

　　设 8255A 的端口地址为 200H、202H、204H、206H,8253A 的端口地址为 300H、302H、304H、306H。

　　根据应用要求,8253A 应工作于方式 2,使其每隔 2 s 产生一次中断请求。由图可见,8253A 的计数脉冲频率为 2 MHz,所以,分频计数将达 $2×10^6/0.5=4×10^6$。如果计数器 0 在方式 2 下工作,其最大计数值为 65536,仅用计数器 0 不能完成工作。这样,将计数器 0 的分频输出接至计数器 1 的时钟 CLK_1 端,进行再次分频,把计数器 1 的输出 OUT_1 作为中

断请求信号。

根据以上分析,计数器 0 工作在方式 2,设计数初值为 40000(9C40H);计数器 1 工作在方式 2,计数初值为 100。设 8255A 端口 A 工作于方式 0 输入,端口 B 工作于方式 0 输出,其方式控制字为 90H。

初始化程序如下:

```
MOV   AL,90H              ;8255A 初始化命令字
MOV   DX,206H
OUT   DX,AL
MOV   AL,54H              ;8253A 计数器 1 方式 2 只写低字节
MOV   DX,306H
OUT   DX,AL
MOV   AL,64H              ;计数器 1 计数初值
MOV   DX,302H
MOV   DX,AL
MOV   AL,34H              ;8253A 计数器 0 方式 2 写 16 位
MOV   DX,306H
OUT   DX,AL
MOV   DX,300H
MOV   AL,40H              ;计数器 0 计数初值低 8 位
OUT   DX,AL
MOV   AL,9CH              ;计数器 0 计数初值高 8 位
OUT   DX,AL
```

在中断服务程序中,用 MOV DX,200H 和 IN AL,DX 指令,可以从 8255A 的端口 A 读入采集的数据。

8.3.4　用于测量连续脉冲信号的周期

图 8-13 给出了测量连续脉冲信号的原理图。图中 8253A 计数器 1 作为测量计数器,工作于方式 0。触发器 D_1 和 D_2 组成测量控制电路。当 $PC_1 = 0$ 时,D_1 触发器输出 $Q_1 = 0$,

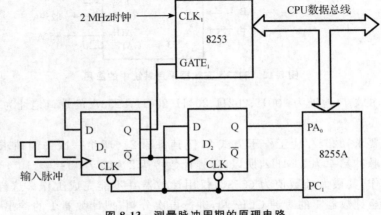

图 8-13　测量脉冲周期的原理电路

GATE$_1$=0 使 8253A 不计数。当 PC$_1$=1 时,只要被测输入脉冲信号有一个上升沿,D$_1$ 触发器状态翻转使输出 Q$_1$=1,8253A 开始计数,这时 D$_2$ 触发器输出 Q$_2$ 仍然为 0。当输入信号出现第二个上升沿时,D$_1$ 触发器状态翻转使 Q$_1$ 为 0,8253A 停止计数,D$_2$ 触发器翻转使输出 Q$_2$ 变为 1,测量过程结束。测量结果在计数器 1 中,读入该值,将其乘以时钟脉冲周期即为被测量信号周期。设 8255A 的端口地址为 200H～203H,8253A 的端口地址为 300H～303H。

实现脉冲测量的程序段如下:

```
            MOV   AL,70H              ;8253A 计数器 1 方式 0 控制字
            MOV   DX,303H
            OUT   DX,AL
            MOV   AL,90H              ;8255A 工作方式控制字
            MOV   DX,203H
            OUT   DX,AL
            MOV   AL,02H              ;8255A 端口 PC₁ 置 0
            OUT   DX,AL
            MOV   AL,0               ;T₁ 计数器计数初值
            MOV   DX,301H
            OUT   DX,AL
            OUT   DX,AL
            MOV   AL,03H              ;8255A 端口 PC₁ 置 1
            MOV   DX,203H
            OUT   DX,AL
LOOP:       MOV   DX,200H             ;8255A 端口 A 地址
            IN   AL,DX
            TEST  AL,01H              ;测试 PA₀ 是否为 0
            JNZ   LOOP                ;等待一次计数结束
            MOV   AL,40H              ;锁存计数器 1
            MOV   DX,303H
            OUT   DX,AL
            MOV   DX,301H
            IN   AL,DX               ;读计数器 1 低 8 位
            MOV   BL,AL
            IN   AL,DX               ;读计数器 1 高 8 位
            MOV   BH,AL              ;计数器 1 当前计数值存 BX
```

即把计数器 1 的当前计数值存放在寄存器 BX 中,把计数最大值 65536 减去计数器 1 的当前计数值,就是 CLK$_1$ 的时钟个数,把时钟个数与 CLK$_1$ 的时钟周期相乘,就可得到输入脉冲的周期。

8.3.5 在 IBM PC XT 中的应用

8253A 芯片在 IBM PC XT 微型计算机系统中的连接如图 8-14 所示。由译码电路可知

计数器和控制字寄存器的端口地址为 40H～5FH。BIOS 取为：计数器 0 的端口地址为 40H，计数器 1 的端口地址为 41H，计数器 2 的端口地址为 42H，控制字寄存器的端口地址为 43H。3 个计数器的输入时钟频率均为 1.193186 MHz。

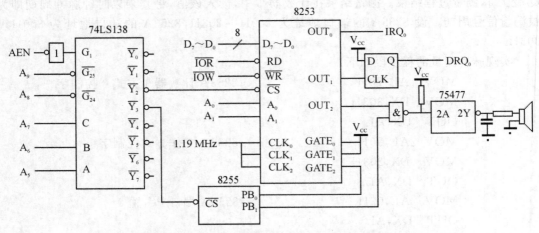

图 8-14 IBM PC XT 微型计算机中 8253A 的部分线路

计数器 0 输出作为 18.2 Hz 方波发生器，用来输出方波作为中断控制器 8259 的第 0 号中断信号线（IRQ_0）的输入。其作用是提供 IBM PC XT 系统计时器的基本时钟。计数器 0 的计数值为：

$$1.193186 \text{ MHz}/18.2 \text{ Hz}=65536D$$

亦即送 16 位 0，工作于方式 3，故其控制字为 36H。对计数器 0 初始化的程序段如下：

```
MOV   AL,36H
OUT   43H,AL
MOV   AL,0
OUT   40H,AL
OUT   40H,AL
```

计数器 1 输出间隔为 15.09 μs 的负脉冲。该脉冲的上升沿触发 D 触发器，使它对 DMA 控制器 8237 的第 0 号 DMA 请求信号线 DRQ_0 发出 DMA 请求信号，8237 则依据这个请求信号对动态 RAM 进行刷新。计数器 1 的计数初值为：

$$1.193186\times10^6/\left(\frac{1\times10^6}{15.09}\right)=18$$

故其控制字为 54H。对计数器 1 的初始化程序段如下：

```
MOV   AL,54H
OUT   43H,AL
MOV   AL,12H
OUT   41H,AL
```

计数器 2 输出频率为 896 Hz 的方波，经电流驱动器 75477 放大，推动扬声器发出声响。计数器 2 工作于方式 3，计数初值为 533H。但该计数器的 $GATE_2$ 不是接 +5 V，而是受并行接口芯片 8255A 的 PB_0 端控制，因此它不是处于常开状态。当 PB_0 端送出高电平时，允许计数器 2 计数,使 OUT$_2$输出方波。该方波与 8255A 的 PB$_1$信号相与后,送到扬声器驱动电路。发声的频率由计数器 2 预置的计数初值决定,发声时间的长短受 PB$_1$的控制。当PB$_1$＝1时,允许扬声器发声;当 PB$_1$＝0 时,禁止扬声器发声。通过控制 PB$_1$与 PB$_0$的电平就可以发出不同音调的声音。如果要改变蜂鸣器声响频率的高低,程序设计中可以让计数器2 的计数初值在 1～65535 的范围变化。计数器 2 控制字为 B6H。

下面是 IBM PC XT 机 BIOS 中的开机诊断子程序。该子程序让蜂鸣器鸣一声长音(3 s)和一声短音(0.5 s),以指出系统板或 RAM 模块或者 CRT 显示器有错。

```
entry parameters:
DH= Number of long tones to beep
DL= Number of short tones to beep
err-beep proc
        PUSHF                    ;保存所有的标志位
        CLI                      ;关中断
        PUSH   DS
        MOV  AX,DATA             ;DS 指向数据段
        MOV  DS,AX
        OR   DH,DH               ;是否要鸣长音
        JZ  G3                   ;不鸣长音,去鸣短音
G1：MOV  BL,6                    ;蜂鸣常数,一次鸣响延续时间 0.5 s×6
        CALL   BEEP              ;调用鸣响子程序
G2：LOOP   G2                    ;鸣响间隔,等待 500 ms
        DEC  DH
        JNZ  G1                  ;长音没鸣响完,继续
        CMP   MFG-TST,1          ;为制造测试模式?
        JNZ   G3                 ;为制造测试模式,继续鸣响短音
        MOV   AL,0DH             ;停止 LED 闪
        OUT  PORT-B,AL           ;PORT-B＝61H,即 8255B 端口
        JMP   G1
 G3：MOV   BL,1                  ;短音鸣响时间为 0.5×1＝0.5 s
        CALL   BEEP
G4：LOOP   G4
        DEC  DL
        JNZ  G3                  ;短音没鸣响完,继续
G5：LOOP   G5                    ;短音鸣响完,延迟 1 s 返回
G6：LOOP   G6
        POP  DS
        POPF
        RET
err-beep   endp
```

```
;——————  鸣响子程序  ——————
Beep  proc
        MOV   AL,0B6H          ;计数器 2 的控制字
        OUT   43H,AL
        MOV   AX,533H          ;896 Hz 分频值,分高低字节两次送入
        OUT   42H,AL
        MOV   AL,AH
        OUT   42H,AL
        IN  AL,61H             ;读取 8255B 端口的状态
        MOV AH,AL
        OR AL,3
        OUT 61H,AL             ;打开蜂鸣器
        SUB CX,CX             ;设置等待 500 ms 的常数值
G7: LOOP  G7
        DEC BL               ;等 0.5 s×BL
        JNZ G7
        MOV AL,AH             ;恢复 8255B 端口的原来值,关蜂鸣器
        OUT 61H,AL
        RET
Beep endp
```

思考与练习

1. 对于可编程定时/计数器 8253A,它的每个计数器有几种工作方式? 试比较方式 0 与方式 4、方式 1 与方式 5 有什么区别。

2. 编写一发声程序,该程序可使扬声器发出 1、2、3、4、5、6、7 音响。对应的计数值为 523、494、440、392、347、330 和 294。

3. 在一个定时系统中,8253A 的端口地址为 200H～203H,试对 8253A 的 3 个计数器进行编程。其中,计数器 0 工作在方式 0,计数初值为 50;计数器 1 工作在方式 3,计数初值为 1000H;计数器 2 工作在方式 1,计数初值为 2000。

4. 某 8253A 应用电路中,8253A 的端口地址为 200H～203H,电路中提供时钟频率为 2 MHz 的信号源,要求产生 200 Hz 的方波输出,试编程实现。

5. 设 8253A 的端口地址为 200H～203H,计数器 0 的输入时钟频率为 1 MHz,为使计数器 0 输出 1 kHz 的方波,编写初始化程序。如果让计数器 0 和计数器 1 级联(即 OUT_0 接 CLK_1)实现 1 s 定时,请编写初始化程序实现。

6. 编制一程序使 8253A 的计数器产生 600 Hz 的方波,经滤波后送到扬声器发声,当按下键盘任一键时发声停止。

附录 A ASCII 字符表

ASCII 码表

字符 高3位 / 低4位		0H	1H	2H	3H	4H	5H	6H	7H
		000	001	010	011	100	101	110	111
0H	0000	NUL	DLE	SP	0	@	P	`	p
1H	0001	SOH	DC1	!	1	A	Q	a	q
2H	0010	STX	DC2	"	2	B	R	b	r
3H	0011	ETX	DC3	#	3	C	S	c	s
4H	0100	EOT	DC4	$	4	D	T	d	t
5H	0101	ENQ	NAK	%	5	E	U	e	u
6H	0110	ACK	SYN	&	6	F	V	f	v
7H	0111	BEL	ETB	'	7	G	W	g	w
8H	1000	BS	CAN	(	8	H	X	h	x
9H	1001	HT	EM	)	9	I	Y	i	y
AH	1010	LF	SUB	*	:	J	Z	j	z
BH	1011	VT	ESC	+	;	K	[	k	{
CH	1100	FF	FS	,	<	L	\	l	|
DH	1101	CR	GS	—	=	M	]	m	}
EH	1110	SO	RS	.	>	N	∧	n	~
FH	1111	SI	US	/	?	O	_	o	DEL

ASCII 码表中各控制字符及含义

十六进制	字符	含义	十六进制	字符	含义	十六进制	字符	含义
00H	NUL	空	0CH	FF	走纸控制	18H	CAN	作废
01H	SOH	标题开始	0DH	CR	回车	19H	EM	纸尽
02H	STX	正文开始	0EH	SO	移位输出	1AH	SUB	替换
03H	ETX	正文结束	0FH	SI	移位输入	1BH	ESC	换码
04H	EOT	传输结束	10H	DLE	数据连接换码	1CH	FS	文字分隔符
05H	ENQ	询问	11H	DC1	设备控制1	1DH	GS	组分隔符
06H	ACK	承认	12H	DC2	设备控制2	1EH	RS	记录分隔符
07H	BEL	报警	13H	DC3	设备控制3	1FH	US	单元分隔符
08H	BS	退一格	14H	DC4	设备控制4	20H	SP	空格
09H	HT	横向列表	15H	NAK	否认	FFH	DEL	删除
0AH	LF	换行	16H	SYN	空转同步			
0BH	VT	垂直制表	17H	ETB	信息组传输结束			

附录 B 8086/8088 指令系统

助记符	汇编语言格式	功能	操作数	时钟周期	字节数	标志位 ODITSZAPC
MOV	MOV dst,src	dst←src	mem,ac	10	3	————
			ac,mem	10	3	
			reg,reg	2	2	
			reg,mem	8+EA	2~4	
			mem,reg	9+EA	2~4	
			reg,data	4	2~3	
			mem,data	10+EA	3~6	
			segreg,reg	2	2	
			segreg,mem	8+EA	2~4	
			reg,segreg	2	2	
			mem,segreg	9+EA	2~4	
PUSH	PUSH src	sp←sp−2 sp+1,sp←src	reg	11	1	————
			segreg	10	1	
POP	POP dst	dst←sp+1,sp sp←sp+2	reg	8	1	————
			segreg	8	1	
XCHG	XCHG dst,src	dst↔src	reg,ac	3	1	————
			reg,mem	17+EA	2~4	
			reg,reg	4	2	
IN	IN ac,port	ac←port		10	2	————
	IN ac,DX	ac←(DX)		8	1	
OUT	OUT port,ac	port←ac		10	2	————
	OUT DX,ac	(DX)←ac		8	1	
XLAT	XLAT			11	1	
LEA	LEA reg,src	reg←src	reg,mem	2+EA	2~4	————
LDS	LDS reg,src	reg←src DS←src+2	reg,mem	16+EA	2~4	————
LES	LES reg,src	reg←src ES←src+2	reg,mem	16+EA	2~4	————

续表

助记符	汇编语言格式	功能	操作数	时钟周期	字节数	标志位 ODITSZAPC
LAHF	LAHF	AH ← FLAG 低字节		4	1	----------
SAHF	SAHF	FLAG 低字节 ←AH		4	1	----rrrrr
PUSHF	PUSHF	SP←SP−2 (SP+1,SP)← FLAG		10	1	---------
POPF	POPF	FLAG←(SP+ 1,SP) SP←SP+2		8	1	rrrrrrrrr
ADD	ADD dst,src	dst←src+dst	reg,reg reg,mem mem,reg reg,data mem,data ac,data	3 9+EA 16+EA 4 17+EA 4	2 2~4 2~4 3~4 3~6 2~3	x---xxxxx
ADC	ADC dst,src	dst←src+dst +CF	reg,reg reg,mem mem,reg reg,data mem,data ac,data	3 9+EA 16+EA 4 17+EA 4	2 2~4 2~4 3~4 3~6 2~3	x---xxxxx
INC	INC dst	dst←dst+1	reg mem	2~3 15+EA	1~2 2~4	x---xxxx-
SUB	SUB dst,src	dst←dst-src	reg,reg reg,mem mem,reg reg,data mem,data ac,data	3 9+EA 16+EA 4 17+EA 4	2 2~4 2~4 3~4 3~6 2~3	x---xxxxx
SBB	SBB dst,src	dst←dst-src- CF	reg,reg reg,mem mem,reg reg,data mem,data ac,data	3 9+EA 16+EA 4 17+EA 4	2 2~4 2~4 3~4 3~6 2~3	x---xxxxx

续表

助记符	汇编语言格式	功能	操作数	时钟周期	字节数	标志位 ODITSZAPC
DEC	DEC dst	dst←dst-1	reg	2～3	1～2	x---xxxx-
			mem	15＋EA	2～4	
NEG	NEG dst	dst←0-dst	reg	3	2	x---xxxxx
			mem	16＋EA	2～4	
CMP	CMP dst,src	dst-src	reg,reg	3	2	x---xxxxx
			reg,mem	9＋EA	2～4	
			mem,reg	9＋EA	2～4	
			reg,data	4	3～4	
			mem,data	10＋EA	3～6	
			ac,data	4	2～3	
MUL	MUL src	AX←AL×src DX,AX←AX×src	reg8	70～77	2	x---uuuux
			mem 8	(76～83)＋EA	2～4	
			reg16	118～133	2	
			mem16	(124～139)＋EA	2～4	
IMUL	IMUL src	AX←AL×src DX,AX←AX×src	reg8	80～89	2	x---uuuux
			mem 8	(86～104)＋EA	2～4	
			reg16	128～154	2	
			mem16	(134～160)＋EA	2～4	
DIV	DIV src	AL←AX/src 的商 AH←AX/src 的余数 AX←(DX,AX)/src 的商 DX←(DX,AX)/src 的余数	reg8	80～90	2	x---uuuuu
			mem 8	(86～96)＋EA	2～4	
			reg16	144～162	2	
			mem16	(150～168)＋EA	2～4	

续表

助记符	汇编语言格式	功能	操作数	时钟周期	字节数	标志位 ODITSZAPC
IDIV	IDIV src	AL ← AX/src 的商 AH ← AX/src 的余数 AX ← （DX，AX）/src 的商 DX ← （DX，AX）/src 的余数	reg8 mem 8 reg16 mem16	101~112 （107~118）＋EA 165~184 （171~190）＋EA	2 2~4 2 2~4	x---uuuuu
DAA	DAA	AL←把 AL 中的和调整到压缩的 BCD 格式		4	1	u---xxxxx
DAS	DAS	AL←把 AL 中的差调整到压缩的 BCD 格式		4	1	u---xxxxx
AAA	AAA	AL←把 AL 中的和调整到非压缩的 BCD 格式 AH←AH＋调整产生的进位值		4	1	u---uuxux
AAS	AAS	AL←把 AL 中的差调整到非压缩的 BCD 格式 AH ← AH-调整产生的借位值		4	1	u---uuxux
AAM	AAM	AX ← 把 AH 中的积调整到非压缩的 BCD 格式		83	2	u---xxuxu

续表

助记符	汇编语言格式	功能	操作数	时钟周期	字节数	标志位 ODITSZAPC
AAD	AAD	AL←10×AH+AL AH←0 实现除法的非压缩的 BCD 调整		60	2	u---xxuxu
AND	AND dst,src	dst←dst∧src	reg,reg	3	2	0---xxux0
			reg,mem	9＋EA	2～4	
			mem,reg	16＋EA	2～4	
			reg,data	4	3～4	
			mem,data	17＋EA	3～6	
			ac,data	4	2～3	
OR	OR dst,src	dst←dst∨src	reg,reg	3	2	0---xxux0
			reg,mem	9＋EA	2～4	
			mem,reg	16＋EA	2～4	
			reg,data	4	3～4	
			mem,data	17＋EA	3～6	
			ac,data	4	2～3	
NOT	NOT dst	dst←$\overline{dst}$	reg	3	2	---------
			mem	16＋EA	2～4	
XOR	XOR dst,src	dst←dst⊕src	reg,reg	3	2	0---xxux0
			reg,mem	9＋EA	2～4	
			mem,reg	16＋EA	2～4	
			reg,data	4	3～4	
			mem,data	17＋EA	3～6	
			ac,data	4	2～3	
TEST	TEST dst,src	dst∧src	reg,reg	3	2	0---xxux0
			reg,mem	9＋EA	2～4	
			reg,data	5	3～4	
			mem,data	11＋EA	3～6	
			ac,data	4	2～3	
SHL	SHL dst,1 SHL dst,CL	逻辑左移	reg	2	2	x---xxuxx
			mem	15＋EA	2～4	
			reg	8＋4/位	2	
			mem	20＋EA＋4/位	2～4	

续表

助记符	汇编语言格式	功能	操作数	时钟周期	字节数	标志位 ODITSZAPC
SAL	SAL dst,1 SAL dst,CL	算术左移	reg mem reg mem	2 15＋EA 8＋4/位 20＋EA＋4/位	2 2～4 2 2～4	x---xxuxx
SHR	SHR dst,1 SHR dst,CL	逻辑右移	reg mem reg mem	2 15＋EA 8＋4/位 20＋EA＋4/位	2 2～4 2 2～4	x---xxuxx
SAR	SAR dst,1 SAR dst,CL	算术右移	reg mem reg mem	2 15＋EA 8＋4/位 20＋EA＋4/位	2 2～4 2 2～4	x---xxuxx
ROL	ROL dst,1 ROL dst,CL	循环左移	reg mem reg mem	2 15＋EA 8＋4/位 20＋EA＋4/位	2 2～4 2 2～4	x------x
ROR	ROR dst,1 ROR dst,CL	循环右移	reg mem reg mem	2 15＋EA 8＋4/位 20＋EA＋4/位	2 2～4 2 2～4	x------x
RCL	RCL dst,1 RCL dst,CL	带进位循环左移	reg mem reg mem	2 15＋EA 8＋4/位 20＋EA＋4/位	2 2～4 2 2～4	x------x
RCR	RCR dst,1 RCR dst,CL	带进位循环右移	reg mem reg mem	2 15＋EA 8＋4/位 20＋EA＋4/位	2 2～4 2 2～4	x------x
MOVS	MOVSB MOVSW	(DI)←(SI) SI←SI±1 或 2 DI←DI±1 或 2		不重复:18 重复:9＋17/rep	1	---------
STOS	STOSB STOSW	(DI)←AC DI←DI±1 或 2		不重复:11 重复:9＋10/rep	1	---------

续表

助记符	汇编语言格式	功能	操作数	时钟周期	字节数	标志位 ODITSZAPC
LODS	LODSB LODSW	(SI)←AC SI←SI±1 或 2		不重复:12 重复:9+13/rep	1	---------
REP	REP 串指令	当 CX=0,退出重复,否则,CX←CX-1,执行其后的指令		2	1	---------
CMPS	CMPSB CMPSW	(DI)-(SI) SI←SI±1 或 2 DI←DI±1 或 2		不重复:22 重复:9+22/rep	1	x---xxxxx
SCAS	SCASB SCASW	(DI)-AC DI←DI±1 或 2		不重复:15 重复:9+15/rep	1	x------x
REPE/ REPZ	REPE/REPZ 串指令	当 CX=0 或 ZF=0 退出重复,否则,CX←CX-1,执行其后的串指令		2	1	---------
REPNE/ REPNZ	REPNE/ REPNZ 串指令	当 CX=0 或 ZF=1 退出重复,否则,CX←CX-1,执行其后的串指令		2	1	---------
JMP	段内直接短转移	无条件	reg	15	2	
	段内直接转移		mem	15	3	
	段间直接转移			15	5	
	段内间接 mem16			18+EA	2～4	
	段内间接 reg16			11	2	
	段内间接 mem32			24+EA	2～4	

续表

助记符	汇编语言格式	功能	操作数	时钟周期	字节数	标志位 ODITSZAPC
JZ/JE	JZ/JE label	ZF＝1 则转 label		16/4	2	---------
JNZ/ JNE	JNZ/JNE label	ZF＝0 则转 label		16/4	2	---------
JS	JS label	SF＝1 则转 label		16/4	2	---------
JNS	JNS label	SF＝0 则转 label		16/4	2	---------
JO	JO label	OF＝1 则转 label		16/4	2	---------
JNO	JNO label	OF＝0 则转 label		16/4	2	---------
JP/JPE	JP/JPE label	PF＝1 则转 label		16/4	2	---------
JNP/ JPO	JNP/JPO label	PF＝0 则转 label		16/4	2	---------
JC	JC label	CF＝1 则转 label		16/4	2	---------
JNC	JNC label	CF＝0 则转 label		16/4	2	---------
JB/ JNAE	JB/JNAE label	CF＝1 ∧ ZF＝0 转 label		16/4	2	---------
JNB/ JAE	JNB/JAE label	CF＝0 ∨ ZF＝1 转 label		16/4	2	---------
JBE/ JNA	JBE/JNA label	CF＝1 ∨ ZF＝1 转 label		16/4	2	---------
JNBE/ JA	JNBE/JA label	CF＝0 ∧ ZF＝0 转 label		16/4	2	---------
JL/ JNGE	JL/JNGE label	SF ⊕ OF＝1 ∧ ZF＝0 转 label		16/4	2	---------
JNL/ JGE	JNL/JGE label	SF ⊕ OF＝0 ∨ ZF＝1 转 label		16/4	2	---------

续表

助记符	汇编语言格式	功能	操作数	时钟周期	字节数	标志位 ODITSZAPC
JLE/ JNG	JL/JNGE label	SF $\oplus$ OF=1 $\vee$ ZF=1 转 label		16/4	2	---------
JNLE/ JG	JL/JNGE label	SF $\oplus$ OF=0 $\wedge$ ZF=0 转 label		16/4	2	---------
JCXZ	JCXZ label	CX=0 则转移		18/6	2	---------
LOOP	LOOP label	CX$\neq$0 则循环		17/5	2	---------
LOOPZ/ LOOPE	LOOPZ/ LOOPE label	ZF=1 且 CX $\neq$0 则循环		18/6	2	---------
LOOPNZ/ LOOPNE	LOOPNZ/ LOOPNE label	ZF=0 且 CX $\neq$0 则循环		19/5	2	---------
CALL	CALL dst	段内直接: SP←SP−2 (SP+1,SP)← IP IP←IP+D16 段内间接: SP←SP−2 (SP+1,SP)← IP IP←EA 段间直接: SP←SP−2 (SP+1,SP)← CS SP←SP−2 (SP+1,SP)← IP IP←偏移地址 CS←段地址 段间间接: SP←SP−2 (SP+1,SP)← CS SP←SP−2 (SP+1,SP)← IP IP←EA CS←EA+2	reg mem	19 16 21+EA 28 37+EA	3 2 2~4 5 2~4	---------

续表

助记符	汇编语言格式	功能	操作数	时钟周期	字节数	标志位 ODITSZAPC
RET	RET	段内： IP←(SP+1, SP) SP←SP+2 段间： IP←(SP+1, SP) SP←SP+2 CS←(SP+1, SP) SP←SP+2		16 24	1 1	---------
RET	RET exp	段内： IP←(SP+1, SP) SP←SP+2 SP←SP+D16 段间： IP←(SP+1, SP) SP←SP+2 CS←(SP+1, SP) SP←SP+2 SP←SP+D16		20 23	3 3	---------
INT	INT(type=3) INT(type≠3)	SP←SP-2 (SP+1,SP)← FLAG SP←SP-2 (SP+1,SP)← CS SP←SP-2 (SP+1,SP)← IP IP←type×4 CS←type×4 +2	type=3 type≠3	52 51	1 2	--00-----

续表

助记符	汇编语言格式	功能	操作数	时钟周期	字节数	标志位 ODITSZAPC
INTO	INTO（type＝4）	若 OF＝1，则 SP←SP－2 (SP+1,SP)← FLAG SP←SP－2 (SP+1,SP)← CS SP←SP－2 (SP+1,SP)← IP IP←10H CS←12H		53(OF＝1) 4(OF＝0)	1	---------
IRET	IRET	IP←(SP＋1, SP) SP←SP＋2 CS←(SP＋1, SP) SP←SP＋2 FLAG←(SP＋1,SP) SP←SP＋2		24	2	---------
CBW	CBW	AL 的符号扩展到 AH		2	1	---------
CWD	CWD	AX 的符号扩展到 DX		5	1	---------
CLC	CLC	CF 位清 0		2	1	--------0
CMC	CMC	CF 位求反		2	1	--------x
STC	STC	CF 位置 1		2	1	--------1
CLD	CLD	DF 位清 0		2	1	-0-------
STD	STD	DF 位置 1		2	1	-1-------
CLI	CLI	IF 位清 0		2	1	--0------
STI	STI	IF 位置 1		2	1	--1------
NOP	NOP	无操作		3	1	
HLT	HLT	停机		2	1	
WAIT	WAIT	等待		3 或更多	1	---------

续表

助记符	汇编语言格式	功能	操作数	时钟周期	字节数	标志位 ODITSZAPC
ESC	ESC	换码		8＋EA	2～4	---------
LOCK	LOCK	封锁		2	1	---------

说明：

0——置 0；

1——置 1；

x——根据结果设置；

-——无影响；

u——无定义；

r——恢复原来保存的值；

dst——目的操作数；

src——源操作数；

reg——寄存器；

segreg——段寄存器；

mem——存储器；

data——立即数；

∨——或；

∧——与；

⊕——异或；

Label——目标标号；

EA——有效地址；

Exp——返回值；

D16——16 位立即数；

ac——累加器 AL 或 AX。

参考文献

[1]朱定华,张小惠,刘福珍.微机原理与接口技术[M].武汉:武汉大学出版社,2007.

[2]曹玉珍,邓蓓,吕俊怀,等.微机原理与应用[M].北京:机械工业出版社,2006.

[3]杨晓东,许晋京,林晓霞,等.微型计算机原理与接口技术[M].北京:机械工业出版社,2007.

[4]吴叶兰,王坚,王小艺,等.微机原理及接口技术[M].北京:机械工业出版社,2009.

[5]龚尚福,朱宇,郭秀才,等.微机原理及接口技术[M].西安:西安电子科技大学出版社,2009.

[6]郑学坚,周斌.微型计算机原理及应用[M].北京:清华大学出版社,2005.

[7]冯博琴,吴宁,陈文革,等.微型计算机硬件技术基础[M].北京:高等教育出版社,2003.

[8]刘乐善,欧阳星明,刘学清.微型计算机接口技术及应用[M].武汉:华中科技大学出版社,2005.

[9]贾金铃,陈光建,彭奕.微型计算机原理及应用[M].重庆:重庆大学出版社,2006.

[10]郑郁正,孟芳,文斌.单片微型计算机原理及接口技术[M].北京:高等教育出版社,2012.

[11]李华,孙晓民,李红青,等.MCS-51系列单片机实用接口技术[M].北京:北京航空航天大学出版社,1996.

[12]王晓军,徐志宏.微机原理与接口技术[M].北京:北京邮电大学出版社,2006.

[13]周杰英,张萍,陈曼娜,等.微型计算机原理及应用[M].北京:机械工业出版社,2006.

[14]余孟尝.数字电子技术基础简明教程[M].北京:高等教育出版社,2008.

图书在版编目(CIP)数据

微机原理与接口技术/吴瑞坤主编. —厦门：厦门大学出版社，2014.11
ISBN 978-7-5615-5289-6

Ⅰ.①微… Ⅱ.①吴… Ⅲ.①微型计算机-理论-高等学校-教材②微型计算机-接口-高等学校-教材 Ⅳ.①TP36

中国版本图书馆 CIP 数据核字(2014)第 255882 号

官方合作网络销售商：

厦门大学出版社出版发行

(地址:厦门市软件园二期望海路 39 号　邮编:361008)
总 编 办 电 话:0592-2182177　传真:0592-2181253
营销中心电话:0592-2184458　传真:0592-2181365
网址:http://www.xmupress.com
邮箱:xmup @ xmupress.com
沙县四通彩印有限公司印刷
2014 年 11 月第 1 版　2014 年 11 月第 1 次印刷
开本:787×1092　1/16　印张:17
字数:420 千字　印数:1～2 000 册
定价:35.00 元
本书如有印装质量问题请直接寄承印厂调换